コモンズ論の挑戦

新たな資源管理を求めて

井上 真 編

菅　豊
三井昭二
山本伸幸
三俣　学
加藤衞拡
石崎涼子
山下詠子
浦久保雄平
笹岡正俊
田中　求
北尾邦伸

新曜社

まえがき

　コモンズ論は不定形である。まさにアメーバのようだ。経済学・政治学の一部から社会学・人類学，そして法学の領域にまで触手を伸ばしつつある。型にはまる度合いが少ない学問領域なのである。だからこそ面白い。さまざまな学問領域を基盤とする研究者がコモンズ論を覗きにやってくる所以である。企業や行政の実務家，そして NGO 活動家も，わりと参入しやすい議論である。コモンズ論には，肩肘張らず，現実の厳しさと切り結びながら，アカデミズムと実践の架け橋としての機能を果たす可能性が期待できる。

　しかし，このような性質をもつからこそ嫌われることもある。一般的に研究者には自分の学問の優位性を信じ，その殻の中に閉じ込もる傾向がある。だから，「学際的」研究の必要性を唱える一方で，自分を学際的研究の蚊帳の外に位置づける。また，研究者にはアカデミズムの権威を揺るがすものを本能的に避ける傾向がある。だから，現場のリアリティをまるごと受け止めず，実務家や活動家との協働を疎んじる。コモンズ論への心理的な抵抗感をもつ研究者も結構いると思われるが，その一部はもしかするとこのような研究者の性向に起因しているのかもしれない。

　私たちに求められているのは，誤解に基づく偏執的な中傷のようなものではなく，双方向の応酬を可能とするような「開かれた批判」であろう。そして，同時に自分自身が築いてきた城をも絶対視しない真摯な姿勢こそが，あたらしい学問領域を創成してゆく原動力となるのではなかろうか。

　本書では，「あいまいな要素を残しているけど面白くて実践や政策にも活かせそう」なコモンズ論がどういうものであるのかを，いくつかの学問領域における研究成果とフィールドの実態を材料として再確認し，今後の展開方向を検討した。いわば，コモンズ論の「温故知新」である。ただし，森などの自然資源（の利用と管理）を議論の対象とすること，および具体的な地域の存在を前提とすること，という限定をつけて論じた。

　本書の一部は，平成 14〜16（2002〜04）年度文部科学省科学研究費補助金『森林コモンズの共同体論的・市民社会論的研究』（研究代表者・北尾邦伸）の調査研究に基づいている。出版にあたって企画・調整役として井上真が編者を

つとめた。企画を持ち込んでからすでに3年以上が経過してしまった。当初予定と比べて章の数が減るなど内容や形式が縮小してしまい，編者として忸怩たる思いもある。しかし，掲載された原稿は「挑戦」にふさわしい内容だと思っている。新曜社，とくに小田亜佐子さんにご迷惑をおかけした償いの意味でも，本書がコモンズ論の新たな展開に少しでも貢献することを願っている。

2008年8月

編者　井上　真

目　次

　　まえがき　　i

　　第 1 部　コモンズ論の批判的検討

1　コモンズの喜劇——人類学がコモンズ論に果たした役割 … 菅　　豊　 2
　　1　コモンズをめぐる「悲劇」と「喜劇」
　　2　人類学的コモンズ論の萌芽
　　3　人類学的コモンズ論の発展
　　4　人類学的コモンズ論の課題
　　　おわりに

2　林政学的コモンズ論の源流 ……………………… 三井　昭二　20
　　——入会林野論の 100 年とその時代背景
　　　はじめに
　　1　部落有林野の整理統一と入会権公権論
　　2　農村恐慌と入会権私権論
　　3　戦時体制と入会林野の森林組合化論
　　4　高度経済成長と入会林野近代化論
　　5　高度経済成長の終焉と「林野共同体論」
　　　おわりに

3　地域主義とコモンズ論の位相 ……………………… 山本　伸幸　32
　　1　地域とは何か
　　2　エントロピー学派の地域主義
　　3　エントロピー学派のコモンズ論
　　4　社会的共通資本論とコモンズ論
　　5　「地域」の範囲
　　6　「私たち」と「彼ら」の境界

4　コモンズ論再訪——コモンズの源流とその流域への旅 … 三俣　　学　45
　　1　北米を中心とするコモンズ論の源流域
　　2　日本のコモンズ論の源流域
　　3　コモンズ論を鳥瞰する——「内」から「外」への議論の展開を中心に

第2部　コモンズの変遷と現状

5　近代日本の青年組織による共同造林 …………… 加藤　衛拡　62
――埼玉県秩父郡名栗村「甲南智徳会」を事例として

1　近代のヤマとムラを考える視点
2　埼玉県秩父郡名栗村の歴史的特質
3　「甲南智徳会」の設立と活動
4　共同造林の展開と意義
5　近代山村の変革主体と共同造林の意義

6　「みんなのもの」としての森林の現在 …………… 石崎　涼子　80
――市民と自治体が形づくる「みんな」の領域

はじめに
1　「コモンズ」論との接点
2　自治体施策が形づくる「みんな」の領域
3　森林とかかわる市民が生み出す「みんな」の領域
おわりに

7　所有形態からみた入会林野の現状 ………………… 山下　詠子　96
――長野県北信地域を事例として

はじめに
1　入会林野に対する近代化政策の変遷
2　長野県北信地域における入会林野のさまざまな所有形態
3　入会林野の所有はどのようにあるべきか

8　里山保全における条例の役割 ……………………… 浦久保　雄平　117
1　里山をとりまく状況と課題
2　里山保全条例の現状と課題
3　里山保全モデルの構築
4　考察――地域の状況に応じた有効な条例のあり方

9　超自然的存在と「共に生きる」人びとの資源管理 … 笹岡　正俊　130
――インドネシア東部セラム島山地民の森林管理の民俗

1　コモンズの民俗的管理
2　セラム島山地民の暮らしと森
3　森の利用にかかわる「自然知」

4　森の利用を律する規範
　　おわりに――「人と自然」のかかわりに介在する超自然的存在への視点

10　ローカル・コモンズと地域発展……………………田中　求　153
　　――ソロモン諸島における資源利用の動態から
　　1　ソロモン諸島の慣習とローカル・コモンズ
　　2　ローカル・コモンズの動態
　　3　ソロモン諸島におけるローカル・コモンズと地域発展，資源管理

　　第3部　コモンズ論――過去から未来へ

11　コモンズ論における市民社会と風土……………三井　昭二　176
　　1　コモンズ論の出発点
　　2　入会林野利用の展開とコモンズ――戦後の入会林野問題の骨子
　　3　4つのコモンズ論の検討
　　4　コモンズの論理――「共」・「共生」をめぐって
　　まとめにかえて

12　市民社会論としてのコモンズ論へ………………北尾　邦伸　184
　　はじめに
　　1　市民社会形成の背景
　　2　市民の共有地コモンズへの接近
　　3　市民社会にとってのコモンズ
　　4　コモンズとしての森林社会
　　おわりに

13　コモンズ論の遺産と展開……………………………井上　真　197
　　はじめに
　　1　コモンズ論の射程
　　2　コモンズ論への批判と回答
　　3　コモンズ論の展開方向
　　おわりに

　　人名索引・事項索引　　216

　　装幀　谷崎文子

第1部
コモンズ論の批判的検討

1 コモンズの喜劇
―― 人類学がコモンズ論に果たした役割

菅　豊

1　コモンズをめぐる「悲劇」と「喜劇」

コモンズの「悲劇」("The Tragedy of the Commons")――生物学者ギャレット・ハーディン（Garrett Hardin）が 1968 年に提示した，このセンセーショナルなテーゼ（Hardin 1968）について，ここで改めて詳しく説明する必要はなかろう。

彼は，地球環境全体の利益を優先させるために，個人の権利や行動の自由を制限するというマクロな環境論の必要性を力説した。その積極的根拠として，共的なシステムにおいて，合理的な個人の意志に従うことを前提としたならば，そのシステムによって利用される環境は崩壊するという 19 世紀初頭の数学者ウィリアム・ロイド（William F. Lloyd）のモデルを「比喩」として掲げた。そして，ハーディンは，このコモンズが荒廃する「比喩」から導き出された論理によって，完全な公的管理――国家や国家連合の管理――か，完全な私的管理でない資源や資源利用活動は，いずれ滅ぶという「悲劇」のシナリオを描き，地球規模の資源管理と人口抑制策，排出物規制策の必要性を強く説いたのである。そのコモンズに関するシンプルなシナリオは，わかりやすさゆえか大いに人口に膾炙し，より過度に単純化され，その後の資源管理のひとつのモデルとなった。

ハーディンの主張の眼目は，もちろん地球規模の環境問題にあった。しかし，「比喩」の対象となったコモンズが，むしろことのほか注目され，それに関する議論が 1970 年代末から活発化する。それは，物議を醸したといってもよい。コモンズに類する共的管理システムは，ハーディンが例示するようなオープン・アクセスではなく，在地社会においてそれは共同体による管理機構であり，環境利用の持続可能性を実現するシステムである，という反論を，多くの人びとが繰り返した。その反論の急先鋒として重要な役割を果たしたのが，コモン

ズ論にかかわる人類学者たちであった。彼らは，ハーディンとは，まったく逆のドラマ，つまり「喜劇」をコモンズに見出したのである。

　ここでいう「喜劇」＝"comedy" とは，もちろん滑稽な物語を指すのではない。それは幸福な結末に終わる物語を意味する点において，「悲劇」と対蹠的な位相に存在する主張である。"The Comedy of the Commons" という，ややアイロニカルな表現(1) が論説に登場したのは，筆者の管見の限りにおいて 1986 年に法学者であるキャロル・ローズ（Carol Rose）によってなされた公共財の論考（Rose 1986）が最初であるが，コモンズ論のなかでハーディンのシナリオに強く反駁しコモンズの「喜劇」を描出したのは，やはり人類学者だったといってよいであろう。

　現代コモンズ論のオピニオン・リーダーであるエリノア・オストロム（Elonor Ostrom）らは，ここ 30 年来の実証的コモンズ研究を総括する著作を編み，その書名を *The Drama of the Commons*（コモンズのドラマ）(Ostrom et al.(eds.) 2002) と銘打った。それは，長らく続けられた議論によって明らかにされたコモンズが，ときには悲劇—崩壊—を生み出すこともあれば，喜劇—持続—もあるという「ドラマ」としか言えない状況にあることを表現したものである。その際，ひとつの極である「喜劇」の主張の代表例として，やはり人類学者の業績を引き合いに出しているのである（Dietz et al. 2002: 3-4）。つまり，人類学者は，コモンズ論において欠くことのできない一極だった。本論では，コモンズ論における人類学者の足跡を総覧し，その立論の特徴と今後の課題について検証する。

2　人類学的コモンズ論の萌芽

　人類学的コモンズ論の最大の特徴と功績は，世界の多様なコモンズの「実例」を細部にわたってドキュメントし，コモンズ論の俎上に載せ，在地論理の重要性を主張したことにある。現地に直接赴き，現地の人びとと直接に対話し，「事件」「歴史」「生の声」といった一次情報を摑み取ることを十八番とするその手法——もちろん，これは人類学の専売特許ではない——は，コモンズの「実例」を議論の場に供給した点において，学際的な知的交流によって勃興した現代的コモンズ論のなかでも，ひときわ異彩を放っていた。そもそも，ハーディンの悲劇シナリオの根拠も，中世イングランドやウェールズに見られた具体的な在地の資源利用慣行の「実例」である。それは，紛れもなく人類学的な

素材である。

　コモンズを「複数の主体が共同に使用し，管理する資源や，その共的な管理・利用の制度」と広く定義した場合，それは人類学にとってそれほど目新しい事象，概念ではない。世界の諸地域において，土地や財などの所有・利用・管理形態はさまざまであるが，そのなかで共的なシステムに基づく所有・利用・管理形態は，けっして特殊な事例ではないのである。たとえば，農耕民や狩猟民，漁撈民などを描いた古典的な民族誌には，多かれ少なかれ共同の土地利用や水利，テリトリーなど，共的なシステムに基づく所有・利用・管理形態が言及されている。

　ただし，当然であるが，ハーディンの主張がなされる1968年以前において，現在注目されているコモンズ論自体が存在しないのであるから，古典的民族学・人類学研究がコモンズ論に直接言及することはありえなかった。また，1968年以後も，民族学・人類学が，すぐにコモンズ論に取り組むことはなかった。多くの人類学的業績が，コモンズ論と密接にかかわっていたものの，それ自体は現在，学際的に共有されているコンセプトとしてのコモンズ，また学際的に議論し合う素材として意識的に意味づけられたコモンズを取り扱っていなかったのである[2]。

　しかし，ハーディンによって喚起されたコモンズのモデル，あるいはコミューナルな資源の共同管理に関する研究は，1970年代末から人類学のヒューマン・エコロジー派に徐々に浸透していくこととなる。そして，ハーディンの主張を直接に意識し，批判の俎上に載せた研究が登場しはじめる。

　現代的コモンズ論の人類学的な萌芽ともいえる研究のなかで，特筆すべきものにロバート・ネッティング（Robert M. Netting）の研究がある。ネッティングは，地理学と人類学とを連結した文化生態学者として著名である。彼は，スイス・アルプスの農村共同体であるテーベル（Törbel）の，300年間にわたる社会変化と持続性について考究した。

　ネッティングは，300年ものあいだ，資源の乱開発を起こすことがなかったテーベル社会の歴史を俯瞰するなかで，共的システム創出の原動力としてヒューマン・エコロジカルな要因を発見した。彼は土地利用の本質と土地所有のタイプを照合し，(1)単位面積あたりの生産物の価値が低い場合，(2)収穫や使用の頻度・信頼度が低い場合，(3)土地利用において改良や，生産増大の可能性が低い場合，(4)労働組織や資本投下の組織が大きい場合——任意団体や共同体のように——に，共的な土地所有が発達する傾向性があることを明らかにし

た（Netting 1976: 144）。そして彼は，共同所有は，資源へのアクセスと，それからの最適な生産を促進するものであり，さらに資源の荒廃を防ぐのに必要な保全策を全共同体に対して課すものであるというエコロジカルな結論を導き出した（Netting 1976, 1981）。

ネッティングは，1970年代の諸論考のなかで，ハーディンのシナリオに対して言及した点において，それ以前の人類学的研究と一線を画する。ネッティングにより，ついに人類学の論壇にもハーディンのシナリオが出現するところとなったのである。

ネッティングは，ハーディンの「コモンズの悲劇」モデルに直接言及し，そのような「悲劇」は，エコロジカルな結果によって得られる，しっかりとした自覚を基盤とする民主的な決定によって回避されてきたと反駁した。さらに，彼は，ハーディンのシナリオの立論根拠となる中世イングランドにおいても，"stint"（割当）と称される同様の伝統的な放牧数制限が存在したとする経済学者ドナルド・マクロスキーの論考（McCloskey 1975）を引用し，その反論を補強している（Netting 1976: 139）。このように，ネッティングの主張は，明らかにハーディンのシナリオを意識したものであり，その点において人類学的コモンズ論の第一歩といえる。

3　人類学的コモンズ論の発展

3.1　コモンズの「喜劇」：反ハーディン・モデル

さて，ネッティングによって萌芽した人類学的コモンズ論は，その後，「3人の人類学者」を中心に1970年代末から1990年代にかけて開花させられることとなる。その3人の人類学者とは，ジェームス・アチェソン（James M. Acheson），ボニー・マッケイ（Bonnie J. McCay），フィクレット・ベルケス（Fikret Berkes）である。

アメリカの経済人類学者であるアチェソンは，メキシコやアメリカ東海岸・メーン州の漁業をベースにしたコミュニティの文化と社会の組織化，漁場管理について研究してきた。彼が中心的に取り扱ったメーン州のロブスター産業は，ほかの漁業が資源枯渇に陥っているのに対し，50年近くものあいだその漁獲が安定的であった。それが，漁業者が首尾一貫して，効果的な資源保全のルールを後押ししてきたことに起因することをアチェソンは明らかにし，ハーディンの「悲劇」モデルや，その後，そのモデルをもとに「悲劇」を主張する多く

の経済学者に真っ向から反論した（Acheson 1975; 1987; 1988; 2003; Acheson (ed.) 1994）。

彼は，資源へのアクセスを高度にコントロールする区画的漁場において，保全措置を強化する地方の政治的パワーを使うことによって，漁業活動がエスカレートすることを防いできたとする。さらに加えて，この地域において漁業者たちは，自己破滅的である競争的獲得に締めつけられているのではなく，ロブスター資源を保全し，彼らの収入レベルを高めるために協調できることを明らかにしている（Acheson 1987: 63）。彼の研究は，国家の漁業政策にも大きな影響を与え，政府と漁業者との両方が参加して行う漁業管理の法律である「共同管理法」（co-management law）の制定にも関与している。

アメリカの人類生態学者であるマッケイは，ニューファンドランド島，ニュージャージー州沿海部，カリブ海などの漁業と社会，経済，生態との関係について考究してきた。彼女は，共同体で比較的開かれた利用を行う沿岸漁業者によって発展させられた，ローカルな組織の多様性について広範に描出する優れた論著を多く発表している（McCay 1978; 1980; 1981; 1995; 1998）。

それらの論考のなかで，彼女は，漁業者が近代的資本主義に直面した時でさえ，共的資源を利用するしくみを自ら組織化する奮闘努力について詳述している。たとえば，ニュージャージー州の漁業者は，市場での交渉力を保持し，豊漁貧乏による価格低落を防ぐために自ら組合を組織し，総漁獲量，収入の共同分配法など，制度的取り決めを生み出したが，そのしくみは資源保全に一定の効果をもたらしたという事例をもとに，コミューナルな資源利用システムの創出が，伝統在地社会以外でも可能であることを示している（McCay 1980; 1981）また，マッケイは，先に紹介した「コモンズの『喜劇』」という表現を用い，人類学的コモンズ論からハーディンのシナリオへの異議申し立てを執り行う（McCay 1995）。彼女の研究成果は，現代の人類学的コモンズ論の中心的な論説として，コモンズ論のなかで代表性をもつ。

さらに，マッケイと専門を同じくするカナダの人類生態学者ベルケスは，1970年代からカナダ亜北極・ジェームズ湾のクリー・インディアンを皮切りに，トルコ沿海部など共同体を基盤とする資源管理について研究してきた（Berkes 1977; 1986; 1987; 1999; Berkes (ed.) 1989）。彼は，マイノリティである北方先住民の生態知識のなかに潜在する，自然資源利用の在地的なあり方を高く評価してきた。それゆえ，彼は人類学者らしく，グローバルな価値として疑われることのない西洋科学に対抗して，「土着知識」（indigenous knowledge），

「在地知識」（local knowledge）を重視し，伝統的生態知識から資源管理の方策を考え，その潜在能力を近代的なエコロジーや資源管理に注入することを精力的に試みている（Berkes 1999）。

この 3 人は，それぞれが独自の分野で，先進的な人類学的コモンズ論を深化させるとともに，さらに彼らは，互いに共同研究を展開することによってコモンズ論の一極である人類学的な主張を確立している。この 3 人の人類学者が共同で執筆したそのコモンズ論は，コモンズに関する人類学的なドクトリンといっても過言ではない。

3.2 共同管理論の展開

1987 年にマッケイとアチェソンによって編まれた――ベルケスも分担執筆している―― *The Question of the Commons*（McCay & Acheson (eds.) 1987）は，彼らの共同研究の代表例である。それは，数多くの民族誌的事例研究の証拠に基づいて，ハーディンのシナリオに果敢に挑戦した人類学的コモンズ論の金字塔ともいえる業績である。

さらに，この 3 人の人類学者は，政治経済学者のデイヴィッド・フィーニー（David Feeny）とともに，1989 年，『ネーチャー』誌で人類学的コモンズ論を展開する。そこでは，やはり，ハーディンのシナリオに反する多くの民族誌例を提示するとともに，その後のコモンズ論で中心的な論点となる「排除性」（excludability）――資源利用者のアクセス管理の問題――や「控除性」（subtractability）――資源の不可避な取り分減少の問題――という共的資源の特徴を明らかにしている（Berkes et al. 1989）。

ここで彼らの反ハーディン・モデルの主張が，単なる土着主義の楽観的伝統回帰という粗笨な主張ではない点に，われわれは注意しておかなければならない。それはまた，共同体所有のみを礼賛する主張ではないのである。

彼らは，その論文において，国家による資源管理の失敗例を挙げ，また在地の慣習的社会システムを重視するものの，国家の関与や技術主義を全否定してはいない。いや，むしろ彼らは，成功しているコモンズの例に，中央政府による資源利用システムの正当化（legitimization）という特徴を見出している。彼らは，資源や近代技術，在地の所有権制度，そして，国家などが関与するより大きな制度的取り決めの，よきバランスを主張しているのであり，「共同管理」（co-management）によって，政府と地方共同体とが力（権限）を分かち合うことの必要性を力説しているのである。この重層的な権能分担は，「入れ子シス

テム」(nested system) と表現される。

　彼らは，コモンズを限られた共同体のみによって成立する自律・自立的――言い換えるならば閉鎖的――なシステムとして見なしていない。また，彼らは，コモンズの維持，生成に大きくかかわる，外部との関係性を看過することはない。それゆえに，「共同管理」の展開を支持しているのである。

　さらに，この3人の人類学者とフィーニーは，翌年，上記の論評を発展させた論考（Feeny et al. 1990）をまとめて，ハーディンのシナリオをより精緻に検証した。そこでは，所有権制度について全地球的に総覧した結果，オープン・アクセス制（Open Access），私的所有制（Private Property），共同体所有制（Conmmunal Property），公的所有制（State Property）に分類し，それぞれの排除性と利用者規制に関する制度的取り決めの多様な実例を提示した。その結果，いかなる所有制度も有効な資源管理につながる可能性をもつため――逆にいえば，いかなる所有制度も破滅的な資源管理につながる可能性を，多かれ少なかれもつということ――，ハーディンのシナリオのような過度に単純化された図式ではなく，いかなる条件のもとで持続的資源管理が可能であるかということを，多様な文化的，社会的要素を取り込んで分析すべきであるという，基本的なコモンズ研究の方向性を打ち出している。

3.3　日本の人類学的コモンズ論

　さて，このようにフィールドワークにより汲み上げられた「実例」をもとに，在地論理を重視して，ハーディン・モデルに対する検証を行う人類学的なコモンズ論は，当然，日本の人類学にも影響を与えている。ただし，この「実例」の提示という特徴からいうならば，日本においては人類学のみならず，環境社会学の方面が果たしてきた役割を無視することはできない。とくに，生活環境主義を標榜する研究者を中心に，「実例」に基づくコモンズ論が基本課題として積極的に論じられている（鳥越 1997a; 1997b）。

　日本の人類学においても，土地や財などの共的なシステムに基づく所有・利用・管理形態に関する記述や分析は，とくにそれほど珍しいものではない。多くの民族誌的考察のなかで，コモンズ論で俎上に載せうる素材が検討されている。近いところでは，杉島敬志らの土地所有に関する論考（杉島編 1999）は，現代コモンズ論を展開するうえで大いに示唆的であるが，しかし，一方で，そのなかには「コモンズ」というコンセプトは，ほとんど言及されていない。この事実に象徴されるように，日本の人類学においてコモンズ論は，直接的な問

題理解の枠組みとしては，重要視されているとはあまりいえないようである。

そういう状況のなか，日本の人類学でコモンズ論に積極的に取り組むのは，やはりヒューマン・エコロジー派の研究者群である。その代表的論者が，秋道智彌である。秋道は，1980 年代には，早くも海洋資源管理の土着論理と，世界規模のコマーシャル・ベースの論理との相克に関心をもち，ケネス・ラドル（Kenneth R. Ruddle）とともに，漁業権や海の「なわばり」を中心とする「海のしきたり」（maritime institutions）論を展開してきた（Ruddle & Akimichi 1984）。それは，先に紹介した「3 人の人類学者」のコモンズ論の論拠のひとつとしても参照されている（Berkes et al. 1989: 93; Feeny et al. 1990）。

秋道は，当初，「なわばり」論の延長として共的な資源管理について考察していたが，1990 年代末には，ハーディン・モデルと関連するコモンズ論を強く意識するようになる。その結果，編まれた 1999 年の著作には「『コモンズの悲劇』を越えて」として，直接，ハーディン・モデルに言及する表現がなされている（秋道編 1999）。さらに，彼は，すでに執り行ってきた自身のフィールドワークの成果をもとに『コモンズの人類学』という著作をまとめた（秋道 2004）。そこでは，パプアニューギニア低地，インドネシア東部島嶼地域，ソロモン諸島，タイ南部，中国雲南省の事例をもとに，コモンズの歴史的変化と，外部世界のインパクトについて追究し，コモンズ論を人類学として立論した。そこでの視点の基軸は，従来執り行われていた人類学的コモンズ論をオーソドックスに踏襲するものである。

しかし一方で，彼は生態系の連続性と循環の機能を重視しなければならないエコトーン（生態学的な遷移帯）をコモンズとして保全する「エコ・コモンズ」という新しい方策を提言している（秋道 1999; 2004）。また，秋道の研究以外にも，より応用的な観点から水産資源管理に資することを目的とした岸上伸啓らの意欲的な人類学的コモンズ論（Kishigami & Savelle 2005）も展開されつつある。今後，日本の人類学において，社会に寄与する方策としてのコモンズ論の発展と，人類学に閉じ込もらない学際的協業——世界的なコモンズ論と同じように——の発展が期待される。

4　人類学的コモンズ論の課題

4.1　公正性・平等性

以上のように，人類学的コモンズ論は，1980 年代以降，アチェソン，マッ

ケイ，ベルケスらを軸に展開されてきた。現在，さらにコモンズ論が新しいステージへと発展するにあたり，単純な「コモンズの『喜劇』」的な論調ではなく，コモンズのより複雑な状況分析へと，その研究の力点は移ってきている。その結果，人類学的コモンズ論で取り組まなければならないさまざまな課題が，いま明らかになってきている。

まず，人類学的コモンズ論が取り組まなければならない第一の課題として，コモンズの「公正性」「平等性」の問題がある。従来の人類学的コモンズ論において，コモンズを維持し管理する組織は，基本的に社会的，法的に地位の等しい人びとの「平等性」により共的に構築された事例が多く報告されてきた。この「平等性」は，現代社会におけるグローバル・レベルの不平等・不均衡に対する，ローカル側からのアンチテーゼとして，人類学者にとって魅力的であった。しかし，世界のコモンズを精査すると，必ずしもコモンズが「平等性」に基づかない事例も，少なからず見受けられる。

たとえば，日本におけるコモンズの表出型である入会においては，入会の権利を有する集合体の成員内部においては，顕著な平等原理が働いているものの，その成員外には徹底した排除を行う。それは，ときにはコミュニティへの新規来入者や寄留者を排除し，また，ときには制度的な差別システムによって排除された被差別民を，直接に排除してきた。つまり，入会集団内部を見れば平等に見える現象が，地域社会全体から見れば不平等に見える入会が存在するのである。入会の恩恵に浴するのは，単純に「地域住民」などと概括的に括られる開かれた主体ではなく，土地土地の論理で限定的に閉ざされた主体なのである。ときにコモンズは，不平等の社会システムの上に成立することすらある[3]。

これと同様の指摘は，人類学者からもなされている。ポリティカル・エコロジー論者である人類学者トーマス・パーク（Thomas K. Park）は，アフリカ・セネガル川盆地を例に，乾燥地帯というハイ・リスクな土地において，共同財産制度が長期的にハイ・リスクの処理に機能していたことを明らかにした（Park ed. 1993）。しかし，一方で，その制度が，コミュニティにおける平等性ではなく，階層的で権威主義的な不平等の社会システムを基礎としている点を発見した。そのため，パークは，コモンズが高く評価されるあり方には懐疑的であり，人類学のコモンズ理論には批判的な立場を取っている。

確かに，コモンズ自体は，人類学的コモンズ論が明らかにしてきたように，「排除性」という，人間を区分けする特質を保持してきた。ある資源にアクセスする集団は，参画できる人間をある条件によって限定的に区別する。条件を

満たさない人びとは，当然のこととして排除される。この「排除性」は，コモンズを維持するうえで必要不可欠の重要な要件である。コモンズを維持する場合，他者を排除する能力を有することで，その共的管理の実現可能性を確保しているのである。たとえば，コモンズのルールに従わないフリーライダーを排除することによって，コモンズは維持される。

　この「排除性」が，社会的に「公正さ」をもっている場合，排除する側と，される側に平等・不平等という問題設定による軋轢は生まれない。おおかたのコモンズでは，排除をその社会に容認させる「正当性」が存在するので，傍目どんなに不平等であろうとも，維持されるコモンズが存在するのである。人類学者は，コモンズのもつイーミックな「平等性」「公正さ」のみに注目する相対主義的な価値判断に拘泥するのではなく，そのコモンズの維持と不可分な「排除性」が生み出す「不平等性」「不公正さ」にも，批判的な検証の目を向けるべきであろう。

4.2　クロス・スケール・リンケージ

　さて，次に人類学的コモンズ論が取り組まなければならない第二の課題として，クロス・スケール・リンケージ（cross-scale linkage）の問題（Berkes 2002）がある。クロス・スケール・リンケージとは，異なるレベル，大きさの制度のつながりを意味する。制度は，水平的（空間横断的），垂直的（組織横断的）に独立的に存在しているが，それらの異なった位相のダイナミックなつながりこそを問題とせねばならない。

　水平的なつながりというのは，地理的に離れた空間の相互関係である。これは，グローバリゼーションの進展した現代社会において，当然無視できない状況である。たとえば，東南アジアなどでコミュニティ・ベースで行われる小規模漁業は，すでに単なる自給的な生産ではなく，その生産物は地域レベルを越えて世界規模で流通している。ナマコやエビなどの生産物はその典型で，消費地の中国や日本とのつながりの理解なしに，在地の漁業管理制度の実像を理解することなどできない。そのような状況を正しく理解するのに，単体のスケール——たとえば，生産地——のみで分析することは不可能といえよう。

　垂直的なつながりというのは，コミュニティ（在地社会）と地方政府，国家，さらに国際社会といった制度的取り決めをつくり上げるアクター間のつながりである。たとえば，日本の漁業には，在地社会の慣習的制度が強く維持されているが，それは国家の取り決めた漁業権制度の枠内で運用される。そして，国

家の漁業制度は，国家間，あるいは世界規模の政策的取り決めに強く影響を受けている。したがって，これもまた，そのような状況を正しく理解するのに，単体のスケールのみで分析することは不可能であるといえる。

このクロス・スケール・リンケージに関しては，ここ数十年の既存のコモンズ論において，すでに若干なりとも顧慮されている。たとえば，1980年代にすでに提示された「共同管理」などはその典型といえる。ただし，それは，多様なクロス・スケール・リンケージのほんの一部であり，現在，重要視されているクロス・スケール・リンケージは，それ以外のつながりをも検討し，さらにつながりの「あり方」自体を顧慮するものである。また，それは，水平的，垂直的なリンケージのみならず，人間社会と自然などさらに異なる位相のリンケージにも注目する。

グローバリゼーションの進展や，NPOなどの新しいアクター出現の状況など，クロス・スケール・リンケージの錯綜する状況は，今後さらに考究する課題として残されている。こういう状況に対応するために，近年，マッケイなどは，地域の資源利用を把握する際に世界規模の政治・経済的な枠組みから捉えるポリティカル・エコロジーの可能性に言及し（McCay 2002），また，ベルケスは，自然システムと社会システムのクロス・スケール・リンケージを理論的，かつ実践的に取り扱うツールとして「順応的管理」（adaptive management）[4]と，その中核概念である「レジリアンス」（回復能力：resilience）[5]に注目している（Berkes & Folke 1998: 10-13; Berkes 2002: 311-315）。

4.3 社会構築主義

さらに，人類学的コモンズが取り組まなければならない第三の課題として，「社会構築（構成）主義」（social constructivism, social constructionism）からのコモンズ論の批判的検証がある。北大西洋の漁業資源管理を検討するナサリー・ステインズ（Nathalie A. Steins）とヴィクトリア・エドワーズ（Victoria M. Edwards）は，「社会構築（構成）主義」の視点をもとに，従来の経験主義的コモンズ論——もちろん，そのなかに人類学的コモンズ論が含まれる——を批判している（Steins & Edwards 1999）。

彼女らは，まず，従来のコモンズ研究が，資源の単一利用価値（single-use CPRs）や単体の利害関係者（single stakeholder）の分析に偏っている点を指摘する。確かに，従来の多くのコモンズ論が，資源の単一利用価値，単体の利害関係者を追究してきた。たとえば，森での材木の伐採に関し，その森で放牧が

行われていたら，材木という単一の資源のみを論じても現実的ではないであろう。多様な資源の利用価値（multiple-use CPRs）と複合的な利害関係者（multiple stakeholder）をホーリスティックに扱う必要性がある。

　彼女らは，さらに従来のコモンズ論が，内部的な動態（internal dynamics）の分析に偏っており，ポリティカル・エコノミー的な外部世界を所与のものとして見なしてきた点を批判している。この点に関しては，先に述べたクロス・スケール・リンケージ論からの意見表明と同一である。

　そして，彼女らは，従来のコモンズ論が規範性の問題（normativity problem）に陥っている点を批判する。これは，研究者がアプリオリに認識し，自らの価値とともに地域にもち込む「成功」「失敗」という尺度の問題に対する批判である。この批判が，特に構築主義的視点からの批判といえる。この批判を行うために，ステインズとエドワーズはアイルランド西海岸・北西コネマラの仲違いする漁民による，共同所有権・協同組合の創出と，その崩壊を例に挙げる(6)。その崩壊には，この地域の「歴史的脈絡」と，地域の人びとが社会的に構築した「日々の現実」（everyday reality）が密接にかかわっており，その崩壊を単純に「失敗」と見なすあり方をステインズとエドワーズは批判している。

　従来のコモンズ論が，立論の前提にしていた「成功」と「失敗」の図式，たとえば，協調行動が「成功」で，フリーライダーが「失敗」というアプリオリな図式は，いつも妥当とは限らない。なぜなら，「成功」「失敗」という判断は，コモンズを受け入れる，あるいは拒否する人びとがもつ「歴史的脈絡」と，彼らが構築した「日々の現実」から意味づけられるものだからである。したがって，すべての地域において，協同組合のような共的しくみが普遍的に必要だというわけではない。むしろ，そのような「成功」と「失敗」の図式の先入観による分析と実践は，地域の現実を無視したものといえる。

　このような社会構築主義からのコモンズ批判は，コモンズの「悲劇」や「喜劇」を問うことすら否定してしまう可能性もある。今後，人類学的コモンズ論は，このような社会構築主義的コモンズ論の視角を取り込み，アプリオリな価値基準をフィールドにもち込むことの危険性を十分に認識しなければならない。しかし，一方で，文化や価値の多様性を無条件に認める文化相対主義や，在地原理のアプリオリな礼賛に，単純に陥らないように慎重に思考することが求められている。

おわりに

　なぜ，われわれは「コモンズ」という言葉を使って，共的な資源とその管理制度に焦点を絞るのであろうか。それは，文化，社会現象の一部として，ことさらそのように表現する必要のないトリビアルな課題ではないのか。このような，根源的なコモンズ論への疑問—批判—に，コモンズ研究者は，興味深い比喩を用いて回答している（Dietz et al. 2002: 5）。

　コモンズを研究することは，ちょうどショウジョウバエを研究することに喩えられる。ショウジョウバエの研究が，近代生物学に実り多き成果をもたらしてきたことは有名であるが，1世紀にわたるショウジョウバエ研究は，初期には遺伝学の重要素材として，さらに現在では発生生物学のモデル，分子生物学の素材として新しい知見を提供してきた。動物の発生学に関するあまたの新発見が，ショウジョウバエ研究で最初に明らかにされてきたといっても過言ではない。ショウジョウバエの研究は，ショウジョウバエのみを知るための研究ではなく，もっと大きな，そして抽象的な自然の理法を読み解く研究なのである。

　コモンズは，このショウジョウバエと同じような役割を果たす。すなわち，コモンズ論は，単にコモンズの問題ではなく，社会科学のさまざまな中心課題，鍵となる設問を解くための，理念的な「試験台」（test bed）となってくれるのである。

　たとえば，「われわれのアイデンティティは，環境のなかの資源とどのように関係しているのか？」「われわれは共に生きるために，いかにマネッジメントを行うのか？」「社会は，どのように個人の利己的，反社会的衝動をコントロールするのか？」「どのような社会的取り決めが持続するのであろうか？」という設問。これら，長大な時間軸と広範な空間軸のあいだに横たわる人類史上の課題を究明するのに，専門に分化した手法では手に余るであろう。しかし，コモンズ論は，これらの疑問に関して，扱いやすく，かつ重要なコンテクストと糸口を提供してくれるのである。そのため，数学的手法や統計学，実験室の試験，歴史，比較研究など，多種多様な学問領域の人びとを，それは惹きつけたのである。

　社会科学の前進は，大きな実践的重要性をもった中核理論に関係する「方法」や，「パースペクティブ」の「混合物」（admixture）（Dietz et al. 2002: 5-6）から生み出される。それゆえ，コモンズ研究において諸科学が混合している状

態は，むしろ望ましい状態にあるといえる。人類学的コモンズ論は，今後も，その「混合物」の重要な一部としてありつづけ，コモンズ論のなかの多様な問題発見，問題解決に寄与することであろう。

注

(1) "The Comedy of the Commons"という表現は，口頭発表では1984年，経済人類学者のエステリエ・スミス（Estellie M. Smith）によって，カナダ・トロントで行われた応用人類学会の定期大会（Smith 1984）で用いられた表現を端緒とする（McCay 1995: 99）。

(2) 現代のコモンズ論は，コモンズを意識していない古典的な民族学の成果を汲み上げてきた。たとえば，ルーイス・モルガン（Lewis H. Morgan）の文化進化主義は，初期コモンズ論（Netting 1976）で批判すべき思考として俎上に載せられている。また，機能主義者のブロニスロウ・マリノフスキー（Bronislaw K. Malinowski）は，所有制度研究で往々にして採用されていた一元的な表現——私有制，原始共産制など——で，多様な所有形態を単純化することを批判しているが，その主張は，コモンズ論における人類学者の考え——入れ子システム（nested system）——（Berkes et. al 1989: 93）や，オストロムが提示した「長期的持続した共的資源の成功例に共通する8原則」の第8原則—— nested enterprises（入れ子構造）——（Ostrom 1990: 101-102）と通底する。

(3) 社会学者の三浦耕吉郎は，コモンズの差別性とともに，そのコモンズにプラスの価値を見出そうとするコモンズ論者が，無意識に「構造的差別」を生じさせていることを痛烈に批判している（三浦 2005）。

(4) 「順応的管理」（adaptive management）とは，野生生物や生態系など「不確実性」（uncertainty）をもつ現象を管理するためのシステムである。「順応的管理」は，従来型の管理とは，その目標が異なる。「順応的管理」においては，生物学的，あるいは経済的により高い効力を生み出すことが目標ではなく，システムを理解し，そのシステムによって生み出される「不確実性」について学習すること，そして，その学習結果をフィードバックし，その管理方策を適切に修正し運用することを目標とする（Holling 1986; Holling et al. 1998）。

(5) 「レジリアンス」（resilience）とは，あるシステム——生態系や社会，技術など——が，さまざまな変化，リスクに対してもつ耐久能力，回復能力であり，「順応的管理」の応用に関する中心的アイディアとなっている。それは，あるシステムが，機能・構造上，同じ制御機能を保ち，耐えることができる

変化の量であり，かつ，システムが自己組織化できる度合いであり，さらに，学習や適応のための可能性を構築したり，増大したりする能力と定義される（Berkes 2002）。
(6) コネマラには，1970年代から80年代にかけて，一時期「成功」した公益的協同組合があった。しかし，それも最終的には「失敗」に終わっていた。その理由として，特定個人による組織内の権力闘争と私欲によるトラブルが表明されている。その頃の組合の委員たちは独善的に組合を運営し，また，ある者が反対を押し切って委員長になり，その後，委員会は貪欲になり，利益を追求しはじめた。そのために，その協同組合は「失敗」したと「語られる」のであった。この過去の否定的な経験が，漁業協同組合というシステムに不信感を抱かせ，さらに，90年代につくられた貝養殖協同組合に，その時の委員たちが深く関与していたため，その新規の組合への不信感はさらに深いものとなった。こういう信用のなさは，組合を支える委員会の権威のなさにつながり，それはルール履行の実効性の低さに直結している。つまり，共同所有資源の管理において，「歴史的脈絡」と，社会的に構築された「日々の現実」（everyday reality）のやりとりが，人びとの信頼や行動の判断に大きく影響を与えているのである（Steins & Edwards 1999: 543-553）。

参考文献

Acheson, James M., 1975, "The Lobster Fiefs: Economic and Ecological Effects of Territoriality in the Maine Lobster Industry", *Human Ecology* 3 (3): 183-207.

Acheson, James M., 1987, "The Lobster Fiefs Revisited: Economic and Ecological Effects of Territoriality in the Maine Lobster Industry", in: B. J. McCay & J. M. Acheson (eds.), *The Question of the Commons: The Culture and Ecology of Communal Resources*, Tucson: University of Arizona Press, 37-65.

Acheson, James M., 1988, *The Lobster Gangs of Maine*, Hanover: University Press of New England.

Acheson, James M., 2003, *Capturing the Commons: Devising Institutions to Manage the Maine Lobster Industry*, Hanover: University Press of New England.

Acheson, James M. (ed.), 1994, *Anthropology and Institutional Economics*, Lanham: University Press of America.

秋道智彌 1999『なわばりの文化史』小学館ライブラリー．

秋道智彌 2004『コモンズの人類学——文化・歴史・生態』人文書院．

秋道智彌編 1999『自然はだれのものか——「コモンズ」の悲劇を超えて』講座人間と環境1，昭和堂．

Berkes, Fikret, 1977, "Fishery Resource Use in a Sub-arctic Indian Community",

Human Ecology 5: 289-307.

Berkes, Fikret, 1986, "Local-level Management and the Commons Problem: A Comparative Study of Turkish Coastal Fisheries", *Marine Policy* 10: 215-229.

Berkes, Fikret, 1987, "Common Property Resource Management and Cree Indian Fisheries in Subarctic Canada", in: B. J. McCay & J. M. Acheson (eds.), *The Question of the Commons: The Culture and Ecology of Communal Resources*, Tucson: University of Arizona Press, 66-91.

Berkes, Fikret, 1999, *Sacred Ecology: Traditional Ecological Knowledge and Resource Management*, Philadelphia; London: Taylor & Francis.

Berkes, Fikret, 2002, "Cross-scale Institutional Linkages: Perspectives from the Bottom Up", in: E. Ostrom et al. (eds.), *The Drama of the Commons: Committee of the Human Dimensions of Global Change*, Washington, D.C.: National Academy Press, 293-321.

Berkes, Fikret (ed.), 1989, *Common Property Resources: Ecology and Community-Based Sustainable Development*, London: Belhaven Press.

Berkes, Fikret & Folke, Carl (eds.), 1998, *Linking Social and Ecological Systems. Management Practices and Social Mechanisms for Building Resilience*, Cambridge, UK: Cambridge University Press.

Berkes, Fikret, Feeny, David, McCay, Bonnie J. & Acheson, James M., 1989, "The Benefits of the Commons", *Nature* 340: 91-93.

Dietz, Thomas, Dolšak, Nives, Ostrom, Elinor, & Stern, Paul C., 2002, "The Drama of the Commons", in: E. Ostrom et al. (eds.), *The Drama of the Commons: Committee of the Human Dimensions of Global Change*, Washington, D.C.: National Academy Press, 3-35.

Feeny, David, Berkes, Fikret, McCay, Bonnie J. & Acheson, James M., 1990, "The Tragedy of the Commons: Twenty-Two Years Later", *Human Ecology* 18 (1): 1-19. ＝1998 田村典江訳「〈コモンズの悲劇〉―その22年後」『エコソフィア』1: 76-87.

Hardin, Garrett, 1968, "The Tragedy of the Commons", *Science* 162: 1243-1248.

Holling, Crawford S., 1986, "The Resilience of Terrestrial Ecosystems: Local Surprise and Global Change", in: W. C. Clark & R. E. Munn (eds.), *Sustainable Development of the Biophere*, Cambridge, UK: Cambridge University Press, 292-317.

Holling, Crawford S., Berkes, Fikret & Folke, Carl, 1998, "Science, Sustainability and Resource Management", in: F. Berkes & C. Folke (eds.), *Linking Social and Ecological Systems: Management Practices and Social Mechanisms for Building Resilience*, Cambridge, UK: Cambridge University Press, 342-362.

Kishigami, Nobuhiro & Savelle, James M (eds.), 2005, *Indigenous Use and Management of Marine Resources*, Osaka: National Museum of Ethnology.

McCay, Bonnie J., 1978, "Systems Ecology, People Ecology, and the Anthropology of Fishing Communities", *Human Ecology* 6 (4): 397-422.

McCay, Bonnie J., 1980, "A Fishermen's Cooperative, Limited: Indigenous Resource Management in a Complex Society", *Anthropological Quarterly* 53: 29-38.

McCay, Bonnie J., 1981, "Optimal Foragers or Political Actors? Ecological Analyses of a New Jersey Fishery", *American Ethnologist* 8 (2): 356-382.

McCay, Bonnie J., 1987, "The Culture of the Commoners: Historical Observations on Old and New World Fisheries", in: B. J. McCay & J. M. Acheson (eds.), *The Question of the Commons: The Culture and Ecology of Communal Resources*, Tucson: University of Arizona Press, 195-216.

McCay, Bonnie J., 1995, "Common and Private Concerns", *Advances in Human Ecology* 4: 89-116.

McCay, Bonnie J., 1998, *Oyster Wars and the Public Trust: Property, Law, and Ecology in New Jersey History*, Tucson: University of Arizona Press.

McCay, Bonnie J., 2002, "Emergence of Institutions for the Commons: Contexts, Situations, and Events", in: E. Ostrom et al. (eds.), *The Drama of the Commons: Committee of the Human Dimensions of Global Change*, Washington, D.C.: National Academy Press, 361-402.

McCay, Bonnie J. & Acheson, James M., 1987, "Human Ecology of the Commons", in: B. J. McCay & J. M. Acheson (eds.), *The Question of the Commons: The Culture and Ecology of Communal Resources*, Tucson: University of Arizona Press, 1-34.

McCay, Bonnie J. & Acheson, James M. (eds.), 1987, *The Question of the Commons: The Culture and Ecology of Communal Resources*, Tucson: University of Arizona Press.

McCloskey, Donald N., 1975, "The Persistence of English Common Fields", in: W. N. Parker & E. L. Jones (eds.), *European Peasants and Their Markets: Essays in Agrarian Economic History*, Princeton: Princeton University Press, 73-119.

三浦耕吉郎 2005「環境のヘゲモニーと構造的差別」『環境社会学研究』11: 39-51.

Netting, Robert McC., 1976, "What Alpine Peasants Have in Common: Observations on Communal Tenure in a Swiss Village", *Human Ecology* 4 (2): 135-146.

Netting, Robert McC., 1981, *Balancing on an Alp: Ecological Change and Continuity in a Swiss Mountain Community*, Cambridge, UK; New York: Cambridge University Press.

Ostrom, Elinor, 1990, *Governing the Commons: The Evolution of Institutions for Collective Action*, Cambridge, UK; New York; Melbourne: Cambridge University Press.

Ostrom, Elinor et al. (eds.), 2002, *The Drama of the Commons: Committee of the Human Dimensions of Global Change*, Washington, D.C.: National Academy Press.

Park, Thomas K. (ed.), 1993, *Risk and Tenure in Arid Lands: The Political Ecology of Development in the Senegal River Basin*, Tucson: University of Arizona Press.

Rose, Carol, 1986, "The Comedy of the Commons", *The University of Chicago Law Review* 53 (3): 711-781.

Ruddle, Kenneth R. & Akimichi, Tomoya (eds.), 1984, *Maritime Institutions in the Western Pacific*, Osaka: National Museum of Ethnology.

Smith, Estellie M., 1984, "The Triage of the Commons", Paper presented annual meeting of The Society for Applied Anthropology, March 14-18, Toronto, Canada.

Steins, Nathalie A. & Edwards, Victoria M., 1999, "Collective Action in Common-pool Resource Management: The Contribution of a Social Constructivist Perspective to Existing Theory", *Society & Natural Resources* 12: 539-557.

杉島敬志編 1999『土地所有の政治史——人類学的視点』風響社.

鳥越皓之 1997a『環境社会学の理論と実践——生活環境主義の立場から』有斐閣.

鳥越皓之 1997b「コモンズの利用権を享受する者」『環境社会学研究』11: 5-14.

2　林政学的コモンズ論の源流
――入会林野論の100年とその時代背景

　　　　　　　　　　　　　　　　　　　　　三井　昭二

はじめに

　1990年代以降，日本においてもコモンズ論が盛んになってきた。特に，1990年代後半から中心的な役割を果たしているのは，環境社会学の分野である。

　その環境社会学におけるコモンズ論について，土屋俊幸は「理論的ないしは原理的であり，また（…中略…）伝統的コモンズの存在を評価しているのに対して，林政学のそれは非常に実際的，政策的であり，伝統的コモンズにはもはや自立的発展性を認めておらず，新たなコモンズの形成を構想している」（土屋 1999: 13）として，林政学的コモンズ論の独自性を強調した。ここでいう林政学とは，森林政策学あるいは林業政策学のことを意味する。

　日本における伝統的なコモンズのおもな対象は，入会林野であった。明治以降の入会林野論はおもに法律学の分野で展開されてきた。それに比べると層の厚さでは大きく水をあけられているが，100年にわたって連綿と続いてきたのが林政学における入会林野論である。ちなみに，明治・大正期林政の中心的課題は入会林野の解体と近代的林野所有制度の構築であったし，入会林野への対応はその後の過程においても林政的な課題でありつづけた。そのため，明治期から昭和期までの東京大学農学部林政学研究室の歴代教授は，それぞれの時代のなかで入会林野論を模索し，それが主要な研究テーマとなる場合も多かった。

　本稿では，初代教授・川瀬善太郎から筒井迪夫までの5人について，それぞれの時代の政策課題と対応させながら入会林野論を検討し，林政学的コモンズ論への過程として位置づけるとともに，その後の過程をフォローしてみることにする。

1 部落有林野の整理統一と入会権公権論

1.1 部落有林野の整理統一事業
　江戸時代の林野は，奥山が幕府や藩によって管理されていたのに対して，里山の多くが当時の村によって管理され村持山などと呼ばれた。また，屋敷の周囲や紀伊半島などの先進林業地では里山の一部が，事実上の私有となっていた。
　明治初年の地租改正，土地官民有区分によって，近代的林野所有の形成が始まったが，この過程では村持山の一部が官有地に編入され，国有林問題を生起した（三井 2005: 112-121）。それ以外の村持山は，1889（明治 22）年の市制・町村制の施行によって，ごく一部が近代的な市町村有林となったが，残りは部落有林野と呼ばれるようになった。
　明治も終わりに近い 1910（明治 43）年，日露戦争で逼迫していた町村財政の安定化と，肥料等のための草山から人工林への転換を目的として，政府は農商務・内務両次官通牒「公有林野整理開発ニ関スル件」によって，複数のムラによる入会関係を整理するとともに，部落有林野を統一して市町村有林としようとした。部落有林野の整理統一事業である。

1.2 整理統一事業を支えた川瀬善太郎
　この事業の理論的支柱となったのが，初代教授・川瀬善太郎（1862～1932）による入会権公権論であった。入会権公権論とは林野を慣行的に利用する権利である入会権の主体が市町村等の「公」に属するという考え方で，住民に属するという私権論と対立した。
　明治 20 年代に入った頃，ドイツ林学を修めるため 3 年半のドイツ留学中であった川瀬は，入会権を排除して，森林管理は国家によるべきであるという立場を明確にしていた。そこでは，すでに川瀬による入会権公権論が確立されていた（筒井 1983: 8-9）。また，その頃から，林業・林学界では草山利用の排除と人工林経営振興の立場から，ドイツの「林役権」（地役権に相当する）についての議論が展開されていた。明治 20 年代末に，それを締めくくったのが，帰国後まもない川瀬であった（西川 1957: 365-368）。
　川瀬は，その後も折にふれ，『山林』誌の前身である『大日本山林会報』や林政学の教科書にあたる『林政要論』（1903 年）において，「公有林野整理」の必要性を主張していた。そして，部落有林野の整理統一事業が始まる前年

（1909年）に，「公有林野の整理及び管理に就て」という論文を発表した。ここで「公有林野」というのは，日本で最初の森林法である明治30年森林法において規定されたものであり，府県有林，市町村有林のほか，大字・区名義の部落有林野も含まれていた。したがって，川瀬は部落有林野の統一を意図していたわけである。そして，現在では地盤も所有する部落有林野については，民法263条の共有の性質を有する入会権が存在するものとされているが，川瀬はそれを入会権としては認めず，民法294条による地役権の性質を有する入会権しか認めなかった。

そして，川瀬は部落有林野の統一について5つの策を示した。そこでは，町村公共事業などの公益のために無条件の統一が望まれ，結論的には法律の力による強制的な断行が唱えられながらも，有償の買い上げや間伐材，落枝落葉などの譲与などの条件も示されていた（川瀬 1909: 6-10）。これは，川瀬の議論が一貫してドイツ林学を模範としており，ドイツにおける硬軟まじえた対処の歴史に基本的な理念が求められていたからである。

実際の部落有林野の整理統一事業では，最初は無条件の統一方針が実施されたが，地域の反対が強かったため，1919（大正8）年に関係部落による慣行的な利用を認めたうえでの条件付統一も認められるように方針が変更され，それによって事業は進捗した。その結果，現在の市町村有林で，地元集落に対して地役権に相当する入会権が残存するものも多い。

また，入会権の整理方法について川瀬は，入会権の主体は住民個人ではなく，住民全体であり，さらに住民主体ではなく部落であると，入会権公権論を強調した。そのうえで，地役権的な入会権に関して，権利者側の草山利用の重要性を認めながらも，利用者に比べて土地所有者側の利害関係が重大であるとして，入会権の強制的な解除を求めた（川瀬 1909: 10-12）。部落有林野の整理統一事業の開始後，翌1911年に森林法の一部改正によって，原野（草山）への火入れが許可制となり，焼畑などが衰退した（三井 1991: 126）。また，同年に農林省では山林局の主導で入会整理関係の法案を準備したが，入会整理に消極的な農務局や農業関連団体の反対で頓挫した。

1.3 川瀬の入会権公権論

川瀬は，部落有林野の整理統一事業が始まってまもない1912（大正元）年に，入会林野論の集大成として，『公有林及共同林役』を著した。同書は，第1編公有林，第2編共同林役（即入会権）からなるが，それぞれドイツと日本

の実情について展開されていた。

第1編では、部落有林野の国民経済的性質について、「町村が森林を所有し之を経営するは町村財政のため又社会政策の為め又林業そのものの為め最も合理有益なるに反し各部落が独立して森林を所有するは部落及所属町村に何等の利益なく且つ地方の自治行政を害ひ而して林業其ものに就ても最も不合理不経済的となるなり」と、部落有林野の統一を合理化することに意が注がれていた（川瀬 1912: 68）。

第2編では、入会権の解釈について、「自村の山野に其住民が立ち入り使用収益を為し居るは如何なる権利なるか即ち之に対し大審院は明かに入会権なりと云へるに反し吾人は是全く民法上の権利にあらずして行政法上其村有財産に対する使用収益の関係なり」と、入会権私権論の立場にある大審院（現在の最高裁）判決に、たてついている。その際に、すでに紹介した入会権の主体がその根拠とされ、入会権は2つ以上の町村・部落の関係のなかにしか存在しないとした（川瀬 1912: 246-250）。

明治から大正初期に展開された川瀬の入会林野論は、ドイツ林学における森林の官行管理論と法正林的林業経営を推進するためのものであり、その結果、森林周辺住民の生活への配慮を欠いていた明治期の日本林政を象徴する理論であった。

2　農村恐慌と入会権私権論

2.1　薗部一郎の入会権私権論

第2代目教授・薗部一郎（1881〜1950）は、1928（昭和3）年に発行された『現代産業叢書第1巻』の「林業」を分担し、そのなかで「部落有林野及入会関係」について1章を割いた。そこでは、民法を根拠に入会権私権論を表明するとともに、部落有林野の整理統一事業に必ずしも賛成ではない点が、師であった川瀬との違いを示している。

薗部は、入会関係の社会経済的意義について、国民経済的視点からは、山村は依然として貨幣経済の世界に入りそうにないので、薪炭や採草などによる入会生産は重要性を失っていないが、文化の進歩とともに面積あたりの収益が大きい人工林経営が伸びてきて、入会は不利になるだろうと見込んでいる。いっぽう、分配経済的視点から、入会は貧困層にとって意義が大きいので、社会政策的効用が大であるとしている。そして、部落有林野の整理統一事業について、

第一に，市町村に統一された林野については地役的入会権が残っているので，代償を与えてこれを消去すること，第二に，未統一の部落有林野については，「所有森林組合」として認めること，第三に，林野の多いところでは地上権を各戸平等に分割し，造林を進めること，を指摘している（薗部 1928: 103-108）。

それから 12 年後の 1940（昭和 15）年になると，薗部の入会権私権論に関する主張は明確になっていた。入会権公権論の根拠となる入会権の主体を村落とする説に対して真っ向から批判し，入会権の主体を住民に求め，町村議会の議決によってその権利が変更・廃止されることはないという立場に立った。入会権公権論に対しては，江戸時代の入会訴訟等において村落の代表者が村落の名で行っているが，村落という法人の代表者は住民の代表者であり，村落の名ですることは住民の名においてすることである，などと批判した。そして，「民法が入会権を私権として，物権として規定した所以は，住民各個が其の自給自足の経済を行ふべく，古来の慣習により有する使用収益の権利を保護せんとするに在」る，と結論づけている（薗部 1940: 62-64）。

2.2　その時代背景

前節で見た川瀬が明治中期から大正初期にかけて「入会権公権論」の旗を振りつづけたのに対して，薗部は昭和初期から戦時体制下にかけて「入会権私権論」を主張した。ここでは，このような入会林野論の変化をもたらした背景について検討しよう。

大正期に入り，関西を中心に小作争議が頻発し，東北地方などでは小繋事件などの入会地をめぐる紛争が起こってきた。さらに，昭和恐慌によって東日本を中心とした小作争議の深刻さは日本社会そのものを揺るがしたし，部落有林野の整理統一をめぐっても紛争・訴訟が激しくなっていた。そのようななかで，農林省は 1926 年の自作農創設維持補助規則を嚆矢として，自作農創設政策・小作調停政策を開始し，社会政策的な方向を打ち出した。その際，小作争議が「部落復興運動」という色彩をもっていたこともあり，「部落」が重視されるようになった。そして，1931（昭和 6）年には農林省山林局長通牒によって，従来からの入会権公権論を修正し，整理統一には公法上の手続きだけでなく私法上の手続き（部落総会等の決議）を要するものとされた。いわゆる救農土木事業とともに，農村恐慌対策として翌年から始められた農山漁村経済更正計画においては，部落重視という視点から整理統一事業は事実上，頓挫した。さらに，1939（昭和 14）年の森林法改正によって私有林についても施業案という名の

経営計画を立てることが義務づけられた。それに伴い，山林局長通牒によって整理統一事業は終止符を打たれた（岡村 1962: 106-113）。

また，法律学における入会権論についても，昭和初期以降，従来の公権論が万能の時代から私権論が台頭してきた（菅 2004: 243-245）。そして，薗部の著作（1940 年）の編集代表者・末弘厳太郎は，そのような私権論のパイオニア的な位置にあった法学者である。

3　戦時体制と入会林野の森林組合化論

3.1　森林法改正と森林組合制度

川瀬，薗部の研究においてはドイツにおける入会団体の森林組合化が示されたが，薗部が未統一部落有林野の「所有森林組合」化を提案したことは，すでに述べたところである。

日本の森林組合は明治 40 年森林法によってはじめて設立されたが，昭和恐慌期に貧農層をもカバーして発展していた産業組合（農業協同組合の前身）に比べて，停滞していた。そのため，1930 年代前半に森林組合の制度改革が俎上に上ってきた。たとえば，1932（昭和 7）年に帝国森林会が発表した森林法改正案では，市町村有林で入会権の解消が困難なものや記名共有林などを含むすべての部落有林野を，総有権を維持した「施業森林組合」に再編し，部落のもとで林野利用の改善を図ることが提案された（岡村 1962: 111-112）。

戦時体制下に入った昭和 14 年の森林法改正において，施業案制度とともに主要な改正点となったのが森林組合制度であった。そこでは，施業を中心とする総合的な組合が規定され，私有林の施業案を編成する役割が義務づけられるとともに，施業直営組合と施業調整組合の 2 つの形態が規定された。前者は，当初は部落有林野などを対象として想定されたもので，森林の所有権は所有者に残るが，使用・収益権は組合に移り，組合によって直接に経営が行われるものであり，現行の生産森林組合に似ていた。後者は，個々の所有・経営はそのままにして，組合員への指導や搬出設備開設等の共同事業を実施しようとするものであり，現行の森林組合に似たものであった。いずれにしても，戦争が進むなかで，森林組合は強制的な立木調達のための機関と化し，敗戦に至った。そして，戦後の昭和 26 年森林法によって，現行の協同組合としての森林組合制度が発足した。

3.2 島田錦蔵の森林組合論と入会林野

第 3 代教授・島田錦蔵（1903〜1992）は，1941（昭和 16）年に教授に昇格したが，そのための博士学位論文を『森林組合論』として同年，上梓した。同書は，第 1 部が「森林組合制度の研究」，第 2 部が「村持入会地に関する性格」という構成であった。第 1 部では，森林組合の本質は「対物集団性」にあるとされた。それは，産業組合等の協同組合が人と人との結合であるのに対して，森林組合は土地の結合によるということである。その根拠は，部落有林，記名共有林だけでなく，個人有林についても，「村民はその山林内に於て落枝を採取し，下草を刈取り，牛馬を繋飼する程度の用益が黙認せられて居る慣行が今尚ほ各地に存する」ことが挙げられている（島田 1941: 103）。

そして，第 1 部，第 2 部の後にある「結論」では，記名共有名義の部落有林野は明治 40 年森林法による施業森林組合によって制度的にカバーできるが，入会権の付帯した町村有林野や部落有林野についても，住民の従来からの用益を認めるとともに，林野生産力の改善増進を摩擦なく企図するためには，総有団体類似の森林組合を認めることが必要である，とされている（島田 1941: 496）。

島田による論理の展開は，第 2 部における入会林野の実態分析の結果が反映されたものである。それは江戸時代の古文書分析と，山村調査による実感的な補足作業によって，実態から迫るものであった点が，川瀬，薗部と大きく異なる。そして，そのような農村社会学的視点は，現在のコモンズ論に通底するところがあった。つまり，島田が対物集団性の根拠とした点は，ムラにおいては個人有地も「オレ達の土地」であるので，共有地（入会地）と底でつながっている，という捉え方（鳥越 1997: 8-9）と類似している。

戦後の島田は，長年，教科書として君臨した『林政学概要』のなかで，「入会権」に 1 節を割いている。そこで，部落有林野の整理統一について，農業における草肥から金肥への転換によって適切な措置となったが，貧窮農民の生活を脅かさないために社会施設の原資にあてる財産の造成を目標とすべきである，としている（島田 1965: 118-119）。

4　高度経済成長と入会林野近代化論

4.1　林業経済学の台頭と入会林野

島田は『森林組合論』の「序」冒頭で，林業固有の地代と利潤率の問題を解

明しなければ真の林業経済学は成立できない，と述べている（島田 1941: 1-2）。戦後になり，1948（昭和23）年に『林業経済』誌が発刊され，1955年には林業経済研究会（林業経済学会の前身）が発足し，林業経済学が本格的に展開されるようになった。その間，農地改革の実施に対して山林開放が実施されなかったことをめぐる林野土地問題の研究がまず登場し，まもなく林業地代論の研究が始まり，1950年代から60年代初頭にかけて林業経済学＝林業地代論という様相を呈していた。

蘭部，島田の弟子で，第4代教授となった倉澤博（1917～2006）は，就任の3年前にあたる1961年に博士学位論文となった「公有林野における林業の展開過程」を著している。おもな分析の対象は市町村有林であるが，その大部分には部落，小部落，住民個々の多層的な支配が及んでいて（多層性），それに対し，最上層に位置する市町村については法律・行政的なものとしての所有権が絡んでくるという二重性を見出している。それらの構造が林業地代の形成と森林経営の成立という入会林野の新しい生産力を基軸として，一重性・単層性構造へと変質・解体する過程を分析し，公有林の近代化に関する方向性と問題点を指摘している（倉澤 1961: 167-174）。

4.2　倉澤博の入会林野近代化論

倉澤は，入会採取から天然林経営，育林経営への技術的な展開と対応させて，労働・土地支配の単位が「割山」によって，村落連合，村落，部落，小部落，個人へと「下向」していく過程を「本質的過程」として捉え，そこに基本的な近代化の道を求めている。その阻害要因として，森林造成労働の粗放性が挙げられ，その集約化が個人への分解を進めるための要因だと指摘している。いっぽう，「形態的過程」の例として，市町村有林を取り上げ，市町村は村落連合のさらに上にあって，土地の一括所有と資金の一括投入によって近代的形態を整備しているので，先の「本質的過程」とは逆方向の「上向」近代化のようにみえるが，多層的支配の共同労働を結合したものであるので必ずしも近代化とはいえない，としている。そして，広大な市町村有林の場合には，科学的技術で森林生産力を向上させ，賃金や地代を独立的なものにすることによって，多層的支配を解体し，住民個々の所得向上に役立たせることができる，と提案している（倉澤 1961: 358-368）。

1964（昭和39）年，林業の産業的発展をめざした林業基本法が制定され，それに基づき1966年に入会林野等近代化法が制定された。倉澤は，そのよう

な過程のなかで,『林業基本法の理解』(1965年)の編著者として,また入会林野等近代化法案に関する衆議院農林水産委員会では参考人としてかかわっている。高度経済成長期という時代のなかで,倉澤の公有林野論は林業と入会林野の近代化を推進する役割を果たしたものといえよう。

5　高度経済成長の終焉と「林野共同体論」

5.1　筒井迪夫の林野共同体論

　1973(昭和48)年は石油ショックの年であり,高度経済成長にとって最後の年でもあった。4年後に教授になった筒井迪夫(1925～)は,それまで10余年のあいだに執筆してきた入会林野に関する論文等を集めて,その年に『林野共同体の研究』を上梓した。

　林政においては,前年の1972年に林野庁が森林の公益的機能の評価額をはじめて発表し,1973年には国有林の施業方針が天然更新重視に転換されるなど,それまでの林業生産と人工林施業を重視した政策から環境に配慮した政策への舵の切り換えが始まっていた。

　同書「はしがき」において,筒井は師である島田の森林組合論について,「農用林としての性格を中・小規模林業の特質ととらえ,農政で基礎となっていた小農制・自作農主義の考え方を林政においても理論的基礎とし,その理論の基礎として入会論を位置づけ」た,と総括した。それに対して,高度経済成長を経て,「農・山村の崩壊や都市化の問題,環境保全や木材需給をめぐる問題」が顕在化するなかで,筒井は入会林野の解体過程のもとで,「所有と利用の分離した在り方,しかも分離はしているけれども所有,利用とも共同管理の下におかれている在り方」に道標を見出している(筒井 1973: vi - vii)。

　筒井は,同書第1編「林野共同体の団体的性質」において,生産森林組合,牧野農業協同組合,財団法人などさまざまな形態をとる林野団体について,あるいは個別分割利用が進んだ部落有林野について,個別収益・利用が進んでも,平等利用という総有団体が内部にもつ共同管理の性質が作用するとともに,つねに土地所有の共同性という団体的性質が残る,としている(筒井 1973: 44-45, 118)。

　第2編「林野共同体の方向」においては,前節で取り上げた倉澤とは異なり,「入会権を消滅させて近代的所有権に整理する」ことに異を唱えている。その理由として,①資本主義化を意味する「近代化」概念とは異なる概念のもとで,

入会権と近代的所有権の同時併存が図れないかということ，②林業の技術的・経済的性格から，「収益が所有に優越する」ことは不可能であり，林業生産は「公的管理の必要性」が要求されるということが挙げられている。そして，個人分割に対しては，林地の持分化を通して土地所有の共同化を図り，そのなかで個別収益を確保することが求められている（筒井 1973: 191-192, 223-224）。

第3編「地域林野共同体への展望」においては，「土地共同体」，「労働共同体」，「生存共同体」の側面から「地域林野共同体」が構想されている。土地共同体については，国有，公有，私有の枠を越えて，「出資持分団体」が所有者を束ねて，林産物の搬出系統あるいは集荷市場を同一にする「流域」などを地区の単位として，植伐均衡を技術的な本質とする施業案に基づき共同で管理・経営するというものである。労働共同体は国有林の地元組織である「愛林組合」をモデルとして，労働権の持分化を図るというものである。生存共同体は，地域住民が生存権を持分として，森林の公共的価値を享受し，森林管理に関与するとともに，管理費用を負担するとされている（筒井 1973: 364-405）。このような筒井の「地域林野共同体」論は観念論的な色彩が濃いものであるが，現在の林政的課題やコモンズ論に示唆を与えるところも多い。

5.2 筒井の森林文化論

その後，筒井は，入会の制度化されたものと理解する森林法等の研究を経て，1980年前後から「山と木と人の融合」をキーワードにして「森林文化論」の構築に向かった。その間，「入会林野の山仕法に見られる地力維持機構」（筒井 1985: 77-85），「自然に逆らわず―入会の思想」（筒井 1995: 61-63）などの論稿も織り交ぜられていたが，20余年後の「地域林野共同体」は，神奈川県の「森林文化社会構想」（1994年）などの例に見られるような「新しい森林文化社会」と化したとみて，過誤はなかろう（筒井 1995: 246-252）。

おわりに

筒井の「林野共同体論」が「森林文化論」に昇華していくなかで，入会林野論に正面から向き合っていたのは，筒井の弟弟子にあたる笠原六郎（当時・三重大学教授）であった。

笠原は，筒井との森林文化政策に関する共同研究のなかで，林業経営が成立しがたい時代を捉えて，「森林多機能時代と複層所有形態への回帰」を提唱し

ている。その概要は，近世などの使用価値利用時代は入会利用がふさわしく，林産物の商品化が進んだ交換価値利用時代には法人・個人の個別所有が合理的な所有形態であったが，森林の公益的機能という非市場的価値を利用する時代には「使用，収益，処分権をすべて単一の主体に与えるのではなく，国民や地域住民あるいは特定の森林機能の保全とか発揚を求める人達の主張が反映されるような所有関係」が適合するということであり，従来の議論に比べてクールな段階論化が図られている。そして，具体的な事例として，知床の100m^{2}運動を取り上げ，所有権は名目的には斜里町にあるが，使用・処分の権利は実質的に運動参加者全員による集団にあり，「新しい入会」にあたると評価している（笠原 1988: 47-49）。

　笠原は「コモンズ」という用語こそ使わなかったが，その後1990年代中葉以降に展開される「林政学的コモンズ」論を所有論的な視点から先がけた仕事をしていたわけである。

　「林政学的コモンズ論」は，熱帯林研究の井上真（井上 1995）から始まったといえよう。井上は筒井退官の直前に学部学生であり，筒井の講義で「入会」を知ったという。それに対して，井上に「追随」した筆者（三井 1997）や土屋俊幸（土屋 2001）は大学院も含めて筒井の下にあった。

　その後，林政学分野におけるコモンズ研究は盛んになり，若い世代を中心としてさまざまなタイプの研究が行われるようになっている。そういう状況のなかで，林政学分野の研究だからといって，土屋が強調した「林政学的コモンズ論」の独自性を擁しているとは限らない時代となっている，といえよう。

　ところで，菅豊は法律学と農村社会学による総有論（入会林野論）について，総有に対する評価，総有論の起点，総有主体の捉え方の違いなどを精緻に比較・検討している（菅 2004: 264-267）。それに対して，「林政学的コモンズ論の源流」はドイツ林学を出発点として，法律学や農村社会学などの影響を受けながら，時の林政的課題に応じて総有に対する評価等を変遷させてきた。それが「時代を創ったのか」，「時代に流されたのか」，という歴史的な総括は，別の機会に譲ることにする。

参考文献

　井上真 1995『焼畑と熱帯林』弘文堂.
　笠原六郎 1988「森林の多機能時代における所有形態」筒井迪夫編著『森林文化政策の研究』東京大学出版会 : 35-52.

川瀬善太郎 1909「公有林野の整理及び管理に就て（1）」『大日本山林会報』317: 1-14.
川瀬善太郎 1912『公有林及共同林役』三浦書店.
倉澤博 1961「公有林野における林業の展開過程」倉澤博編『日本林業の生産構造』地球出版，167-368.
三井昭二 1991「山村のくらし」日本村落史講座編集委員会編『日本村落史講座　第 8 巻』雄山閣，121-138.
三井昭二 1997「森林からみるコモンズと流域」『環境社会学研究』3: 33-46.
三井昭二 2005「近代のなかの森と国家と民衆」淡路剛久ほか編『リーディングス環境　第 1 巻』有斐閣，112-121.
西川善介 1957『林野所有の形成と村の構造』御茶の水書房.
岡村明達 1962「山林政策の展開と入会地整理過程」古島敏雄編『日本林野制度の研究』東京大学出版会，1-122.
島田錦蔵 1941『森林組合論』岩波書店.
島田錦蔵 1965『再訂　林政学概要』地球出版（初版 1948）.
薗部一郎 1928「林業」那須皓ほか『現代産業叢書　第 1 巻』日本評論社，1-117.
薗部一郎 1940「山林法」末弘厳太郎編集代表『新法学全集第 33 巻』日本評論社，1-87.
菅豊 2004「平準化システムとしての新しい総有論の試み」寺嶋秀明編『平等と不平等をめぐる人類学的研究』ナカニシヤ出版，240-273.
鳥越皓之 1997「コモンズの利用権を享受する者」『環境社会学研究』3: 5-14.
土屋俊幸 1999「森林における市民参加論の限界を超えて」『林業経済研究』45(1): 9-14.
土屋俊幸 2001「白神山地と地域住民」井上真・宮内泰介編『コモンズの社会学』新曜社，74-94.
筒井迪夫 1973『林野共同体論』農林出版.
筒井迪夫 1983「林業政策論（思想）と制度」筒井迪夫編著『現代林学講義 3　林政学』地球社，1-40.
筒井迪夫 1985『緑と文明の構図』東京大学出版会.
筒井迪夫 1995『森林文化への道』朝日新聞社.

3 地域主義とコモンズ論の位相

山本　伸幸

1　地域とは何か

　私事から書き起こすことをお許しいただきたい。
　すでに20年近く前のことになるが，静岡県藤枝市の山間の集落滝の谷にある水車むら会議に，大学の所属サークルを通して年に何度か訪れていた時期があった。水車むら会議は，水土と地域社会との有機的な活力の蘇生を願って設立された運動体で，本論で取り上げるエントロピー学派のなかの幾人かも設立メンバーに含まれていた。東京近郊の片田舎で育ち農山村と無縁だった筆者にとって，そこで見聞きするものは新鮮だった。筆者が大学に入学した1986年はちょうどチェルノブイリ原発事故の起きた年で，日本におけるエコロジー運動も勢いを増していた。そうしたなかで，エントロピー学派あるいは水土学派と呼ばれるこのグループはゆるやかな連携を保ちつつも，お互いの場所でさまざまな展開をしており，当時，日本のエコロジー運動の核の1つだったと思う。
　エントロピー学派にとって，「地域」は重要な概念である。開放定常系である地球の上で人びとが暮らしていくための論理，しくみを「地域」のなかに発見し，また，そうした論理，しくみこそが近代社会を越える射程をもつということを主張したのがエントロピー学派だった。
　その主張は学生の筆者にとって，とても魅惑的だった。しかし大学で林学に進学し，農山村のことを見聞きし勉強を進めるにつれ，そうした主張といま日本にある農山漁村といった地域の実際との距離に次第に違和感も覚えるようになった。近年ではグローバリズムといわれるまでになった暴力的な貨幣経済システムに耐えうるだけの論理を，現代の産業化社会のなかの地域はほんとうにもっているのか？　そうした意志決定をする地域の主体はどこにいるのか？
　コミューン的なものに内向せず，国家にもすべてを回収されずに，地域を社会の礎に据える論理を構築することは可能なのか？　いくつも浮かぶ疑問に答えを見つけられないまま，怠惰な自分と向き合うのがいやで，水車むらからも

3 地域主義とコモンズ論の位相

足が遠ざかった。多くの問いは置き去りにされたままとなった。

今回，コモンズをタイトルに掲げる本書のなかにスペースを与えられる機会を得て，かつて放置し遁走した課題を避けて通ることができなかった。もとより，この小論のなかでわずかでも決着をつけられるなどと考えているわけではないが，無謀との誹りを受けても，少しでも接近のためのアプローチに取りかかろうと思う。その際の手がかりとして，とにもかくにも筆者の出発点であるエントロピー学派の地域主義を議論の中心に据えて，若干の思考を展開しようというのが，本論の意図である。議論の主題は「地域とは何か？」，「現代の日本のなかで，それはどんな形をしているのか？」である。

2 エントロピー学派の地域主義

2.1 玉野井芳郎の地域主義

エントロピー学会の設立にかかわり，代表世話人もつとめた経済学者の玉野井芳郎は，その設立より以前に，増田四郎，古島敏雄，河野健二の4人とともに「地域主義研究集談会」を組織している。エントロピー学派の地域主義は，この集談会における思想的営みが基調となっていると見てさしつかえなかろう。

玉野井は幾冊もの書物のなかで，地域主義を定義しているが，たとえば，1977年に出版された『地域分権の思想』のなかでは次の通りである。

> 「『地域主義』とは，一定地域の住民が，その地域の風土的個性を背景に，その地域の共同体に対して一体感をもち，地域の行政的・経済的自立性と文化的独立性とを追求することをいう」（玉野井 1977: 7）。

この「風土的個性」の重要性を示すための理論的支柱として，後にエントロピー学会の活動を通じて，ジョージェスク＝レーゲン，室田武，槌田敦らのエントロピー論と経済学の接合が目ざされたとする見方が可能である（レーゲン 1993; 室田 1979; 槌田 1982）。

「地域主義」という概念は，ヨーロッパ統合などの国民国家をまたがる広がりから，集落を単位とするような非常に小さなものまで，論者によってさまざまなスケールで用いられる。玉野井自身は上の定義を，少なくとも国民国家よりは小さなスケールを念頭に用いていたと推察されるが，しかしながら，この玉野井の定義は「一定地域」，「風土的個性」の解釈の仕方によって，これら大

小どのスケールの「地域主義」についても当てはめが可能である。いったい，「一定地域」とはいかなる広がりをもつのか。

　この点は，長く南アジアを中心に地域研究に携わった中村尚司が，玉野井の追悼論文のなかで，「地域主義研究集談会」を組織することを玉野井から聞かされた際の最初の反応として，「地域概念は難物であった。地域という概念は，人びとの生活にとってあまりにも自明でありすぎる」（中村 1986: 255）と危惧を覚えたことを率直に述べている点と重なる。同じ文章のなかで中村は，人類学者の岩田慶治が実は地理学出身で，「地域主義研究集談会」の最初の準備会合の席上，「いかに地域概念に悩みぬいたか，それ故いかに地理学を捨てるにいたったか」（中村 1986: 255）と述べたことに触れているが，これらの事柄は，中村や岩田といった専門的研究者にとっても，「地域」あるいは「地域主義」という概念が，魅惑的であると同時にいかに困難をはらむものであるかを伝える一例である。

2.2　地域主義の概念展開

　本論では簡単に触れるに留めるが，エントロピー学会に属した何人もの論者が，この「地域主義」の概念について思考を重ねてきた。そのなかの代表的論者として，大崎正治，中村尚司，多辺田政弘，室田武らの名前を挙げることができる。

　大崎の「小国の論理」あるいは「『鎖国』の論理」（大崎 1981）は，大崎自らが霞ヶ浦の高浜入干拓反対運動など住民運動に拘泥するなかから生み出された思想である。それは「地域」を「住民運動が切り開いた新しい世界観的地平」（大崎 1981: 3）に位置づけようとする。

　中村はポール・イーキンズの「生命系のエコノミー」（エキンズ編 1987）の概念を下地としつつ，市場による資源配分の経済システムと計画による資源配分の経済システムとに対する第三のシステムとして，「協議による資源配分の経済システム」（中村 1993: 10）を提唱し，その実現する場を地域に措定した。

　多辺田は地域を支えるその人間関係，社会制度に着目し，「地域の自治力」を「コモンズの力」と呼び，「コモンズの経済学」を論じた（多辺田 1990: iv）。また，室田の日本の近代化過程における「『共』の世界」（室田 1979: 193）に関する議論について，はじめて「共」的領域を理論的に明確にしたものとして，多辺田は評価する（多辺田 2001: 261）。これらの多辺田の議論は，本論の主題である「コモンズ」のエントロピー学派からの展開だが，この点については，

節を改めて述べる。

3 エントロピー学派のコモンズ論

3.1 多辺田のコモンズ論

三俣学は室田との共著書において，エントロピー学派のコモンズ論を日本におけるコモンズ論の原点と位置づけ，整理を試みている（室田・三俣 2004）。その書に補論を寄せた多辺田はエントロピー学派の立場から，コモンズ論を最も精力的に展開した論者である。その原点には，玉野井の思想，また玉野井と多辺田とが共通のフィールドとした沖縄がある。

多辺田は，玉野井の晩年の口述筆記である「コモンズとしての海」（玉野井 1995）(1)において，はじめて積極的意味を込めたコモンズという言葉に出会ったと述懐し，玉野井の「学問の到達された最高峰の一つ」（多辺田 1990: ii）と評価する。そのなかで玉野井が注目するのは，「地先の海」，沖縄で「イノー」などと呼ばれる珊瑚礁の上に広がる生活空間である。

> 「村の人たちはリーフと海辺の間に広がる空間で，海草を採ってそれを食膳に供したり，農業用の肥料にしてきたりした。（中略）本土の方から見ると『珊瑚礁の海』といえば珊瑚礁だけが問題のように見えるけれども，それだけではないことがわかったのである」（玉野井 1995: 3）。
>
> 「私は『地先の海』を『コモンズとしての海』としてとらえるべきだと思う。これは，海に沿ってでき上がった村にとっての共同利用の場である」（玉野井 1995: 6）。

玉野井が沖縄の海とそこに展開する暮らしのなかに発見したコモンズを，多辺田は有機農業運動のフィールドワークという別ルートから，農民と都市住民との提携運動のなかに見出した。その理論的帰結が，ヘーゼル・ヘンダーソンの「産業社会の生産的構造」（ヘンダーソンほか 1987: 41）の図式をヒントに，「健全なエコロジーがささえる経済」（多辺田 1990: 52）として提示されたモデルである（図 3–1）。

3.2 「共」的領域

ヘンダーソンの構造図が円柱形なのに対し，多辺田のモデルは底辺の広い円

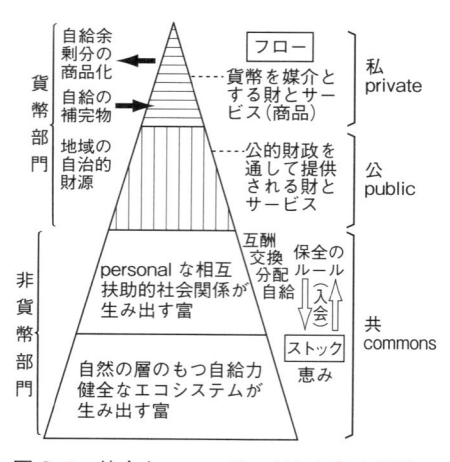

図3-1　健全なエコロジーがささえる経済
（出典）多辺田（1990: 52）

錐形の形をしている。土台を非貨幣部門経済である「自然の層のもつ自給力／健全なエコシステムが生み出す富」，「personal な相互扶助的社会関係が生み出す富」の2つの層が支え，この部分が「共」（コモンズ）的領域である。最下層の自然の層のストックの恵みを人びとは直接受け取り，また互酬，交換，分配，自給といった貨幣を媒介しない社会的やりとりによって得る。

この2つの非貨幣的層の上に「公」的領域である「公的財政を通して提供される財とサービス」が重なり，一番上の尖塔に，「私」的領域である「貨幣を媒介とする財とサービス（商品）」の層が載る。上2つの層，「公」的領域と「私」的領域は貨幣部門経済によって運営される。一見すると近代社会において，貨幣経済のなかだけで営まれているかのように錯覚しがちな私たちの暮らしが，実はそれを支える非貨幣部門の裾野に支えられているということが，ここでの多辺田の主張である。そして，「公」にも「私」にも分解されない「共」的領域としてそれを認識し，その領域を「コモンズ」と呼んだ。それは前節の地域主義を論じる際に触れた，大崎の「小国の論理」や中村の「協議による資源配分の経済システム」と共通する視点である。

ここまで多辺田の議論を中心に概観してきたように，エントロピー学派のコモンズ論は，生活空間と密着した地域空間の広がりのなかに，人と自然との相互依存的関係，また，人と人との相互扶助的関係を見つける。そして，それらを維持していくうえで，国家に代表される「公」的領域にも，市場を媒介とする「私」的領域にも解消されない「共」的領域に，近代社会を越える新たな社会を構想する。この「共」的領域に対する信頼こそ，多辺田が宇沢弘文の「社会的共通資本」を軸としたコモンズ論を批判する視座である。

4 社会的共通資本論とコモンズ論

4.1 社会的共通資本

宇沢弘文の「社会的共通資本」論に対する多辺田の批判に立ち入る前に，まずは宇沢の議論を追おう。

宇沢は社会的共通資本を次のように定義する。「社会的共通資本とは，人々の生活，生存にとって重要な役割を果たすサービスを生み出すような希少資源について，私的所有ないし管理を認めず，社会にとって共有の財産として管理し，なんらかの社会的基準にしたがってその使用を決めようとするものである」（宇沢 1993: 29）。そして，このような定義に当てはまる資本を，「自然資本，社会的インフラストラクチャー，制度資本の3つのカテゴリーに分類」（宇沢 1994: 15）する。このうち自然資本は，水，河川，森林，土壌，海洋など自然環境全般を包含しており，自然資源の持続的利用，管理の点においてコモンズの議論と接点をもつ。

たびたび宇沢が言及しているように，社会的共通資本論はサミュエルソンの公共財概念に対する批判的検討から生まれた。サミュエルソンの公共財は，非排除性，等量消費，非競合性をその要件とするが，そうした要件をすべて満たす財・サービスは，国防や外交などのわずかなサービスに限られており，現実にはほとんどないというのが宇沢の批判である。サミュエルソンの仮定のなかでも，特に宇沢が問題視するのが非競合性の仮定である。非競合性の仮定とは，使用に際して人びとのあいだで競合が起きないことを仮定するが，道路サービスにしろ，医療サービスにしろ，われわれが公共財として通常思い浮かべるサービスはすべてこの要件から外れる。

このような現実への適用可能性のきわめて限られるサミュエルソンの公共財概念に対して，社会的共通資本概念を宇沢は対峙させる。サミュエルソンの公共財概念と同様に，宇沢の社会的共通資本概念もまた，消費，生産，効用などの経済学の土台の上に組み立てられたものだが，「人びとの生活，生存」を直接に問題としつつ，希少資源の具体的な管理を目ざし，現実への適用可能性が大きく開かれている点が異なる。

社会的共通資本としてのコモンズを検討した論考のなかで間宮陽介は，「公共財に対し，社会的共通資本は場所性・空間性を持ち，それゆえ，人間の種々の活動が社会的共通資本の本体をなしている」（間宮 2002: 203）と，社会的共

通資本概念のもつ「場所性・空間性」に着目している。それは，単なる施設や場所，空間そのもののみを指すのではなく，その上で営まれる人びとの活動や暮らしをも内包している。これに対し，サミュエルソンの公共財概念は主流派経済学の轍を踏み，この「場所性・空間性」をもたないがゆえに，人びとの暮らしと遊離したものとならざるを得ない。

4.2 管理指向への批判

このような内容をもつ宇沢の社会的共通資本概念に対する多辺田の批判は，もっぱら宇沢の議論の管理指向の面に向けられる。すなわち，宇沢の「社会」は「国家に収斂されがち」であり，「社会的共通資本の国有化や自治体有化といった方向での管理を構想しがち」（多辺田 1990: 66）というわけである。意思決定主体を措定せず，「共通」という言葉で括る概念は，現実の局面において国家を招聘するか，あるいは，これもまた多辺田が危惧する「グローバル」な世界市民に頼るしかない。これこそ，多辺田のいう「『（顔の見えない）抽象化された〈公〉的部門』へ依存しがちな『グローバル・コモンズ論』や『社会的共通資本論』の〈危うさ〉」（多辺田 2004: 225）である。

言葉を換えれば，宇沢の議論には間宮のいう通り「場所」，「空間」は存在するが，「地域」が欠落しているということができる。宇沢の「場所性・空間性」は，人びとの暮らしをそぎ落とした主流派経済学の概念に，改めて肉づけをすることに確かに成功したかもしれない。しかし，そこに立ち現れた「場所」は，いま―ここにしかない地域性，歴史性を兼ね備えた固有の「場所」ではなく，あらゆるところに存在可能な普遍的な「場所」である。いま―ここにしか存在できない「地域」の人びとにとって，宇沢の「場所」で暮らすことは叶わない。意思決定は，普遍的な法の番人である国民国家か，あるいは，普遍的な合意形成が可能な世界市民に委ねられることになる。

このような結論は，「共」的世界に全幅の信頼を寄せる多辺田には到底容認できないものだろう。なぜならば，「共」的世界の住人は宇沢の「場所」に住むことはできないからである。意思決定を国民国家にも市場にも譲り渡さない道を模索するならば，宇沢の議論の先にそれはない。

しかし，「共」的世界は多辺田がいうようにほんとうに信頼のおけるものなのか。「共」的世界がひとまず「地域」を根拠とするとして，ではその「地域」とはそもそも何なのか。ここにきて，私たちは最初発した問いにやっと辿りついた。

5 「地域」の範囲

5.1 中村の「村」と前田の「里」

これまでも本論でたびたび引用した中村は，エントロピー学会主催の講演会における質疑応答のなかで，村（＝本論の文脈では地域）の適正規模はどのくらいかとの問いに，スリランカでのフィールドワークの経験から，次のように答えている。「その範囲は割合明瞭です。（中略）声が届き，人間の助け合いができる範囲が村です」（中村 2001: 243）。

さて，この中村の応答を，どぶろく裁判で有名な前田俊彦の次の言葉と比べてほしい。前田は高木仁三郎との対談で，かつて玉野井らの企画した研究会で発言を求められた際，「地域は"祭り"によって決まる，と。たとえば，京都には祇園祭りがあって，その祇園祭りをおれたちの祭りだと思っている人たちが住んでいる。その範囲が里としての地域である」（前田 1986: 107）と語ったと述懐している。前田がこのあとすぐ補足しているように，ここで「里」とは行政区画とは異なり，「権力構造を否定する」（前田 1986: 110）ものであり，その意味で，中村の「村」のイメージと多くの部分を共有するように思える。

しかし，一見似通って見えるこの中村と前田の「地域」は，「村」の範囲という視点で眺めてみると，ずいぶんと異なった側面をもっていることに気づく。中村の「村」の範囲は，当人も述べるようにいたって明瞭である。それは生身の人間同士の声が届き，助け合える広さ，地べたに引き留められた地域である。それに対して，前田の「里」は各人が「祭りだと思ってい」れば，その人びとのいる範囲が地域であり，中村がスリランカの村での例として挙げる「田んぼでうぉーっと叫ん」（中村 2001: 243）だ「声」が必ずしも届かなくてもよい。実際，この発言のすぐ後に前田は，「もっとも大きくなれば，地球が里ということになる」（前田 1986: 110）と述べていることからも，このことはわかる。

前田の「里」が各人の「思い」によって，いかなる範囲も取りうるのに対し，中村の「村」は「声」の届く範囲によって自ずと限界を有する。では，中村の場合，切り離された各々の「村」はいかにして相互につながることが可能か？ その際に，中村が村々のあいだの媒介の役割を担うものとして提示するのが「広義の商業」である。

「商品交換を通じて，人間生活の直接的集団性という限界を越えた『世界』の形成の端緒が与えられる」（中村 1995: 29）。商業活動は人間同士の「人格的

な交流を破壊する」面と促す面の正負両面を併せもつことを認めつつ、中村は「あるべき商業の姿」を模索しつつ、それを「広義の商業」と呼ぶ（中村 1995: 30）。前田において明示されなかった「地域」という概念の困難さへの立ち向かいがここにはある。

5.2 井上の「コモンズ」

中村の「村」と前田の「里」の違いをいっそう明瞭にするため、井上真の「コモンズの思想」を参照しよう。井上が「コモンズの思想」に託す考えは、前田の「里」ときわめて近い。

> 「『みんなのモノ』は、私たちのもつ『ウチとソト』の感覚、すなわち『自分のモノ』と『他人のモノ』への態度の違い、を媒介として、対象とするモノによって重層的な『入れ子状』で存在する場合がある。（中略）『みんなのモノ＝自分たちのモノ』という認識を強くするためには、『ウチとソト』の垣根を低くし、あるいは『ウチとソト』の入れ子構造を解体してゆくことが必要だと思っている」（井上 2004: 6-7）。

そして、前田の「里の思想」は井上の「コモンズの思想」ではより具象性を帯び、「利害関係者による協働が、入れ子状態のスケール（行政村―郡―県・市―州―国家）の枠を越えて成立する」（井上 2004: 150）ことを構想するまでに至る。

井上の構想の論理は、前節で述べた宇沢の「社会的共通資本」と親和的である。違いは、宇沢において一般化されすぎていた「場所性・空間性」が、井上では「『みんなのモノ＝自分たちのモノ』という認識」を介して、「共」的領域の人びとにも居場所を与えている点である。井上の議論においては、この認識を担保するものは「利害関係者による協働」である。この「利害関係者による協働」をどのように評価するかが問題である。

「共」的領域を認めている点では、前の節で述べた多辺田の宇沢に対する批判は、井上には当てはまらない。しかし、多辺田の想定する「コモンズ」が中村のいう「村」と近いとするならば、多辺田はおそらく井上の「利害関係者による協働」を容易には受け入れられないだろう。なぜならば、中村の「村」は「声」の届く範囲に限定されている。それぞれの「村」は「人格的な交流を破壊」しさえする「広義の商業」を通して辛うじて「世界」とつながることを除

けば，井上のいうような「入れ子状態のスケールの枠を越え」る術をどこにももたないからである(2)。

6 「私たち」と「彼ら」の境界

宇沢は「社会的共通資本」の構築に社会を展望し，前田は「里の思想」に裏打ちされた暮らしを提唱する。そしてより実践的には，井上が「利害関係者による協働」による「スケールの制約を受けない『協治』の実践」を通して，「ローカル・コモンズの思想」と「公共性の思想」の「止揚」に期待する（井上 2004: 146-151）。しかし，多辺田や中村の立場を認めるならば，こうした試みは大きな困難を抱えている。なぜならば，「地域」とより広い「世界」（たとえば，「国家」）とのつながりは，「人格的な交流」に対して正負の両義性を併せもつ，中村の「広義の商業」に辛うじて頼るしかほかにないからである。

しかしながら翻って考えると，多辺田をはじめとするエントロピー学派が大きな信頼を寄せる「共」的世界の意思決定は，それほど盤石とした基礎をもつものだろうか。生産や暮らしに裏打ちされた「声」の届く範囲の村を，いまの日本に成立させるのはかなり困難に思える。また，「広義の商業」のもつ両義性は，現代のグローバル化の波のなかですでにバランスを崩し，その役割に期待をかけるための根拠をなかなか見出すことはできない。

この問題群は，近年多方面で活発な議論が繰り広げられている，リベラリズムとコミュニタリアニズム，そしてリバタリアニズムに関する議論を想起させる。それは私たち個人と社会との関係をどのように捉えるかという，長い哲学的議論の系譜を有する問題である。これらを体系的に捉えることは現時点の筆者にはあまりにも荷が重すぎるが，今後の議論の展開のために，ここではわずかばかりの手がかりに触れ，本論を閉じよう。

当初の問題に立ち返るならば，本論の主題は「地域とは何か？」であった。その主題について本論では，「地域」の範囲に関する議論，そして，「地域」とその外の「世界」との関係に関する議論，の2つに分けて論じてきた。見方を変えれば，それは「地域」と「世界」との境界に関する議論であるともいえる。

政治学者の杉田敦は，「9.11」を決定的な割期として，近代の政治が依拠してきた境界線に綻びが生じたのではないかと問う。多くの人にとって自明なはずの国境線さえも揺らいで見える。「何らかの閉じた全体性（トータリティ）が成り立つとは信じられなくなった」（杉田 2005: vii）。

本書のなかで杉田は，マイノリティ文化や正戦論をめぐって展開された，自由主義者（リベラル），共同体論者（コミュニタリアン），多文化主義者（マルチカルチュラリスト）らの論争を「境界線」を鍵として読み解くが，その終章でドイツの法哲学者カール・シュミットの論点に触れ，次のように述べる。

　　「シュミットは，政治的なるものを，友／敵間の境界線の存在に求めたが，その際，境界線は国境線であるとは限らず，あらゆる所に引かれうると考えていたからである。いかに自発的に，しかも既存の枠組みから自由に，何かを始めようとしても，一種の線引きを伴わざるを得ないという論点はわれわれを戸惑わせる。暴力や恣意性とは一切無縁な形で世界と関わろうとする意欲（それを「脱・権力への意志」と呼ぼう）を，それは挫くからである」（杉田 2005: 176-177）。

　杉田が「脱・権力への意志」と呼ぶものは，まさに多辺田が信頼を寄せる「共」的世界を支える源泉といえるだろう。しかし，ここで杉田が述べるように，「共」的世界を成り立たせている「境界」を引く行為は，暴力や恣意性と無縁ではありえない。「境界」を引いた途端，「共」的世界の内に向けても，外に向けても暴力の発生する危険から私たちは免れない。
　このような「境界」に関する議論は，現代社会のさまざまな局面に立ち現れる。たとえば，生命倫理。立岩真也は『私的所有論』のなかで，「〈私のもの〉とは何か？」と問う。生命倫理を主題として所有，他者について思考を重ねた立岩の議論においても，「私」と「他者」を隔てる「境界」の存在に重点がおかれる。
　生殖技術，臓器移植技術の進展によって顕在化した生命倫理の問題に，立岩はすべてが他者であり，他者の存在を尊重すべきとの答えを出したすぐ後，しかし，そこに「私」と「他者」との「鬱陶しい『線引き』の問題」（立岩 1997: 8）が立ち現れると述べる。「どのような存在を奪ってはならないか，侵襲してはならないか」（立岩 1997: 174）。立岩が立ち止まるのは，杉田そして私たちと同じ「境界」の問題である。
　「地域」と「世界」とのあいだにも「境界」は確かに，ある。しかし，国家や生命を語る時と同様に，その「境界」は私たちに安住を許すほど自明なものではない。「共」的領域に立て籠らずに，「うっとうしい『線引き』の問題」に倦むことなく，繰り返し，私たちは「境界」を引き直しつづけなければならな

い。「共」そして「協」という言葉に，あえて，私たちの世界を描き直す契機を託す覚悟は，「私たち」と「彼ら」とのあいだに確かに引かれた「境界」の困難に対峙する精神を要請する。私たちはその強靱さをどこから調達すればよいのだろうか。

注
(1) この論文の初出は，玉野井（1985）。
(2) 井上がコモンズの構成員と非構成員との「異質性」（半田 2005: 24）に目配りをする点で，本論の議論は少し乱暴かもしれない。その点は三里塚に生涯をかけた前田への言及の仕方についても同様だろう。しかし，この後の議論でも述べる通り，この「異質性」へのいっそうの傾注こそ，今後の議論に資するとするのが，本論の意図である。

参考文献
エキンズ，ポール編 石見尚ほか訳 1987『生命系の経済学』御茶の水書房．
ジョージェスク＝レーゲン，N. 高橋正立・神里公ほか訳 1993『エントロピー法則と経済過程』みすず書房．
半田良一 2005「『入会とコモンズ』への補正」『国民と森林』94: 24．
ヘンダーソン，ヘーゼルほか 丸山茂樹訳 1987 「実質的意味のない諸指標」ポール・エキンズ編 1987『生命系の経済学』御茶の水書房，39-48．
井上真 2004『コモンズの思想を求めて――カリマンタンの森で考える』岩波書店．
前田俊彦・高木仁三郎 1986『森と里の思想――大地に根ざした文化へ』七つ森書館．
間宮陽介 2002「コモンズと資源・環境問題」佐和隆光・植田和弘編『環境の経済理論』岩波書店，181-208．
室田武 1979『エネルギーとエントロピーの経済学』東洋経済新報社．
室田武・三俣学 2004『入会林野とコモンズ――持続可能な共有の森』日本評論社．
中村尚司 1986「玉野井先生がめざした地域主義」『エントロピー読本Ⅲ　エコロジーとエントロピー』日本評論社，253-259．
中村尚司 1993『地域自立の経済学』日本評論社．
中村尚司 1995「海のコモンズと広義の商業」中村尚司・鶴見良行編著『コモンズの海――交流の道，共有の力』学陽書房，11-37．
中村尚司 2001「循環と多様から関係へ――男と女の火遊び」エントロピー学会編『「循環型社会」を問う――生命・技術・経済』藤原書店，219-243．

大崎正治 1981『「鎖国」の経済学』JICC 出版局.
杉田敦 2005『境界線の政治学』岩波書店.
多辺田政弘 1990『コモンズの経済学』学陽書房.
多辺田政弘 2001「コモンズ論―沖縄で玉野井芳郎が見たもの」エントロピー学会編『「循環型社会」を問う――生命・技術・経済』藤原書店, 244-268.
多辺田政弘 2004「なぜ今〈コモンズ〉なのか」室田武・三俣学 2004『入会林野とコモンズ――持続可能な共有の森』日本評論社, 215-226.
玉野井芳郎 1977『地域分権の思想』東洋経済新報社.
玉野井芳郎 1985「コモンズとしての海―沖縄における入浜権の根拠」『南島文化研究所所報』27: 233-235.
玉野井芳郎 1995「コモンズとしての海」中村尚司・鶴見良行編著『コモンズの海――交流の道, 共有の力』学陽書房, 1-10.
立岩真也 1997『私的所有論』勁草書房.
槌田敦 1982『資源物理学入門』NHK ブックス.
宇沢弘文 1993「地球温暖化の経済分析」宇沢弘文・國則守生編『地球温暖化の経済分析』東京大学出版会, 13-36.
宇沢弘文 1994「社会的共通資本の概念」宇沢弘文・茂木愛一郎編『社会的共通資本――コモンズと都市』東京大学出版会, 15-45.

4 コモンズ論再訪
―― コモンズの源流とその流域への旅

三俣　学

　コモンズ論の展開を大きく国内外に分けて見るとき，その源流は明らかに異なっている。にもかかわらず，その相違は見逃されがちである。源流から流れ出す考えはときに合流し，またときには泣き別れになったりして現在のコモンズ論を形づくってきた。本章では，日本のコモンズ論と特に北米を中心として展開されているコモンズ論の源流域を訪ねてみることにしよう。その両源流に見られる相違ばかりでなく相通ずる流れをも確認し，いくつかの課題に焦点を当てつつ，コモンズ論の流域をゆっくりと下ってみることにする。

1　北米を中心とするコモンズ論の源流域

　ある研究に基づく理論や概念は，ときに国の枠をも飛び越えて，社会や経済を動かす。途上国では，米国（特に北米）でのコモンズ論に影響を受け，住民の共同的な資源管理政策が徐々に導入され，その成功に向けた試行錯誤がなされている。しかし，歴史をいまからほんの30数年ほど遡れば，途上国で採用されたのは住民基盤型の資源管理政策ではなく，天然資源の国公有化・私有化政策であった。北米のコモンズ論の源流は，この政策に強い影響を与えたといわれる生物学者，ギャレット・ハーディンによる『コモンズの悲劇』論文（1968）に端を発している。

　彼は，W. F. ロイドが1833年に行った講演で用いた共同放牧地（commons）の例を焼き直して次のようなロジックを立てた。共同放牧地（コモンズ）の場合，牛1頭を放牧することで発生する費用をメンバー全員で負担する。それは，牛1頭を牧草地に追加投入することから生ずる収入がそれによって生じる費用を絶えず上回るという牛飼いたちの誤った判断を生み出す。それゆえ，各牛飼いは1頭でも多く自分の牛を牧草地に放とうとするので，牧草地はその再生産を越えて枯渇する，というシンプルなもので，直感的に理解しやすいロジックであった。

同論文が公表される以前にすでにコモンズ論につながる資源管理の議論は胎動していた。たとえばゴードン（Gordon 1954），スコット（Scott 1955），デムセッツ（Demsetz 1967）などは，資源経済学の基礎をなす天然資源の最大持続収量の議論や天然資源の所有制度に関する議論など，のちに展開されるコモンズ論につながる先駆的研究であった。現在，コモンズ研究者として高名なエリノア・オストロムはこのことに触れつつ，ホッブズの自然状態における「万人の万人に対する闘争」や，「多くの人間にとって共通なものは，それに与えられる関心はほとんどない。みな主として自分自身のものに関心を寄せ，共同の利益に関してはほとんど関心を寄せない」（Politics, Book II, ch. 3）というアリストテレスの古代哲学思想にコモンズ論の源流を求めている[1]。

とはいえ，ハーディン論文がコモンズ論の旋風をまき起こす決定的役割を担ったことに疑問をさしはさむ余地は少ない。彼は，経済学の基礎概念を援用し，自らの真なる主張点であった途上国における人口増加の公的抑制[2]をメタファーを散りばめて論じ，多くの人びとの関心を引きつけた。その論の広がりを支えることになるゲーム論の囚人のジレンマ，集合行為論などの学問領域の興隆の兆しもすでにあり，さらにはコモンズの悲劇がメタファーとして政治・経済的諸問題へと議論を拡張する余地が広がっていたこともその背景にあった。

『コモンズの悲劇』論文が公表されて以降，それに賛同する方向で，特に米国を中心として天然資源の私有化論・公有化論の議論が展開されていった。その一方，ハーディンの英国コモンズの歴史的展開に関する事実誤認，および途上国に対する公私二元的資源管理政策の適用への批判が相次いで提出された。シリアシー＝ワントルップとビショップ（Ciriacy-Wantrup & Bishop 1975）は，英国のコモンズの解体は牛飼いの過放牧から必然的に生じたものではないという歴史的事実を突きつけた。また，ダスグプタ（Dasgupta 1982）は，放牧を続ければ各牛飼いの私的費用の逓増は不可避であること，また牛乳や食肉をとりまく市況の変化も放牧制限の要因となるはず，としてハーディンの理論設定を論難した。

このようにハーディン礼賛・批判とさまざまあるなか，マッケイとアチェソン（McCay & Acheson 1987）に続き，人類学と海洋生態学との視点を融合したバークスらによる共同体の資源管理の成功と失敗の要因に関する研究（Berkes 1989）や，経済学者ブロムリーらによる所有権制度アプローチからの研究（Bromley(ed.) 1992）など，コモンズ再考の潮流が1980年代から一気に高まった。その流れは，現在，精力的に世界に向けて発信を続けるオストロムやマッ

キーンらの学際的共同研究に代表される，北米コモンズ論の流域を形成していったのである。

　源流域から後述する今日のコモンズ論に至るまで，北米のコモンズ論のひとつの特徴が，世界銀行などの巨大組織による資金援助のもとで進む途上国の資源管理政策と連動し，その実施過程から浮上してくる新たな課題や知見を糧にしてコモンズ研究を進展させてきたことにある。ごく一例として，灌漑プロジェクトの研究成果（Ostrom 1992），森林のプロジェクトIFRI（International Forestry Resources and Institutions）がある（Gibson, McKean & Ostrom（eds.）2000）。

　一方，翻って米国自国の共的資源管理制度の歴史・現代的意義，さらにその再生・創造に関する研究は，相対的に見て決して多くない。まとまった成果はBurger, Ostrom, Norgaard, Policansky & Goldstein（eds.）（2001）がある程度である。たとえば，ボストン・コモン(3)に関して見ても，その歴史・現代的意義をコモンズ論から捉え直す研究も見あたらないばかりか，自国のコモンズ的資源管理の現場に関する知見を未来に向けて生かすような議論も決して多くはない。ハーディン論文以来，他国適応型の議論の展開は不変的な路線のように思われる。

2　日本のコモンズ論の源流域

　国内におけるコモンズ論の源流域は，1970年代後半にエントロピー学派と呼ばれた人たちの活発な議論のなかにある。彼らは地球の持続性に関して，物質・エネルギー循環という自然科学からの分析を進める一方，それを実現するための社会経済的な分析・考察を進めた。前者における偉大なる発見としては，物理学者・槌田敦による開放定常系理論があり，後者の産物の1つには，主として玉野井芳郎・室田武・中村尚司・多辺田政弘らによるコモンズ論への到達がある。

　開放定常系理論とは，地球の更新性が水や大気の諸循環を通じて増大するエントロピーを系外へ破棄することにより保障されていることを定量的に明示したものである（槌田 1982）。裏返しにいえば，この循環に基づくエントロピー破棄能力を喪失した先には，持続可能な人間社会はおろか，その基盤たる地球の生命・環境も持続的に存立しえないことを意味する。それを回避するために，エントロピー学派は，地球全体を1つの共同体とみる「地球船宇宙号」の発想ではなく(4)，地球を構成する各地域共同体の更新システムを保障する経済社

会のあり方を模索したのだった。日本のコモンズ論が源流域の水脈を形成しはじめる様子を，室田と玉野井の論考のなかに見てみよう。

> 「ある地域の更新性とは，その地域が食糧や燃料を自給すると同時に，それが水の自給を通じて，廃物・廃熱を浄化して次期のエネルギー源に転化するという，エネルギーとエントロピーの自給自足的な再循環機能を営むこと，というふうにひとまず定義づけることができよう。そしてこれのみが地球全体の更新性を保証するものであるはずである。そして，更新エネルギーを最大限に活用し，エントロピーを過度に増やさないためには，この更新的地域の空間範囲は，一定の下限に至るまで小さければ小さいほどよい。共同体の数は多ければ多いほどよい」（室田 1979: 170）。

そして，経済学者・玉野井芳郎もまた次の一文を 1979 年に残している(5)。

> 「地域主義の理論における地域とは，問題となる対象によって異なるけれど，つねに一定の下限に向けて小さければ小さいほどよいという命題が人間と自然との共生の原理から導出される」（玉野井 1979: 183）

東京大学退官後の玉野井は，沖縄の共同店，イノーなどの研究を通じてコモンズ研究を深めた。玉野井のいう「コモンズ」を「共的世界」と表現した室田は，経済社会を「公」・「共」・「私」3 部門で構成されるものと捉え，経済学における共的部門研究の必要性を明示した(6)。中村（1993）もまた，このことを指摘するとともに，「生活に本拠をおく地域住民の共同体」こそが，私的部門（私企業）と公的部門（公権力）による自然環境の攪乱に対抗できるものと考え，「地域自立の経済学」を展望した。仮に，上述したエントロピー学派による議論を日本におけるコモンズ論の第 1 期とすれば，1990 年以降，今日までの展開を第 2 期と見ることができよう(7)。

結果的に，その両期の橋渡しを担ったと解せる多辺田は，以上のエントロピー学派の議論を踏まえ，国内外における自らのフィールドワークから得た知見を統合して『コモンズの経済学』（1990）を著し，「日本におけるコモンズ論の展開に火をつけた」（井上 2004: 157）のであった。多辺田は，土地の私有化と労働力の商品化を無批判かつ極端に進め，生態系に根ざす本来の地域社会のもつ自給・自治領域，すなわち「地域の容量」を著しく狭めた戦後日本の「発

展」のありようを批判的に描き出した。そこでは一貫して，非商品化経済部門の非代替的性格の重要性が説かれている。この点が，北米コモンズ論と異なる点として注目されるべきであろう。

非商品化経済部門についての研究は，シューマッハーの思想に影響を受けた英国のエキンズ（Ekins(ed.) 1986 = 1987）らによって展開されたが，コモンズ論の視座からの捉え直しを積極的に進めたのは米国ではなく，日本のコモンズ論であった。以上を踏まえ，多辺田は市場至上主義からの脱出を図り，具体的な社会関係を通じて自治による自然との共生関係に基づく社会こそが真の意味での持続可能な社会であり，そこへの移行過程こそが問われるべき「時代の課題」であるという認識に至ったのである（多辺田 1990; 2004）。

自国ではなく途上国における資源管理政策や学問上の課題まずありき，という傾向を強く有する米国のコモンズ論とは異なり，エントロピー学派のコモンズ論は，「当事者」として身をおく自国の経済社会・環境問題をあぶり出すかたちで展開を続けてきた点にその特長があるといってよい。

以上のエントロピー学派の経済学とはアプローチは異なるものの，国内のコモンズ論の展開に重要な起点を与えたのは，経済学者・宇沢弘文による社会的共通資本（social common capital）論である（宇沢編 1994; 宇沢 2000）。宇沢は，万人が人間らしく生活を送るうえで必要不可欠である社会的共通資本を形成する1つとして，自然資本を経済学上の議論に取り込み，その管理を担ってきたコモンズの歴史・現代的意義を説いた。現実問題としてコモンズをどのように活かしていくかを考えるにあたって不可欠となる，法学領域での議論を積極的に推し進めてきた（宇沢の社会的共通資本論に関する詳細は，本書の第3章参照）。

以上の2つの源流域の探訪を簡単にまとめると，北米のコモンズ論には，途上国における資源管理政策からの要請，集合行為問題，囚人のジレンマゲームなど，学問的課題への対応という背景があった。これに対し，日本のコモンズ論の背景には，エントロピー論からの地球の更新システムに対する理解と，その延長上に低エントロピー維持装置を内在化させる水土に立脚した地域への着目，さらにはそれを喪失してきた近代化に対する内省があった。

3　コモンズ論を鳥瞰する――「内」から「外」への議論の展開を中心に

源流から流れ出た水は，学問分野という集水域を乗り越え，また射程とする

学問的課題も多様にさせながら，ぐんぐんその裾野を広げて今日に至っている。本章でそれらすべての流れを追いかけることは紙面の制約上できないので，(1) コモンズ論の射程，(2) 社会関係資本論・ガバナンス論との対話，(3) コモンズと市場との関係，の3点のみに絞って見ていくことにする。

これら3点は，国内外のコモンズ論が互いに影響を与え合っており，またいずれもがコモンズの内部分析だけでなく，そのあり方を決定づけるコモンズ外部の諸要因（組織・法環境など）を分析の視野に収めようとしている点で共通している（コモンズ研究の成果を概観したものとして三俣・嶋田・大野2006参照）。

3.1 コモンズ論の射程

図4-1は，近年のコモンズ論の射程を素描しようとした図である。

この図では，社会経済の土台をなす部分として (1) 自然環境（生態系），その上部に (2) 人間の経済制度を描いている。国内外を問わず，近年のコモンズ論においては，程度の差こそあれ，この両プレート間を循環する矢印で描かれた「自然と人間の相互作用環」に焦点をあてる傾向がある。これは，主要論者によるコモンズの定義が (1') 共有・共用する資源そのもの，(2') その資源の利用や管理をめぐって生成される制度・組織であることにも見て取れる。天然資源（環境）と人間社会とのあいだの相互規定的な関係性を問題にし，その両者を議論の土俵に上げようとする点にコモンズ論の1つの特徴があるといえよう[8]。

このようなゆるやかな定義のもとで展開されてきたコモンズ研究の具体的な分析対象を見てみると，伝統的な地域共同体による日本の入会制度をはじめ，これに類似性を有する海外諸地域における制度・組織があげられる（室田・三俣 2004: 152）。ここで「類似性を有する」とは述べたものの詳細に立ち入って見ていけば，それぞれの組織や制度は多分に相違性を有している。たとえば，日本の入会林野のように厳格なメンバーシップのもとで利用・管理される「閉じた形」のものもあれば，英国のオープン・スペースや北欧を中心とする万人権など「開いた形」のものもある。他方，山林原野や入会漁場のような面的な広がりをもつものから，里道・水路，英国の Town and village green（町村緑地）のように点的に存在するものまであり，その実，多様であるといわねばならない（三俣・森元・室田編 2008）。

とはいえ，それらには，近年のコモンズ研究者が見出そうとしてきた重要な

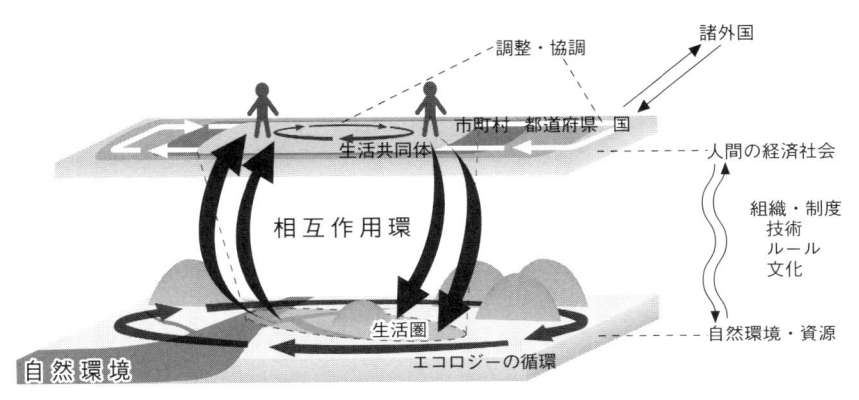

図4-1 コモンズ論の射程の概観図
(出典) 三俣・嶋田・大野 (2006: 26)
(原図) 筆者作成, イラストレーション：橋本和也

共通性が存在する。それは，現場に即して地域社会を観察してはじめて「公」や「私」とは異なった性質を有するものとして立ち現れてくる「共」(commons) という概念(9)——本書で井上が示すところの「官」・「共」・「個」という意味での「共」——が，(a) 無制限な私的所有権の行使に対し歯止めをかけ，また (b) ある一部の人間の私的動機によってコントロールされる危険性を不断に有する公権力(10)が，地域の資源環境，それに土台を有する地域住民の生活空間を破壊する事態に歯止めをかける制御装置となる可能性である。

以上までで，コモンズの定義およびコモンズ論の射程に関して述べてきたが，次に国内外の入会・コモンズ研究の展開を簡潔に見ておきたい。コモンズ研究における国内外の相互作用を生み出す契機となったのは，日本の入会制度の歴史的展開を紹介したマーガレット・マッキーンの研究（McKean 1986）であった(11)。一方，海外の研究者の発信する研究成果との比較を通じた国内のコモンズ研究も数多く公表され，国内外，相交えた流れを形成してきた。そのようにして蓄積されてきたコモンズ研究は，相対的に見ると，共同体の内部に着眼した分析（管理ルールや制度構築）が多かった。それらを踏まえ近年のコモンズ論は，地域住民を核にしつつも，その内部にだけではなく，共同体の外部の人や組織とのかかわりも含めた共同管理（協治）に期待を寄せる傾向にある（三井 1997; 井上 2004）。このような傾向は，「共有資源やコミュニティを孤立した，また，絶対的なものと見ることは時代遅れの見方となろう」（Dolšak & Ostrom 2003: 17）というオストロムの見解とも符合する。

共同体とその外部との関係性に着目することの重要性は，オストロムが共同体による資源管理のための要件として，随時，提示してきた設計原理（design principle）の原理7「（外部の権力や組織からの介入に無力ではなく）コモンズを組織する権利に主体性が保たれていること」や原理8「入れ子状」理論に直接・間接的に深い関係性をもつ。彼女が後の議論の展開を明確に見通していたか否かは別として，この原理7および8は，コモンズ論が社会関係資本論やガバナンス論と接点を強くもちはじめた現在のコモンズ論の1つの流れをつくる契機となっている。

3.2　コモンズ論と社会関係資本論・ガバナンス論との対話

　既述したようにコモンズ論では主として共同体内部において，各成員の集合行為を成立させ共通目標の達成（たとえば長期的な資源管理）を図るような制度デザインを追求してきた。しかしある共同体の外延にはまた別の共同体があるし，行政と無関係に存立するコモンズは少なくとも近現代の社会では稀有であろう。このことを了解すれば，各主体の調整・関係のありように分析の主眼をおいてきたガバナンス論との合流が自ずと生まれてくる。では，行政やほかの共同体と十分にガバナンス（調整）されれば万全であるのか，というとそうでもない。共同体内外でガバナンスを経たよりよい制度デザインをもつコモンズにおいても，その成員がルールを遵守したり，また社会の直面する状況に応じてその制度を改良したりする機転や実行力が備わっていなければ，コモンズはうまく機能せず，持続性は保障されない。では，いったい制度をうまく機能させる源泉はどこから生まれてくるのか，という問いが生じてくる。それに応えるものとして登場してきたのが，人間間・組織間のネットワークの重要性に着目する社会関係資本（social capital）論である[12]。

　その定義をめぐる数多くの議論をすべて割愛し，著者がより矛盾の少ないと考えるダスグプタ（Dasgupta 2003）の定義に従っていえば，それはネットワークである[13]。この議論に火を放ったロバート・パットナムは，オストロムの研究に一定の評価を与えつつも，彼の著書 *Making Democracy Work*『哲学する民主主義』において，「この"新制度学派"による説明は，きわめて重要な疑問に答えていない。その疑問とは，集合行為問題の克服を助ける制度が，実際には，どのように，またどういう理由で供給されるのかという疑問である」（Putnam, 1993: 166）と指摘した。つまり，彼は社会関係資本をもち出すことで，オストロムがフリーライダー問題の1つとして分類した制度供給問題[14]

を打破しようとしたのである。

　確かに国内外のコモンズ研究はともに，持続的なコモンズの制度デザイン（設計原理）を随時明示しようとしてきたものの，それを満たす制度がいかに供給されるかという問題には明確な説明を与えてこなかった[15]。パットナムにいわせれば，コモンズにしても，ガバナンスにしてもそれを成功裡に導く成員同士・組織同士のネットワークがどれほど形成・蓄積されているかが重要だということになる[16]。なるほど，分の厚い社会関係資本が存在するところでは，成員同士が相談をもつ機会も多いだろうし，持続的な資源管理に向かうべくルールや制度はより供給されやすくなることが推察されよう。しかし，そのような社会関係資本を創出するためには，また「別の何か」（たとえばリーダーシップをもった人材等）がさらに必要となるのではないかとの疑問が生じてくるし，他方，資本概念で捉えられるという以上，そこへの望ましい投資や政府の役割はどうあるべきか，という議論へも拡張していくのである（社会関係資本が経済学で論じられる資本であるか否かに関する分析も，諸富徹〔2003〕で展開されている）。

　従来の環境政策や資源管理の議論では，どちらからといえば，軽視されてきた人間相互の関係性の果たす役割やその重要性が社会関係資本論を通じて喚起されはじめたわけである。このこと自身はたいへん歓迎されるべきことだと思われる。しかし，定義次第では社会関係資本のなかに，人間同士の信頼関係のような本来市場になじまない性質をもつものまでが含まれてくる。そうなると，日常生活の対話や交流を通じて育まれうるようなものまでが商品化されることに正当性を与えてしまうことにもなる。源流域で指摘したエントロピー学派の議論（非商品化経済部門の重要性）に立ち戻り，この点をよく認識しておく必要があるように思われる。

3.3　コモンズと市場の関係

　その重要性に関する認識は通底しているが，国内外のコモンズ研究では十分に進展していない課題として，「コモンズと市場の関係」に関する議論がある。コモンズ論は，制御装置を欠いて暴走する自然の商品化に警鐘を鳴らす形で展開し，市場を「対抗・対立するもの」と捉えてきた向きがある。しかし，市場とコモンズは互いに相容れない関係に終始しつづけるものなのか。そう考えるよりむしろ市場とコモンズのあるべきバランスを模索することこそが，貨幣経済の浸透した現代日本の社会に身をおいて生活する当事者として重要な課題で

はないだろうか。これは，突出する傾向をもつ市場経済を社会に埋め戻す必要性を説いた経済人類学者カール・ポランニーの学問的課題にも通じる問いでもある（ポランニー 1980; 2003）。

　コモンズを市場と対抗関係に位置づけてその重要性を明確に提示してきた多辺田政弘も，

> 「既存の経済学が欠落させてきた視点を経済学に埋め込んでいく作業が要請されている。（中略）それは必ずしも"脱市場"のみではない。定常系をもった分権的市場経済の再構築と，それに結びつき支える非市場領域の活性化による地域循環経済の構想へと向かうべき」（多辺田 1995: 141）

であるという見解をもっており，非商品化部門の営為を活発にする方向で，市場とコモンズのバランスを模索している。

　また，多辺田とは異なる視点から，経済学者・間宮陽介も，

> 「コモンズの原理は市場の原理とは性格を異にするけれども，コモンズがコモンズの内外の人びとにとって経済的性格を持たないというわけではなく，コモンズを維持し持続的に利用することは，'経済'を人間と自然の物質過程と解する限り，'経済'合理性と必ずしも背反的ではない」
> 「コモンズの原理は歴史的コモンズから抽象されたものであるが，その原理は市場経済下の生活空間にも適用可能ではないだろうか」（間宮 2002: 201）

と市場とコモンズを対置させる見方を退け，市場とコモンズとの関連を議論していく必要性を明示している。

　一方，海外のコモンズ研究者やフィールド調査地（研究対象）を海外にもつ国内の研究者のなかにも，同様の関心が生まれている。オストロムは「コモンズの商業化と市場化に対する見解は統一されていない」（Dolšak & Ostrom 2003: 18）としたうえで，商業化が逆にコモンズを守ると見なす考えがあり，どのような条件のもとで，商業化を進めれば共有資源の維持管理にとって有益に働くのかを提示する必要があると述べている。また，生態人類学者・秋道智彌（2004）もサシ慣行の事例を挙げ，同様の課題究明の必要性を示唆している。

　この市場とコモンズを射程においた実証的研究には，玉野井らによる沖縄県

の共同店に関する研究がある。本土の資本に島内経済を翻弄されることを回避するため，村民が共同出資して設立した共同店が，村人への必要財の供給を可能にしたばかりでなく，その収益が地区の福祉や教育環境の充足にあてられるという内部循環をつくり上げてきたことの意義を分析している（玉野井・金城 1978）。

また，木材売却収入を私的分割するのではなく，共益増進の方向で用い，地域の社会資本・制度資本だけでなく森林そのものの保全に寄与し，その結果，福祉をはじめ，地域固有の伝統・文化を育んできた日本の入会林野の現代的意義も再考されつつある（室田・三俣 2004）。森林資源が商品化されてもそれを共的に利用・管理し，地域内部で循環させる方向で得られる便益を共的に用いる動機がかつてどこにあり，また現在はどこにあるのか。その解明は市場とコモンズのバランスを模索するうえで重要な課題となろう。

市場経済の進展がコモンズを解体せずに，生態学的にも地域経済にとっても良好でかつ持続的な方向へと誘う諸条件を検討していくことは，今後，国内外のコモンズ論が相互作用しながら深めていくべき大きな課題のひとつである。これは，都市型社会のなかで，伝統的コモンズが担った役割を現代的に再生するためにはいかなる管理制度が構想されるべきか，という経済学者・植田和弘の投げかけたコモンズ研究における課題（植田 1996: 167）にも通ずるものである。

注

(1) アリストテレスは，確かにこのように論じているが，いちがいに共有制を否定しているわけでもない。オストロムは，アリストテレスが私有制と共有制の両方のよい面を生かすような習慣や法の整備が重要であると論じる点（アリストテレス 1969: 46-53）には一切触れていない。

(2) 同論文でハーディンは，私的管理を否定はしないものの「相続制度と結びついた私有財産制度は遺伝子学的に将来にわたる最適利用を保障しない」と論じ，公的管理に比して否定的に論じている。

(3) ボストン・コモンは，17世紀に入植者がもち込んだ英国コモンズの制度に歴史的起源を発し，激動する米国の社会情勢に対応しながらオープン・スペースとして現在まで存続している。1640年に自治的組織であるタウンミーティングの場で，私的分割の禁を決して以来，度重なる開発圧に抗しながらもその精神を継承している（三俣・泉 2005）。

(4) その理由は，「地球全体を単一の共同体とみなす"地球船宇宙号"の理論

を押し進めると，そうする人の善意あふれる意図とはまったく正反対に，それが理想的な熱機関としての更新性そのものの破壊を弁護することになってしまう」(室田 1979: 169) からだという。

(5) 玉野井は，室田とは少々分析の視角を異にしており，そのアプローチは工業と農業における相違を考察し，「共生の原理」が地域を基盤とする農の営みのなかにあることを指摘した。玉野井，槌田，中村，室田が議論を続けた天動研究会（エントロピー学会の母体）において，日本のコモンズ論の源流をなす思想が温められていた。同研究会におけるエントロピー論との出会いは，玉野井のコモンズ論が共同体論や地域主義から飛翔するために決定的な役割を果たした（多辺田 2001: 247）。

(6) 経済学からの共的部門の検討の必要性を明示したものとして，室田 (1979)，室田 (2004: 54-56) や猪木武徳 (2000) を参照されたい。経済社会を 3 部門から成ると捉える視点，特に「公」と「共」を分けて捉える視点に対する批判が法学者から提起されているが，これについての詳細は，鈴木・富野編 (2006) を参照されたい。

(7) 北米についても，源流域の時代区分を 1990 年のオストロムの出版年以前としたが，論の広がりと拡大には同時代的に見て国内外でかなり共通した部分がある。

(8) たとえば，環境経済学の標準的なテキストである植田 (1996) においても，オストロム研究を踏まえたハケット (Hackett 2001) においても，この (1) (2) の総体としてコモンズを定義する見方を了解している。とはいえ，当然，(1) (2) のどちらに重点をおいて議論を展開するかによって，生まれてくる研究成果はずいぶんと異なったものになる。(1) に重点をおく場合，共同体内の資源管理制度・ルール，さらには後述する社会関係資本論やガバナンス論などといった制度・組織論的な分析や議論となり，一方 (2) に重点をおく場合には，人類学，生物学，生態学的な研究になる傾向が見られる。とはいえ，近年のコモンズ論は，(1) (2) のどちらか一方のみでなく，それらを総体として捉えるところに大きな特色がある。これは，(1) (2) 双方の持続性が互いに規定され合う関係にあるという根本認識が，論者のあいだで共有されることが比較的多いからだと思われる。なお，本文の「主要論者」とは，本稿では，さしあたり室田・三俣 (2004: 158-162) の定義集で取り上げた人物を示すこととしておく。

(9) あえて「共」を「公」と分離（対置）して議論が展開されてきたことには，それなりの理由がある（室田 1979; 多辺田 1990）。鈴木・富野編 (2006) では，その理由に一定の正当性を認めつつ（たとえば，同書 : 248），真なる公共性の再構築を目ざす方向でのコモンズ論を進展させるべきである，という

強い批判を提示している。この問題は3.1にも深く関連することであり，今後，いっそうの議論を深めていくべき課題である。
(10) ここでの公権力という語は，鈴木が「近年のコモンズ論者による異議申し立て」として簡潔にまとめているように，「'公'有が実質的には'官'による私有の論理に転化している状況」（鈴木・富野 2006: 248）のもとで進む開発などによって，地域資源のみならず地域の自治力までを衰弱させる力として働く力，という意味で用いている。
(11) 筆者らとマッキーン氏との研究交流は，2003年から始まった（2003年3月：同志社大学ワールドワイド・ビジネス研究センター主催のセミナーおよび環境経済・政策学会主催のシンポジウム。2007年10月：同志社大学社会的共通資本研究センター主催のセミナー）。2008年7月18日には，マッキーン氏を座長とする日本の入会を主要テーマとしたセッションが第12回 IASC（International Association for the Study of the Commons）国際学会において設けられた（http://iasc2008.glos.ac.uk/iasc08.html）。
(12) 諸富（2003）と同様の見解から，本稿では social capital の訳語として「社会関係資本」を採用する。また，コモンズ・ガバナンス・社会関係資本論の関係性を資源管理論から考察したものに，三俣・嶋田・大野（2006）があり，本稿で社会関係資本をネットワークに限定する立場もこの論考での議論に基づいている。
(13) パットナムとオストロムは1993年前後からたびたび議論を交えていたようである。Ostrom（1990），Ostrom（1992）で社会関係資本の重要性を示唆してきたオストロムが，1995年に公表した共編著 *Local Commons and Global Interdependence* の第6章所収論文 "Constituting Social Capital and Collective Action" の脚注において，1993〜94年に開催された3つのコンファレンスに参加した代表的論者7名に対して謝辞を述べている。そのなかにパットナムの名前がある。このようにオストロムの社会関係資本への着目はかなり早い段階でのものであった。
(14) オストロムは，資源利用者による資源管理を成功させるうえでジレンマとなるフリーライダー問題を制度供給の問題，信頼できるコミットメントであるか否かの問題，相互モニタリングの問題に分類し，それぞれに関して詳述している（Ostrom 1990: 42-43）。
(15) とはいえ，オストロムは，「ルールはそれ自体では機能しない。ルールをうまく履行させるためには，参加者はルールを理解することができ，さらにはそれを機能させるすべを知らなくてはならない。その知識は，それをなしうるための自治の権利をもつ個々人が長年かけて育んできた社会関係資本の一部である。すべての形態の資本がそうであるように，社会関係資本はそれ

をつくり上げるのに長い時間を要するものであるし，瞬く間に壊れることもありうるのである」(Ostrom, Gardner & Walker (eds.) 1994: 323) と述べている。
(16) パットナムは分の厚い社会関係資本の形成は経路依存的である，という結論をひとまず用意した。だとすれば，新興団地や入植地など新しいコミュニティにおける制度供給問題を社会関係資本はどう克服しうるのかという疑問が生じてくる。

参考文献

秋道智彌 2004『コモンズの人類学――文化・歴史・生態』人文書院.
アリストテレス 山本光雄・村川堅太郎訳 1969『アリストテレス全集 15 政治学 経済学』岩波書店.
Berkes, F., 1989, *Common Property Resources: Ecology and Community-Based Sustainable Development,* New York: Belhaven Press.
Bromley, D. W. (ed.), 1992, *Making the Commons Work-Theory: Practice, and Policy,* San Francisco: ICS Press.
Burger, J., E. Ostrom, R. Noggard, D. Policansky & B. Goldstein (eds.), 2001, *Protecting the Commons: A Framework for Resource Management in the Americas,* Washington, D. C.: Island Press.
Ciriacy-Wantrup, S. V. & R. C. Bishop, 1975, "'Common Property' as a Concept in Natural Resources Policy", *Natural Resources Journal* 15(4): 713-727.
Dasgupta, P., 1982, *The Control of Resources,* Oxford: Basil Blackwell.
Dasgupta, P., 2003, "Social Capital and Economic Performance: Analytics", E. Ostrom & T. K. Ahn (eds.), *Foundations of Social Capital,* Cheltenham, UK: Edgar Elgar, 309-339.
Demsetz, H., 1967, "Toward a Theory of Property Rights", *American Economic Review* 62: 347-359.
Dolšak, N. & E. Ostrom, 2003, *The Commons in the New Millemmium: Challenges and Adaptations,* Cambridge, Massachusetts, USA: The MIT Press.
Ekins, P.(ed.), 1986, *The Living Economy: A New Economics in the Making,* London; New York: Routledge & Kegan Paul. ＝エキンズ，ポール編 石見尚・中村尚司・丸山茂樹・森田邦彦訳 1987『生命系の経済学』御茶の水書房.
Gibson, C. C., M. A. McKean & E. Ostrom (eds.), 2000, *People and Forests: Communities, Institutions, and Governance,* Cambridge, Massachusetts, USA: The MIT Press.
Gordon, H. S., 1954, "The Economic Theory of a Common-Property Resource: The Fishery", *Journal of Political Economy* 62: 124-142.

Hackett, S. C., 2001, *Environmental and Natural Resources Economics: Theory, Policy and the Sustainable Society*, New York: M. E. Sharpe, 374-381.
猪木武徳 2000「市場経済と中間的な自発的組織」下河辺淳監修・香西泰編『ボランタリー経済学への招待』実業之日本社，103-126.
井上真 2004『コモンズの思想を求めて——カリマンタンの森で考える』岩波書店.
Johnson, O. E. G., 1972, "Economic Analysis, the Legal Framework and Land Tenure Systems", *Journal of Law and Economics* 15: 259-276.
間宮陽介 2002「コモンズと資源・環境問題」佐和隆光・植田和弘編『環境の経済理論』岩波書店，181-208.
McCay, B. J. & J. M. Acheson, 1987, *The Question of the Commons: The Culture and Ecology of Communal Resources*, Tucson: University of Arizona Press.
McKean, M. A., 1986, "Management of Traditional Common Lands (Iriaichi) in Japan", *Proceedings of the Conference on Common Property Resource Management*, Washington, D.C.: National Research Council.
三井昭二 1997「森林からみるコモンズと流域—その歴史と現代的展望」『環境社会学研究』3: 33-45.
三俣学・泉留維 2005「ボストン・コモンの歴史的変遷と制度分析」『商大論集』56(3): 207-242.
三俣学・室田武 2005「環境資源の入会利用・管理に関する日英比較」『国立歴史民俗博物館研究報告』123: 253-323.
三俣学・嶋田大作・大野智彦 2006「資源管理問題へのコモンズ論，ガバナンス論，社会関係資本論からの接近」『商大論集』57(3): 19-62.
三俣学・森元早苗・室田武編 2008『コモンズ研究のフロンティア』東京大学出版会.
諸富徹 2003『環境』思考のフロンティア，岩波書店.
室田武 1979『エネルギーとエントロピーの経済学』東洋経済新報社.
室田武 2004『地域・並行通貨の経済学——一国一通貨制を超えて』東洋経済新報社.
室田武・三俣学 2004『入会林野とコモンズ——持続可能な共有の森』日本評論社.
中村尚司 1993『地域自立の経済学』日本評論社.
Ostrom, E., 1990, *Governing the Commons*, Cambridge, UK; New York; Melbourne: Cambridge University Press.
Ostrom, E., 1992, *Crafting Institutions for Self-Governing Irrigation System*, San Francisco: ICS Press.

Ostrom, E., 1995, "Constituting Social Capital and Collective Action", in: R. Keohane & E. Ostrom (eds.), *Local Commons and Global Interdependence: Heterogeneity and Cooperation*, London: Sage, 125-160.

Ostrom, E., Gardner, R. & Walker, J. (eds.), 1994, *Rules, Games, and Common-pool Resources*, Ann Arbor: The University of Michigan Press.

Ostrom, E. & T. K. Ahn, 2003, "Introduction", in: E. Ostrom & T. K. Ahn (eds.), *Foundations of Social Capital*, Cheltenham, UK: Edgar Elgar, xi-xxxix.

ポランニー, K. 玉野井芳郎・栗本慎一郎訳 1980『人間の経済』1-2, 岩波書店（岩波現代選書）.

ポランニー, K. 玉野井芳郎・平野健一郎編訳 2003『経済の文明史』ちくま学芸文庫.

Putnam, R. D., 1993, *Making Democracy Work: Civic Traditions in Modern Italy*, Princeton: Princeton University Press. ＝パットナム, R. D. 河田潤一訳 2001『哲学する民主主義――伝統と改革の市民的構造』NTT出版.

Scott, A. D., 1955, "The Fishery: The Objectives of Sole Ownership", *Journal of Political Economy* 63: 116-124.

Smith, R. J., 1981, "Resolving the Tragedy of the Commons by Creating Private Property Rights in Wildlife", *CATO Journal* 1: 439-468.

鈴木龍也・富野暉一郎編 2006『コモンズ論再考』晃洋書房.

多辺田政弘 1990『コモンズの経済学』学陽書房.

多辺田政弘 1995「自由則と禁止則の経済学―市場・政府・そしてコモンズ」室田武・多辺田政弘・槌田敦編『循環の経済学――持続可能な社会の条件』学陽書房, 49-146.

多辺田政弘 2001「コモンズ論―沖縄で玉野井が見たもの」エントロピー学会編『「循環型社会」を問う――生命・技術・経済』藤原書店, 244-268.

多辺田政弘 2004「なぜ今〈コモンズ〉か」室田武・三俣学『入会林野とコモンズ――持続可能な共有の森』日本評論社, 215-226.

玉野井芳郎 1979『地域主義の思想』農山村漁村文化協会.

玉野井芳郎・金城一雄 1978「共同体の経済組織に関する一考察―沖縄県国頭村字奥区‘共同店’を事例として」『沖縄国際大学商経論集』7(1): 1-24.

槌田敦 1982『資源物理学入門』日本放送出版協会.

植田和弘 1996『環境経済学』岩波書店.

宇沢弘文・茂木愛一郎編 1994『社会的共通資本――コモンズと都市』東京大学出版会.

宇沢弘文 2000『社会的共通資本』岩波書店（岩波新書）.

第2部
コモンズの変遷と現状

5 近代日本の青年組織による共同造林

——埼玉県秩父郡名栗村「甲南智徳会」を事例として

加藤　衛拡

1　近代のヤマとムラを考える視点

1.1　コモンズとしての入会林野

　近世農村は近代に比較すれば構成員にとって平等な社会であり、いわば自作農中心の社会であった。百姓のイエは田畑を個別に所持・経営し、それを補完するムラ（近世村あるいはその内部の村組）は、田畑については個別所持に対して重層的に（渡辺 1998; 神谷 2000 など）、入会（山川湖海）や水利（水田開発とともに創出）については直接共同で管理・利用していた。こうした近世の入会や水利は日本の歴史的コモンズと理解され、入会林野（部落有林野）はその最も一般的な形態であろう。近世は地域社会における地域資源管理の第一段階である。

　幕末・明治期の日本の近代化は、農村においても私的所有権の強化に伴う階層差の大きな社会を生み出していった。1900（明治 33）年からの 10 年間に資本主義が成立するとともに、農村には寄生地主制が確立した。地主—小作関係に象徴される戦前期の農村が形成されたわけである。こうした近代のムラ（村落）について、地主や国家による支配・統合の側面からだけではなく、その自治機能に注目し、生活の場としてのムラの役割が見出されている（川本 1983; 斎藤 1989; 沼田 2001 など）。

　そこではムラの土地について入会地はもとより、耕地についても私有的側面と同時に近世以来の総有的側面を確認し、その領域が鈴木栄太郎の示した「自然村」（鈴木 1940=1968）と重複することが明らかにされてきた。本章はこうした研究を踏まえ、入会林野に改めて注目して、その近代のムラやその構成員による積極的な活用を考察したい。

1.2 入会林野の活用

　入会林野を活用する契機の1つは明治政府による地域政策にあった。地域社会の近代的制度・施設は明治政府が機関委任事務の強化をはかるなかで整備される。その財政力を確立するため，明治22（1989）年に市制・町村制が施行されて町村合併が推進された（大島 1994）。新町村の財政負担の中心は，学校・町村役場などの運営費と建設費用が占めていた（大石・西田編著 1991；大鎌 1994 など）。なかでも学制の発布以来全国にくまなく設立された学校関係の費用，すなわち教育費が地域財政に占める位置はきわめて高かった（籠谷 1994）。その負担も原則は行政町村にあるが，実態は多様であった。山間地域においては入会林野からの収入によって大字（区）が応分の負担をする場合も見られたのである。

　入会林野は地租改正時の官有林野への編入に始まり，近代の地域財政負担の費用捻出などのために大きな部分が売却されて地主層のもとに集積された。また政策的には，行政町村をこうした財政負担に耐えうる団体とするため，その基本財産に統一するよう誘導された（部落有林野の整理統一事業）[1]。近代を通じて入会林野は解体を方向づけられたのである。これに抗して，前述のように入会林野の資源をムラの財産として有効利用し，さらにその資産価値を高めるムラも存在した。解体とは別の位置づけを与えられる場合があったのである。

　典型的な例として，吉野林業地帯の一角をなす奈良県吉野郡四郷村（現東吉野村）の大字三尾と大豆尾の例が挙げられる（外木 1975）。明治中・後期に大字の持つ入会林野が解体し私有地化が進みはじめたとき，私有地化した林野の寄付も含む大字有林野の再構築，財団法人化が図られるのである。また，入会林野への造林が各地に見られる[2]。

1.3 地域の担い手

　ここで地域産業・地域社会の近代における担い手像にも言及しておきたい。農村社会の担い手について，明治期までは在村地主層，大正期にはそれが自作農層・小作農層にも拡大し，またイエ・ムラの拘束のなかから個が自立を始めるとともに青年層が台頭して，これらを構成員とする新たな編成原理の集団が成立したとされる（大門 1994）。しかし，こうした担い手論も前述した近代のムラ論も，稲作農村をもとに考察される場合が多い。次節で述べるように，畑作農村や山村では近代の到来とともに養蚕や製糸・織物業の，また明治後期からは製炭・木材業などの生産・流通構造が大きく転換し，技術革新が進んだ。

稲作農村とは異なる生産の飛躍的変革が起こったのである。この変革の担い手とムラの役割を見出すことには重要な意義があろう。

本章ではこのように入会が解体せず，ムラが入会利用を積極化・高度化する事例を取り上げ，その実態を担い手像とともに解明したい。

2 埼玉県秩父郡名栗村の歴史的特質

2.1 埼玉県畑作地域の変革と名栗村

事例として取り上げるのは，江戸・東京近郊に位置し，近世から育成林業が展開した西川林業地帯にある秩父郡名栗村（現飯能市）である（図5-1，5-2）。名栗村について考察する前提として，同村が含まれる埼玉県西部の畑作農村・山村の近代における特徴を示しておきたい。

埼玉県では明治初年から大正期にかけての半世紀に，人口が1.56倍に増加した（表5-1）。郡別では秩父郡を筆頭に児玉・大里・入間郡がこれに続き平均以上の増加率を示す。秩父郡に属した名栗村も人口増加地域の一角に位置する。一方で，南埼玉・北埼玉・北葛飾郡では増加率は小さい。すなわち近代埼玉県の人口増加は西部の畑作農村・山村において顕著であり，東部の稲作農村では停滞的であった。

その理由の第一は，明治・大正期に展開した工業の大きな部分が地域資源（農・林産物）利用型であり，地域資源の生産地やその近隣に立地したことである。こうした工業は製糸・織物・製茶・製材など典型的な在来産業（中村1985; 中村編 1997; 谷本 1998など）が中心であった。理由の第二は，用材林業はもとより畑作農業も養蚕を筆頭に工業への資源供給型のそれに転換し(3)，また近代都市の成立に対応した直接消費型の農林産物の生産増大が指摘できる。畑作農村・山村にはこうした変化が顕著に現れ，稲作地帯の変化は小さかったのである（加藤 2005）。

2.2 名栗村の歴史的特質

名栗村は明治22（1898）年4月，近世村の上名栗村と下名栗村とが合併して成立した。西川林業地帯には一般に入会地がほとんど見られない。その理由は，近世村落確立期の寛文検地（1660年代後半）において山地に展開する焼畑が検地され，ヤマの所持が確立したからである。しかし，名栗地域のみは山が深く，同地域を源流とする入間川右岸（西側）の奥山にムラが共同利用する

5　近代日本の青年組織による共同造林

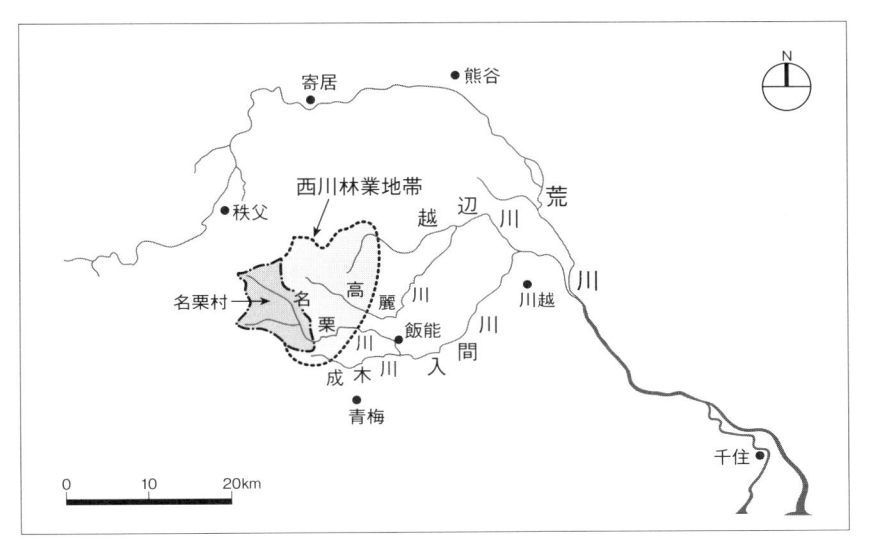

図 5-1　西川林業地帯略図

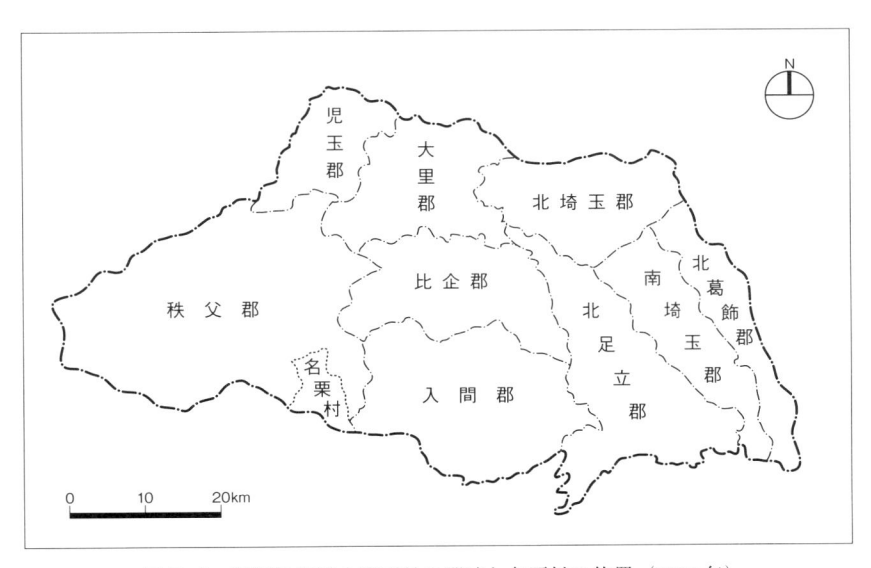

図 5-2　郡制施行後の埼玉県の郡域と名栗村の位置（1896 年）

65

表5-1 明治・大正期の埼玉県郡別人口の推移と民有地の地目割合（1909年）

郡名	人口変動			民有地の地目別割合			
	明治9年(1876)	大正10年(1921)	変動率	耕宅地割合			林野率
				水田率	畑地率	宅地率	
北足立郡	170,005人	273,813人	*161%	*38%	53%	9%	18%
入間郡	146,103	250,297	*171	24	*70	7	*39
比企郡	69,189	103,131	149	*42	49	9	*41
秩父郡	60,775	113,382	*187	6	*88	6	*71
児玉郡	46,262	81,936	*177	24	*67	9	*35
大里郡	105,659	172,708	*163	29	*61	10	*32
北埼玉郡	110,521	162,992	147	*48	42	9	3
南埼玉郡	110,990	144,645	130	*51	40	9	7
北葛飾郡	74,459	94,383	127	*61	32	8	4
合計	893,999	1,397,287	156	37	54	9	32

(資料) 人口変動：明治9（1876）年＝「市町村別人口推移」（埼玉県 1981『新編埼玉県史別編5　統計付録　町村編成区区域表他』同県, 81-87頁）より作成。「市町村別人口推移」は埼玉県史編纂室が『武蔵国郡村誌』『国勢調査』のデータを1981年時点の市郡・町村に集計しなおしたもの。名栗村・吾野村は大正9年に秩父郡から入間郡へ郡域が変更になったため，その部分のデータを修正した。
　大正10（1921）年＝同年『埼玉県統計書』より作成
　民有地の地目別割合：明治42（1909）年『埼玉県統計書』より作成。水田率，畑地率，宅地率：耕宅地の合計を100とした時の値。林野率：総土地面積を100とした時の値
(注) 郡名は明治29（1896）年郡制施行以後の9郡を掲げ，それ以前のデータは郡の合併の経緯を踏まえてこの9郡に集計した。郡制施行後の市は市域がおもに含まれていた郡に集計した。＊は平均以上の割合を示す値

入会林野が成立し，近代に引き継がれた。産業は18世紀前半までに炭・材木の生産が中心となり，焼畑から林業の村へと転換した。平場農村以上に商品経済が展開したのである。

　名栗地域のなかでも林地の個別所持の割合が高い上名栗村ではそうした造林地の集積が進み，大材木商人を筆頭とする富裕層と，所持する林地を失いこれらに雇用されることで日々を暮らす日雇層に二極化した。一方下名栗村は入会林野が村の3分の2を占めるほど広大にあり，そこに大量の薪炭林が存在した。これを利用する多数の小経営的製炭業の存続が可能となり，平準化した階層構造を示していた（加藤2007）。

　近代に入ると，小規模な旧御林が官林に編入され，入会林野は下名栗村において一部官有林野となるが多くは村持山となり，両村合併後は2大字（区）の区有林となった。したがって行政村名栗村には成立当初に基本財産はなく，安定した村運営は困難であった。明治44（1911）年，不要存置国有林野（旧御林）の払下げを請け，最初の基本財産が形成されることになる（名栗村史編纂委員会編 1960: 294-295）。村財政の歳入は村税が大部分を占め，臨時支出があ

ると上・下名栗区からの寄附がこれを補塡した。歳出のうち経常的な支出（明治末期・大正初期は1,500〜2,000円）は役場費に多くが充てられ[4]，教育費は2つの区（後掲表5-3）に委ねられていた。行政村と大字が行政的にも並立していた状況が読み取れる。

近代の産業は，明治前期から養蚕・製糸業が発展を開始する。明治末期・大正前期には木炭・木材とも生産・流通における大量供給体制が確立し，特に近世から造林してきた杉檜資源を大量に伐出していく時代に入った。大正4（1915）年に近接する飯能町まで池袋から武蔵野鉄道（現西武池袋線）が開通するが，これに向けて明治40年代から秩父―名栗―飯能間の県道改修工事が急速に進んだ。

この時期，明治後期から大正期に木材生産では近代的技術，すなわち搬出過程における修羅（しゅら）・木馬（きんま）の導入，製炭では白炭に加えて黒炭技術の習得，輸送では筏・馬背から手車・馬車への転換が進み，飯能町が木材の集散地として台頭した（加藤2005）。造林も私有林における造林ばかりでなく，入会林野に対しても管理団体である大字（区）が直接，あるいはさまざまな団体が分収により造林を広範に展開した（秦1957）。以下ではその発端となる青年団体「甲南智徳会」による共同造林の成立を解明する。

3 「甲南智徳会」の設立と活動

3.1 成立と統合

名栗村には明治中期，青少年を対象に地域社会や地域産業の変革の担い手を育成し，地域全体を向上させるべく社会的かつ経済的活動を実行する団体が形成された。「甲南智徳会」である（安藤2004; 2007）[5]。明治40（1907）年1月刊行の「甲南智徳会会報」（以下「40年会報」）はその設立の経緯について以下のようにまとめている。

> 維新以来，欧米文物の輸入頻繁にして，昔日の迷夢漸く覚め，社会の趨勢日に月に進み底止する所なし，されば国民たるもの，徒らに安逸を貪る能はざるや明かにして，上下一致轍を同ふし，日夜励精して形上下の学に心を用ひ，事物の研究に余念なかりき，本村有志又爰に期する所あり，専ら後継者の教養指導に務め，古来因襲の弊風を矯め，善良なる国民を養成せんとし，去る廿三年七月大字下名栗に交詢会（こうじゅんかい）を設け，廿五年十二月大字

上名栗に同窓会を組織し，以て討論演説等をなし，平素は青年書類新聞雑誌等の購読をなし，或は夜学会を開設し，専ぱら智徳の練磨に務めたり，従て会員互に勉励し，見るべきもの尠少ならさりき，故に漸次好運に向ひ，遂に団結して大になすあらんとし，三十年一月両会合同の議起り，翌年交詢・同窓聯合会を組織し，同年十一月廿三日を以て其総会を開きしに，機全く熟し，一の意義を唱ふる者なく之を解散して，新に甲南智徳会を組織せり(6)

　すなわち，名栗村成立直後の明治23（1890）年7月，村内の有志により大字下名栗に「交詢会」が，明治25（1892）年12月には大字上名栗に同様に「同窓会」が結成された。いずれも青少年を会員とし，地域社会の後継者育成，前時代的因襲の改善，近代国家建設に尽くす国民養成を目的に，討論演説会を開催し，青年用の書籍・新聞・雑誌を購読し，補習的夜学会を開設して，会員相互に努力し智徳（学識と徳行）の向上に努めてきた。そうした活動を続ける明治30（1897）年11月，2つの会を合併して「甲南智徳会」が設立された。大字単位に形成された団体が，行政村を単位に統合されたのである。
　以後同会は，補習教育・道徳教育・社会教育の普及，体育の奨励，資金の貯蓄，出征者家族援助とともに植林事業の実施や農林業改革に指導的役割を発揮していった(7)。

3.2　地域を改革する青年の育成
3.2.1　活動の展開
　「40年会報」は引き続き，統合後の同会の活動内容をまとめている。それによると，明治34～37（1901～04）年にかけて，特に農林業の改革に情熱を傾ける。新たな穀物・野菜等の種子を購入して村内に配付し，試作研究を進め，秩父郡立農業学校の教師を招き作物や加工品(8)に関する講演と実地指導を受けている。この間，会はもう1つの目的である国民教化を率先して進め，「兵士の送迎」，「忠君愛国の志気を発揚」して，近代国家建設の一翼を担うべく「村民を鼓舞奨励」してきた。この2つの役割が鮮明になってきた結果，入会者は増加し，会歌まで制定するに至る(9)。
　さらに具体的な活動をはかるため，明治37年1月，3つの学校区を単位にそれぞれに部会を設置した。大字下名栗が第一部会（下名栗尋常小学校区・東地区），大字上名栗は2つに分けて第二部会（上名栗第一尋常小学校区・中央

地区）と第三部会（上名栗第二尋常小学校区・西地区）であり，各部会の事務所はそれぞれの尋常小学校におかれた。この部会にあたる地域がムラに相当する領域である(10)。部会の設置は，近世以来この領域に社会的集団が重層的に存在したため，実態に対応させた措置であろう。

会員は 17〜39 歳(11)の男子青年であり，各部会約 50 名の会員がいた（安藤 2004; 2007）。明治 45（1912）年の名栗村の戸数は 478 戸(12)であったため，各地区には 150 前後のイエがあった。この年齢層の男子のいるイエ数を 4 分の 3 と概算すると，少なくとも該当年齢者の 4 割程度が組織されていたと推定される。

3.2.2 日露戦争による会の高揚

三部会制をとる甲南智徳会は，明治 37〜38（1904〜05）年の日露戦争の開戦によって「国本培養の切要」を感じ，すなわち地域資源・地域産業の充実を痛感し，農林業の技術革新と共同造林に尽力していった。

共同造林については 37 年 4 月にまず第一部会が「日露開戦記念林」を創設，同年 7 月第三部会がこれにならい，第二部会も準備していった。会員に日露開戦における国民的高揚と共同造林熱が成熟する状況下，38 年 1 月，第 18 回総集会中「旅順陥落」の報告が入る。「40 年会報」はその時の興奮を以下のように伝えている。

> 敵塞旅順陥落せりとの確報に接するや，会場恰も湧くか如く会員の意気天をも衝かんずる勢にて，期せずして帝国の万歳を三唱せり，而して実業の発展を計り，国力増進を企図するは，軍国の今日殊に急切なるを感じ，即ち満場一致の同意を以て，本年八月を期し重要農産物品評会開設の議に可決し，爾来此経営に務め，村内に頒つに，蚕種を以て勧誘奨励に尽力せり(13)

地域産業の発展を図ること，すなわちそれは国力増進を企図することとなり，軍事国家の形成にとって重要であるとの理由で，同年 8 月に重要農産物品評会の開設が満場一致で採択される。それを成功させるため，村内に蚕種を分け与えて品評会への出品を勧誘奨励するというのである。

天候不順が続き品評会は 11 月に延期することになるが，その成功の様子が「40 年会報」に示されている。「40 年会報」はその報告書として出版されたものである。それによれば品評会は 11 月 16 日から 19 日にかけて上名栗にあっ

た剣道場「明新館」を会場に開催され，繭58点，生糸40点，大麦64点，大豆41点，小豆8点，木炭20点が出品された。4日間で1,425名の見学者が集まり，表彰式には300名以上の出席があり大盛況となった。同会のエネルギーは最高潮に達したのである。

　名栗村は明治末期までには養蚕・製糸業の発展があり，この時期から木材・木炭生産の近代的な新たなステージが開始される。上述したような明治20年代からの青少年教育のなかで，国家主義的要素も強めながら，到来した新たな時代を担う気概をもった青年層が成長し，地域社会の担い手として自覚的に活動を開始したのである。明治期から地域産業が大きく改革・発展する畑作農村・山村地域においては，この変革の担い手である青年が明治中期から育成されてきたことを示す一例であろう。

4　共同造林の展開と意義

4.1　第一部会（下名栗区）にみる意欲と展開

「甲南智徳会」の各部会の活動の中心は，入会林野を利用した共同造林にあった。ここでは共同造林を中心に，各部会の特徴的活動を明らかにしたい。

4.1.1　第一部会の共同造林活動

　第一部会の活動については，明治43（1910）年の同部会「会報第一号」に会員から「吾人の覚悟」なる投稿が掲載され，そこに山村青年の意欲と決意を感じとることができる。近代文明施設が山間僻地のこの村へも次第に迫りつつあると述べたうえで，以下のように記す。

> 杉もうゑねばならぬ，桑畑もほらねばならぬ，木も伐り草も刈らねばならぬ，そればかりでなく，新聞も見ね（ば）世間の事情がしれぬ，雑誌や書籍も読まねば社会におくれる，今日は何会，明日は何々会と欠席ばかりしては義理がすまぬ，どうも忙しいことではないか，ソレモ人間のつとめだからしかたがないと大に覚悟してほしい，諸君よ勇進は吾人の本領である(14)

　造林，桑園造成，伐出，採草という生業とともに，時代を知るための新聞・雑誌・書籍の購読，新たに地域づくりにかかわる各種会議・会合が増加している様子が読みとれる。最後に前進は我々の性質・才能であると，新時代を担う

自分たち青年の自負を示し結んでいる。

こうした青年たちが実施した共同造林については，明治43（1910）年秋の段階でのまとめがある[15]。それによれば，この第一部会が明治37年に日露戦争記念林として25,000本，学校林として28,000本の植林をスタートして以来，名栗村の造林は急速に展開し，6年間のあいだに何十万本の新規植栽がなされていったと記している。

このうち「学林」すなわち学校林の造林実績について，下名栗尋常小学校の「学校沿革誌」[16]を要約すると表5-2の通りとなる。明治37（1904）年以降，学校林を充実させていったことは明確である。学校林は下名栗区有林に学校基本財産として分収し，実務を甲南智徳会第一部会が担当したのである。

4.1.2　造林組合への展開

第一部会は大字下名栗（下名栗区）と一致していた。その区財政は大正4（1915）年度の決算になるが表5-3の通りである。歳入は区有財産である区有林からの雑木（製炭原木）販売（34％）と村税である戸数割付加税（57％）が中心である。区有財産からの収入が大きな割合を示すとともに，区は村税を行政村と分割して徴収していた。歳出はほとんど教育費（87％）である。この年度には計上されていないが，大正初期に新築する学校建設費も加わった。臨時部としてわずかであるが造林費が充てられる。区直営林造林の費用で，区民が労働提供をすることで雑木林伐採の跡地へ造林していったのである。その中心は第一部会の会員であったと推定される。

下名栗区は昭和恐慌後，奥地林を村有林へ提供して村有財産の形成を図り，残りは下名栗区民が平等に株を持ち合う現在の「下名栗共栄造林組合」を形成した。同組合は昭和49（1974）年に出版した組合概説書の巻頭「下名栗共栄造林組合のおいたち」において，「甲南智徳会」に以下のような評価を与えている。

　　同組合と名栗村の林業が継続してきた主因として，「甲南智徳会のクラブ活動」が第一に挙げられる。明治30年頃，村の有識者が，青少年に健全な娯楽を与えるため道徳教育を主体にしたグループを結成する。それが甲南智徳会の始まりであった。会員構成は当初14歳から30歳までの村内青少年約150人であった。日露戦争後，社会情勢が大きく変化して木材需要が増大し材価高騰の時代がやってくるが，当時区有林は広葉樹に覆われていた。智徳会では将来の木材資源不足を懸念，活動の一環として大規模

表 5-2　下名栗区学校林の造林実績（明治末～大正初期）

年	実　績
明治37 （1904）	紀元節祝賀式終了後，学校職員・村内有志者日露開戦記念林創設ノ協議 有間字ヨケ　杉檜 1,500 本を栽植　〈第一学林〉
明治38 （1905）	有間字滝ノ入　約 6 町 6 反　杉を栽植　〈第二学林〉 第一学林にも補植・増植
明治39 （1906）	植付，補植・増植　前年からの累計　28,315 本
大正2 （1913）	元名栗高等小学校記念学林・有間字滝ノ入　1.7 町　杉檜 6,565 本を栽植 本校学林に編入　〈第三学林〉
大正4 （1915）	有間字志於知久保　御即位大典記念林　杉檜 15,000 本を栽植

（資料）名栗東小学校編「学校沿革誌」『名栗村史研究那某郷』3，2003 年

表 5-3　下名栗区・上名栗区決算（大正 4（1915）年度）

項　目		下名栗区	上名栗区
歳入	基本財産収入	538 円	1,860 円
	県補助金	56	91
	郡補助金	5	－
	使用料及手数料	－	133
	繰越金	76	168
	雑収入	3	10
	村税	888	1,406
	合　計	1,566	3,668
歳出	経常部 会議費	20	18
	教育費	1,227	2,954
	財産費	24	62
	諸税及負担	76	22
	寄附金	66	158
	予備費	0	0
	計	1,413	3,214
	臨時部 記念事業造林費	152	356
	計	152	356
	合　計	1,566	3,570
差引残金・翌年度繰越金		0	98

（資料）大正 4（1915）年「大正 4 年度名栗村下名栗区経常費及臨時費歳入出決算書」下名栗小澤家文書，大正 2（1913）年「大正 2～9 年度上名栗区歳出入決算書綴」上名栗槇田家文書より作成
（注）下名栗区：194 戸，上名栗区：298 戸。金額：10 銭の位を四捨五入

な造林事業を展開した。こうした活動を見ていたのが，埼玉県技師秋山賢夫（県行造林の現地担当者）であった。秋山は地元青少年の造林に取り組む姿に感動し，徹底した造林（育苗，植栽，枝打，間伐）の技術指導を実施した。こうした秋山の指導が，当時の青少年に対してさらなる林業への関心を高めていった。70年後の当組合は，林道もない奥山の人力本位の造林事業を進めた先代・先々代の努力に深く敬服の念を表している[17]。

こうした評価は，戦前・戦後そして高度成長期に伐採可能となる広大な杉檜資源を有していた下名栗の住民（組合員）が，平等に多大なる恩恵に与ったからにほかならない。

4.2 第二部会・第三部会（上名栗区）にみる多様な活動と担い手

上名栗区の財政は前出の表5-3の通りである。下名栗区と同様の財政構造であるが，戸数も多いことから財政規模は2倍を超え，名栗村の経常的な財政をしのぐ。区の内部は2つの領域，2部会に区分された。

4.2.1 第二部会の共同造林活動

第二部会については明治37（1904）年1月～大正7（1918）年10月の「甲南智徳会第二部会記録」[18]（以下「第二部会記録」）から，共同造林の展開を知ることができる。

明治39（1906）年2月15日の役員会で，日露開戦記念林の実施と，造林地は上名栗区有林からの借用を決定する。区有林の管理者である名栗村長と区会議員等に交渉し，同年4月11日には具体的な2ヵ所の貸与が提示された。これをうけて直後の4月14日に第五総会を開催し，記念林とともにその世話役の設置を決定した。「第二部会記録」には「日露開戦記念林設定ノ協議ニ移リ，先ツ実行スルヤ否ヤノ件ニツキ意見ヲ吐露シ，満場ノ同意ヲ得」とある。

日露開戦記念林の植栽は，1口100本として2ヵ年間での植付けを計画し，在村の正会員は各1口の引受けを義務づけた。同年7月には植付け数1,190本の造林費合計9円42銭8厘を45人に配分して，1口につき金21銭ずつを徴収，実際に「整地」（地拵え）・「植附」・「間刈」（下刈り）が実施された。

以後年々新たなる「整地」・「植附」・「間刈」，2年目以降の「補植」・「間刈」を継続し，明治44（1911）年4月に「戦役記念林植栽完了ニ付世話役会ヲ開キ，熊沢・浅見両氏及浅見名誉員出席，決算ヲ行ヘリ」と，完了・決算が報告された。以後も新たな林地を借用し，さらなる展開を図っていく。造林の実務

については，43年3月以降「請負申込者」・「会員中ノ申込者ニ請負ハシムル」という記述が現れ，第二部会の会員のなかから造林請負人を募り，徴収した造林費を支払い，造林を実施していたことがわかる。

大正4（1915）年には，大正天皇の「御即位大典記念林」の造成が始まる。杉檜15,000本を同年に植栽し，苗木代は借入して5ヵ月の月賦で返済，植栽人夫は「役員の指揮ニヨリ各会員出役スルコト」となった。

4.2.2　第二部会の勧業活動と青年教育

また，「第二部会記録」は共同造林以外にも多様な活動を記録している。たとえば明治39（1906）年9月の「第六総会」での「五分演説」の演題は以下の通りである。勧業に関する議論が多い。

> 会員ノ責任並ニ義務／桑樹植附方改良ノ必要／蚕業ヲ盛ニスベシ／従軍中ノ所感／社会ノ改善ニ就テ／林業上ノ智識ヲ修得スベシ／秋蚕実験談／蚕病予防ノ必要／堅忍不抜ノ気象ヲ養成スベシ／伝染病予防ニ注意スベシ／風俗改良ニ就テ／勤倹ナルヘシ／本部会発展ニ就テ[19]

以後出席者も増加し，各種事業を展開する。40年11月の第8総会では夜学会の創設が決定され，この年より毎年11月から翌3月に週5日の日程で開催していった。41年7月には部会として椎茸栽培法を習得するため県農会講習会に代表者を送り，同年秋に試作を始める。

明治42（1909）年2月の臨時役員会は重要である。①蔬菜（茄子・玉蜀黍・菜豆・牛蒡・夏大根・人参・葱）新品種の種苗共同購入，②その「試作場」の設置，③椎茸栽培の材料引き取り方，④通俗図書館の設置を決定した。蔬菜種苗は，2・3月には春蒔き用，7・8月には秋蒔き用が同部会を通じて共同購入されていった。麦については，その年の不作を理由に新たな品種を「入間郡水府村附近ノ老農」の「田麦」に求めることになり，10月に部会内の地区別に共同購入を募集し，種子を配布した。また同月には埼玉県巡回文庫の受け入れが始まった。

明治43（1910）年4月の総会では春・秋2回の「農産物種苗共同購入勧誘」が決定された。同年8月の関東地方全域を襲った大水害に対しては，村内の復旧事業に労力を提供し義捐金を募っている。蔬菜種苗の共同購入，試作の成果を得て，44年12月には初めての蔬菜品評会を開催する。甲南智徳会の本会の品評会とともに，部会単位でもこうした品評会を開催していくのである。

第二部会は共同造林とともに農林業改革や青年補習教育を展開し，地域産業や地域社会の変革を担っていった。

4.2.3 第三部会の担い手

第三部会について見ることで，共同造林の担い手像を具体化したい。

同部会が実施した明治37（1904）年から始まる「明治三十七，八年戦役記念林」について，その規定が残されている。要約して示せば以下の通りである。

　　第1条　林業の発展をはかり当部会基本財産の造成のため植林
　　第2条　植林地は大字上名栗字新田区有地を分収法式で契約
　　第3条　1株30銭，会員は1株以上が義務，株数は毎年連名簿を調整，株の増加分は5銭増金
　　第4条　造林の夫役費用は株数に応じて負担
　　第5条　伐期は25年
　　第6条　伐採時の収得金は，林地所有者である上名栗区への契約分，諸費用を差引いた残額の5／100を部会の基本財産に繰り入れる
　　第7条　純益金は持ち株に応じて配分する
　　第11条　3年間この記念林の義務を果たさない場合は，既得権の一部または全部を没収[20]

合計の株数を493株とし，50名の会員が希望に応じて各自1〜65株を所有することとなった。植栽およびその後の手入れには会員（株主）が出役し，日当は45銭または50銭であった。必要経費は持株に乗じた金額を徴収している。以後，造林作業終了後に経費を計算し，不足分を持株に即して集金していった。ほぼ同様な方法により大正2（1913）年4月からの「改元記念林」[21]，大正4年3月からの「大典記念林」[22]も実施された。

第三部会の共同造林は，階層差のある地域における共同造林の1つの方法を示している。家産や意欲に応じて株を募集して造林資金を集め，会員は株数が小さくてもその造林作業に出役することで賃金が支払われた。ここで注意すべきは大株持ちが必ずしも近世以来の豪農層ではないことである。最大の株持ちは，この部会の中心的人物である槙田森太郎であった。槙田家は製炭業・養蚕業・旅人宿など多様な経営を営み，当主は伐出労働にも雇用されている（加藤2005）。近代山村の典型的な小経営と見なすことができる。以後も村内で重要な役職を担い，社会的にも大きな位置を占めることになる。これらの共同造林

により造成された森林資源は，昭和戦前期から伐採され，持ち株に応じて配当されていった。

5　近代山村の変革主体と共同造林の意義

　名栗村は埼玉県西部の畑作農村・山村の一角に位置し，近世以来の林業に加えて明治期には蚕糸業が発展し，さらに明治末期からは林業や畑作の変革が始まった。この変革の主要な担い手は青年層であった。新時代を担う意欲と教養ある青年層の育成は，行政村の成立と同時期に始まり，青年団体「甲南智徳会」に結実し，明治末期には自律的な活動を開始した。「甲南智徳会」の本会は行政村名栗村全域を組織化して指導的役割を果たすが，同村におけるムラ領域にあたる学校区を単位に3つの部会が編成され，これが各ムラの実態に即して具体的活動を展開する。共同造林，農林業技術の改良，青年補習教育などであった。

　入会林野を利用した共同造林を通じて，階層差の小さな下名栗区（第一部会）では構成員が平等に経費・労力を負担してムラや学校の基本財産を造成していった。階層差の大きな上名栗区（第二・第三部会）では，それぞれの企画・行動力に応じた経費あるいは労力の負担をし，部会構成員の基本財産を造成するとともに，造林費を通じた財力の再配分をなしていった。ムラの後継者である改革意欲の高い青年活動は，一方では国家主義の地域社会への浸透に協力することにもなるが，他方において産業や地域社会を変革し階層差を平準化する役割を果たしていったのである。

　農山村においても市場経済が浸透し，土地の私有権が強まり，階層間格差が拡大・定着する時代に，入会林野においては私有林化や公有林化だけが進展したわけではない。ムラの青年たちが共同して入会林野（公有林化した旧入会林野も含む）を積極的に活用し，その近代的転換を追求する展開を通じて，ムラによる地域資源管理の第二段階を迎えるのである。これは紆余曲折はあるが戦後高度成長期まで継続することになる。

　現在全国各地で，林野利用の後退と，それを大きな理由とする山村の過疎・高齢化によって，山元の地域社会による林野の維持管理に困難が生じ，そこに都市住民が参加・協力しようという動向が顕著になってきた。しかし，地域社会が消滅したわけではなく，新たな社会情勢に対応して再編されつつ継承されていると捉えることが正当であろう。一方では，高齢者福祉を核とした個性あ

る生活協働の再建や集落営農に代表される生産協働の新たな構築があり，他方では，若・中年齢層の回帰（Uターン），都市移住家族の帰郷（定年帰農），新家族の流入（Iターン）などの新たな担い手の出現がある。地域資源管理の第二段階に見るのとは異質の，地域社会の再編とそれに伴う地域資源管理のあり方の第三段階が模索されているのである。都市住民の参加もヤマだけを問題にするのではなく，再編されつつある地域資源管理主体といかなるかたちで連携・協力できるか，さらに踏み込んで，新たな担い手の一員になりうるのかを考察することに意味があり，現実的対応が可能となろう。

注

（1）整理統一されて制度的には公有林となっても，その管理・利用の実態は従来通り集落（ムラ）に任されている場合が多かった。

（2）近代の入会林野研究についてはその統一事業にかかわる制度論が中心であったが，そのなかにあって，ムラや学区による積極的利用である造林を明らかにする論考を見ることができる。藤田佳久（1988=1992 所収）は，愛知県を例に，里山の無立木地への造林から奥山の日露戦争記念による造林への展開と，部落有林野の統一は奥山地域において市町村有林・学校林として展開することを解明した。岩本純一（1996）は，滋賀県下を例に，村々入会の林野において上層農を指導者とする自治組織が展開した積極的な造林活動を解明した。竹本太郎（2004）は，行政史料や地方誌を駆使して，入会林野を利用した学校基本財産としての学校林設置について全国的に解明し，その主体についても近世村から学区や行政村への多様な展開を明らかにした。コモンズ論を意識した論考では，室田・三俣（2004）がこれを指摘している。

（3）一方で，木綿や藍作は消滅するが，それに余りある素材作物の生産拡大があった。

（4）明治 43（1910）年「（明治 43 年～大正 5 年度名栗村予算書・決算書・規定等綴）」・大正 4（1915）年「大正四年度埼玉県秩父郡名栗村歳入出決算」埼玉県飯能市（以下同様）下名栗小澤家文書。

（5）安藤耕己（2004; 2007）は，同会の組織・活動・意義について解明している。安藤も指摘するように，若者組の官制青年団化の研究はあるが，この時期の具体的な活動に関する分析は少ない。また，青年集団には年齢階梯集団としての若者組があり，「甲南智徳会」はそれとは別に編成された組織である。青年は二重に組織されたことになる。

（6）明治 40 年 1 月「甲南智徳会会報」下名栗豊住家文書（2004『名栗村史研究那栗郷』4: 134-170）。

（7）明治43年3月「甲南智徳会規則」下名栗加藤家文書（2004『名栗村史研究那栗郷』4: 171-178）第四条。
（8）経木真田とは，経木を真田紐（ひも）のように編んだもの。夏用帽子などの材料にする。
（9）国学者の逸見仲三郎の詞，「鉄道唱歌」の作曲者多梅稚に曲を依頼。
（10）上名栗区は範囲が大きく，区内に複雑な社会構造が見られ，ムラ領域の確定には課題が残されている。
（11）前掲明治43年3月「甲南智徳会規則」下名栗加藤家文書（2004『名栗村史研究那栗郷』4: 171-178）第五条。
（12）埼玉県内務部編1914『明治四十五・大正元年埼玉県統計書』1（土地戸口及雑部）埼玉県庁: 30。
（13）前掲明治40年1月「甲南智徳会会報」下名栗豊住家文書（2004『名栗村史研究那栗郷』4: 135-136）。
（14）明治43年「甲南智徳会第一部会会報第一号」下名栗加藤家文書。
（15）同上史料。
（16）名栗東小学校編「学校沿革誌」同校，飯能市郷土館所蔵文書（2003『名栗村史研究那栗郷』3: 48-144）。
（17）昭和49年「下名栗共栄造林組合（概要）」下名栗共栄造林組合文書。
（18）明治37年1月「甲南智徳会第二部会記録」上名栗町田晋家文書（2004『名栗村史研究那栗郷』4: 19-131）。
（19）同上史料（同上: 39-40）。
（20）明治37年「参拾七、八年戦役記念林書類」等，上名栗槙田家文書。
（21）大正2年4月8日「改元記念林植附帳」等，同上。
（22）大正4年3月9日「大典記念林帳」同上。

参考文献

安藤耕己 2004「甲南智徳会関係史料解説」『名栗村史研究那栗郷』4: 3-18.
安藤耕己 2007「近代日本における青年集団の二重構造に関する一考察」『日本社会教育学会紀要』43: 1-10.
岩本純一 1996「明治期における村落連合による造林の展開過程」『愛媛大学農学部演習林報告』34：1-92.
大石嘉一郎・西田美昭編著 1991『近代日本の行政町村——長野県埴科郡五加村の研究』日本経済評論社.
大鎌邦雄 1994『行政村の執行体制と集落——秋田県由利郡西目村の「形成」過程』日本経済評論社.
大島美津子 1994『明治国家と地域社会』岩波書店.

籠谷次郎 1994「国民教育の展開」井口和起編著 1994『近代日本の軌跡 3 日清・日露戦争』吉川弘文館, 170-195.
加藤衛拡 2005「首都近郊山村確立期における来訪者とその役割—埼玉県秩父郡名栗村槇田屋宿帳の分析を中心に」『徳川林政史研究所研究紀要』39: 79-98.
加藤衛拡 2007『近世山村史の研究——江戸地廻り山村の成立と展開』吉川弘文館.
神谷智 2000『近世における百姓の土地所有——中世から近代への展開』校倉書房.
川本彰 1983『むらの領域と農業』家の光協会.
斎藤仁 1989『農業問題の展開と自治村落』日本経済評論社.
鈴木栄太郎 1940『日本農村社会学原理』時潮社.(同 1968『鈴木栄太郎著作集 I・II』未来社所収)
外木典夫 1975「借地林業地帯における村持山の解体とその再編—奈良県吉野郡四郷村の自治会（財団法人）の成立とその社会的性格」『社会学年誌』16: 53-85.
大門正克 1994『近代日本と農村社会——農民世界の変容と国家』日本経済評論社.
竹本太郎 2004「明治期における学校林の設置」『東京大学農学部演習林報告』111: 106-177.
谷本雅之 1998『日本における在来的経済発展と織物業——市場形成と家族経済』名古屋大学出版会.
中村隆英 1985『明治大正期の経済』東京大学出版会.
中村隆英編 1997『日本の経済発展と在来産業』山川出版社.
名栗村史編纂委員会編 1960『名栗村史』名栗村.
沼田誠 2001『家と村の歴史的位相』日本経済評論社.
秦玄龍 1957「西川林業発達史」林業発達史調査会編『林業発達史資料』68.
藤田佳久 1988「愛知県における明治 30 年代における『公有林整理』と造林運動」『愛知大学綜合郷土研究所紀要』33: 1-17.(同 1992『奥三河山村の形成と林野』名著出版所収)
室田武・三俣学 2004『入会林野とコモンズ——持続可能な共有の森』日本評論社.
渡辺尚志 1998『近世村落の特質と展開』校倉書房.

6 「みんなのもの」としての森林の現在
―― 市民と自治体が形づくる「みんな」の領域

石崎　涼子

はじめに

　現在の日本における森林と人とのかかわりのなかで，はたして何を「コモンズ」と捉えることができるのだろうか。森林をめぐる「みんな」の世界に関心をもつ筆者がこの疑問を抱いてから10年が経ったが，その答えは見えていない。むしろ考えるほどにわからなくなってきたというのが実感である。

　日本のかつての入会は「コモンズ」と捉えられる。そして，「コモンズ」論の隆盛はかつての入会が再評価されていることを表している。だが，近代化を経て現在に至るまで，入会が利用の実態を徐々に失ってきたのも事実である。また，かつての入会を形づくってきたむらの社会的な力も次第に弱まってきている。現在，さまざまな論者が各様の「コモンズ」論を論じているが，そのどれもが正しいようでいて，どれもが捉えきれないもののようにも感じられる。

　そこで，本章では，何がどこまで「コモンズ」の範疇に入るのかはさておき，現在，森林と人，人と人とがどのようなかかわりを築いているのかを素描することで，森林をめぐる「みんな」の領域について考えてみることとしたい。

1　「コモンズ」論との接点

1.1　地方自治体と市民

　取り上げたのは，地方自治体による施策形成と森林にかかわる市民の動きである。

　地方自治体は，各行政区域内の「みんな」にかかわる事柄に対して一定の責任をもつ主体といえる。「コモンズ」とは政府たる「公」とは異なる「共」なのだと捉えると[1]，地方自治体が形づくる「みんな」の領域は「コモンズ」論の範疇外となるだろう。だが，地方自治体などの政府は現に何らかの「みん

な」の領域を形づくらざるをえない主体であり，現在の森林をめぐる「みんな」の世界を考えるうえでは無視しえない存在といえよう。特に，「コモンズ」たる「共」は相互扶助，平等，非集権的，内発的，非権力的といった性質をもつとされていることを踏まえると，地方自治体における住民自治の具体的なありようが注目される。

一方で，自らの意思で「みんなのもの」としての森林を大切に思う心をもって行動する市民も増えている。森林ボランティアと呼ばれる人びとである。森林ボランティアは，森林をめぐる「新しいコモンズ」として（三井 1998 など），もしくは「新しいコモンズ」を生み出す重要な存在として（北尾 2002 など）「コモンズ」論のなかでも取り上げられてきた。

政府の施策における「みんなのもの」という認識が具体的にどのような性質を帯びており，そこへ「みんな」を構成する人びとはどのようにかかわっているのか。自発的に森林とかかわり始めた市民は森林とどのような関係を築いており，そこでどのような人と人とのかかわりが生まれているのか。これらは「コモンズ」を意識しつつ現在の森林をめぐる「みんな」の世界を考えるうえでの重要な論点といえるだろう。

1.2 「あたりまえ」を失った「みんな」の世界

入会地にかかわる「みんなのもの」としての感覚を，藤村は次のように説明している（藤村 2001）。むらで生きる人びとは，むらの空間はどこであっても特定の主体に還元できない「みんなのもの」だという身体にしみついた「あたりまえ」の感覚をもっている。その上に，あらゆる濃淡をもった「私」有の意味（＝利用に際して特定の者の自由が保証される度合い）が塗られているのであり，入会地とはこの「私」が塗られていないために「みんなのもの」であるための縛りが最も見えやすいところである。

現在の地方自治体や市民がつくる「みんな」の世界とは，こうした「あたりまえ」の縛りをいったん失った世界ともいえよう。そこで人と人が新たにどのようなつながりを生み出すのか，そして森林はどのようなかたちで「みんなのもの」となっているのかを以下で見ていきたい。

2 自治体施策が形づくる「みんな」の領域

2.1 都市と山村をつなぐ政策課題としての森林整備
2.1.1 森林整備に注目する知事たち

 2000年代に入ってから森林整備にかかわる施策が脚光を浴びる場面が増えてきた。2001年には当時の長野県知事が「脱ダム」宣言を発表し、その半年後には和歌山、三重両県知事が「緑の雇用事業」を提唱した。これらはともに財政縮小期にあっても重視すべき公共投資として森林整備施策を取り上げたものであり、自治体発の政策提案として全国へ向けてアピールされた。また、森林整備施策の財源とするために追加的な税を課す、いわゆる「森林環境税」も知事らの肝煎りで次々と各地で創設されている。

 公共投資としてはきわめて小規模な「森林整備」という分野がここまで注目されるのはなぜだろうか。1つには、環境保全政策、とりわけ現在、緊急の対応が迫られている地球温暖化対策と位置づけられている点が挙げられよう。だが、地方自治体の首長が森林をめぐる問題に注目する背景には、公共投資をめぐる都市と地方の対立という問題も横たわっている。

2.1.2 山村地域における公共投資

 「緑の雇用事業」は、知事らが国に対して提案した環境林整備の事業であった。提案を記した共同アピールが「緑の公共事業で地方版セイフティネットを」と名づけられたように、重要な点はこの公共投資が「地方」で実施されることにある。2002年には、新たに5県知事による「地球温暖化防止に貢献する森林県連合共同アピール」が発表され、さらに03年には8県知事による「都市と地方の共感を深める『緑の雇用』推進県連合」の共同アピールへと展開した[2]。

 一連の共同アピールは、広大な森林地域や有名な林業地を抱える地方圏の知事らがスクラムを組んで作成し、東京都を除くほとんどの道府県の賛同を得て中央省庁へと示された。これらが共通して訴えたのは、森林整備という政策課題を媒介とした都市と地方の協調関係の構築である。具体的には、山村地域における公共投資に対する都市住民の負担を要請するものといえる。

 1990年代後半から政府の財政悪化が深刻化し「どの公共投資を削減するか」という議論が本格化してきた。そこでターゲットとなったのが、人口の少ない地方圏に対する公共投資であった（金澤 2002; 保母 2001）。そうしたなかで地

6 「みんなのもの」としての森林の現在

方圏の知事らは,「森林を守る必要性」ならば「東京を代表とする都市」も共感できるはずであり,森林整備の推進を通じて都市と地方の対立構図を転換すべきだと訴えてきたのである。

一方,都道府県による森林環境税の創設は,県民自らの負担で県内の森林整備を行い,自治体内における都市と山村を結ぶことを意図した施策である。「東京を代表とする都市」の負担を要請する上記アピールとは一見対照的な動きにみえる。だが,広大な森林地域を抱える県が先駆的に森林環境税を創設する意図には,全国に向けて情報発信することで同様の趣旨の取り組みが各地へ拡がり,ゆくゆくは国レベルでの森林整備の財源確保に至ることを期待する「運動」としての意味合いも込められている(石崎 2006: 60)[3]。

近年,政策の重要性や公共性の高さを受益者の数で判断しようとする流れが強まっている。人口の少ない地域に対する公共投資の必要性は,その地域の住民の立場のみから主張することが困難となってきている。「みんな」が負担した税金を投入して行う公共投資は,少数の「誰か」ではなく多数の人たちのために役立つ必要があるというのである。人口の少ない山村や山村を多く抱える地方圏の自治体において公共投資を行うには,山を源として人口の多い都市まで,さまざまな公益をもたらす森林の整備という政策課題にすがって公共性の高さを唱えるよりほかなくなりつつある。現在の森林整備施策は,森林地域の公共投資とその公共性の論拠を築きうる貴重な手段ともなっている。

2.2 幅広い住民による施策形成

政府たる「公」をコモンズたる「共」と区別する議論では,公共政策は住民とは離れたところで展開される「官」の独壇場のように捉えられることも多い。だが,昨今の自治体施策においては,施策の決定から実施,評価に至る諸過程において,さまざまな住民が直接的に参加できるしくみが取り入れられてきている。

とりわけ重要施策として注目を浴びる施策については,行政が何らかの住民合意を得るべく必死になっている。住民は,自治体施策について何か声を上げたいと思えばいくつかのルートがあり,集めようと思えばイラスト付きの説明資料も入手できる。こうした点では,自治体施策は次第に住民に身近なものとなってきている。行政府や特定の関係者だけではない一般の住民を含めた「みんな」が施策形成にかかわり,「みんな」の合意のうえに施策を展開しうるしくみが築かれようとしている。

こうした試みは昨今始まったものではない。たとえば、神奈川県では、都市住民を含めた多数の住民を対象とする討論会をいくども積み重ね、林業と自然保護など森林をめぐって対立する利害を調整するために協議会を開くなどして、4半世紀以上前から県民合意に基づく森林政策づくりを図ってきた（石崎 2002: 20-24）。

　だが、昨今の森林整備施策をめぐっては、施策形成にかかわる人びとの幅広さが際立っている。特に森林環境税のように税負担という切り札が出されると、森林・林業への直接的、意識的なかかわりをもっていようがいまいが、県民は森林整備施策に関心をもたざるをえなくなる。実際、森林環境税の創設目的の1つは、幅広い県民の目を森林に向ける点にある。森林がもつ公益的な機能に着目すれば、本来、県民「みんな」が森林とかかわりをもっているはずである。だが、そうしたつながりは人びとの生活で意識されることが少ない。そこで、追加的な税負担という刺激を通じて県民「みんな」が森林の重要性に対する認識を高めよう、県民「みんな」の負担で行う施策の具体的なあり方も県民「みんな」で考えようとするのが森林環境税の意図である。

　森林にかかわる知見や関心の有無など多様な人びとが施策形成にかかわりはじめた場合、いったい何をもって「県民の意思」とするかは難しいところとなる。具体的に誰のどのような意向をどのように重視するかには多様な形がある。意思決定にかかわる「県民」のもつ知見や関心によって、施策のあり方も変わりはじめている。

　たとえば、森林環境税を活用した森林整備施策に関する審議を行うにあたって、「納税者としての立場」を重視するために、日頃ほとんど森林や林業にかかわりをもたない委員ばかりで委員会を構成した自治体もある（石崎 2008: 277-278）。森林整備の事業対象地の選定にあたっては、委員が行政担当者に緊急性と必要性の有無を尋ね、その返答を受けて判断を下す。候補地が予算を上回っても「どれも同じように必要であるということしか見えない」ため取捨選択はできない。一方で、「行政が行う事業には無駄が多いはず」という一般論から単価の見直しを強く要請する。こうした現場実態とは離れた議論が「県民の意思」として施策を左右するケースも生まれている。

2.3　森林整備施策と経済活動

　財政縮小期にあって限られた予算でいかに政策目的を実現するかは重要な問題である。コスト削減も1つの方法であろう。一方で、たとえば同じ費用でも

いかに事業体などの技術や知見を引き出して事業の効果を高めるかという視点もあれば，別の選択肢はないかといった見方もあるだろう。こうした視点から施策をデザインするには，現場の実態をよく見ることが不可欠となる。だが，「聖域なき」行財政改革が求められ，また森林整備施策に幅広い県民がかかわるようになるなかで，個々の施策論議よりも全施策共通の改革要請が施策のあり方に強い影響を及ぼす傾向が生まれている。

その一例が公共事業の発注における事業体間の価格競争の強化である。森林整備事業の発注は，随意契約から競争入札へ，造園業や建設業など林業事業体以外の事業体の参入を可能とするしくみへと「整備」され，入札時の価格競争は激化している。その結果，事業が設計額の半額近くで落札される事例も出ている。これ自体，数字としてみればコスト削減であり，一般的に評価される成果であろう。

だが，注意したいのはコスト削減の中身である。林業労働については，従来から雇用条件の改善が課題とされてきた。一般に給与水準が低いうえに，社会保険などの加入状況も充分とはいえない。入札価格競争の激化によって，そうした条件をさらに悪化させざるをえなくなった林業事業体もある（柳幸・山田 2005）。

苦境に立つのは林業事業体だけではない。新たに参入を許された事業体も森林整備事業を手放しでは歓迎していない。なにより労務などの単価が安すぎるという（小池 2003; 石崎 2004）。たとえば，森林整備は急傾斜地での重労働が多く危険も伴うが，その労務単価は平地での除草や標識の設置などの作業と同じ「普通作業員」となる。元のとれる事業とはなりにくいが，労働者を遊ばせるわけにはいかず，仕事の「つなぎ」として参入しているという。

環境保全型の公共事業として森林整備施策が輝かしく注目され，予算も重点的に配分されるようになる一方で，実際に森林整備を担っている人びとは価格競争の世界で苦境に立たされている。森林を抱える地域では，森林整備を担う人びとがまさに身を削って，安価で森林整備を行うことで「公共性」を担い，「みんなのもの」としての森林を支えているのである。

2.4 林業経営をめぐって

林業経営という経済活動もまた，「みんな」の領域から切り離される傾向にある。

環境保全型の森林整備施策を具体化する事業として最も広範で多額の予算が

投入されているのは，公益上森林整備が必要とされる私有林に対して全額公費負担で実施する，公的な森林整備である[4]。公的な森林整備を実施する森林は，「手のかからない」森林となるように整備され，整備後は基本的に従来の林業補助金を投入できないとされている。ここでの「みんなのもの」としての森林，すなわち公的な資金で森林整備が行われる森林においては，森林所有者という特定の個別主体が経済的な利益を得ないことが求められている。経済活動である林業経営は，「みんな」で支える森林整備の対象から切り離されているといえよう。

現在の地方自治体は，森林との直接的なかかわり合いをもたない者も含めた「みんな」が了解しうる，わかりやすい「みんな」の領域を明示することを求められている。とりわけ財政難という条件下にあって，多くの税金を負担しうる都市住民の存在が施策実施の鍵を握っており，施策をめぐる諸過程においても都市住民の意向を重視する傾向が強まっている。

森林が「みんなのもの」であるための要件として，政策の恩恵を受ける人が多いこと，「みんなの負担」を低く抑えること，特定の誰かの経済的な利益とならないことといった数字に表される価値判断ばかりが強調されがちになっている。日頃森林とのかかわりや森林をめぐる人の営みを意識することなく過ごす，「あたりまえ」の縛りを失った人びとのあいだで共有できるものは数字だけなのだろうか。

2003年度から全国初の森林環境税を導入した高知県では，税導入から5年が経ち，税延長の可否の検討や制度の見直しを行った。その際，それまで林業経営を行わない森林に限っていた森林整備の対象地を，すべての森林へと拡大することとなった。整備面積が小さいと都市住民に税の成果が見えにくいこと，森林がもつ公益的な機能は林業経営の有無にかかわらないことがその理由とされる（高知県次期森林環境税検討プロジェクトチーム 2007）。

5年の取り組みを経て，森林地域の林業経営という営みも「みんな」で支えるべきものとする「県民合意」が生まれている。時を経て経験を重ねていくうちに次第に「みんなのもの」の姿が変わっている。具体的実践を経て得たものがいかに県民共有の財産として次なる実践に活かされるか。それが自治体施策における「みんな」の領域のありようを左右する肝要な点となるのだろう。

3 森林とかかわる市民が生み出す「みんな」の領域

3.1 森林ボランティアという市民：小さな団体の事例から

　森林ボランティアは，自発的に森林整備等の作業を行う人びとである。彼らが森林整備作業を行うのは，労働による対価を得るためではない。森林整備という行為によって森林保全に貢献したいという思いがあるからである。他方で同時に，それぞれが仲間との時間，健康，技術，非日常体験など何らかの個人的な価値を見出している。参加する個々人にとっての森林ボランティア活動とは，「みんな」のためであると同時に大なり小なり自分のためでもある。そうした個々人が身体による直接的な森林とのかかわりをもち，何らかの実感を得ている。

　森林ボランティアから生まれる「みんな」の領域とは，まず個々人の思いのなかにあり，また時と場と作業を共にする仲間と築かれる世界でもある。さらに，身体的な森林とのかかわりを通じて得た意識や実感を共有する人と人が場を越えてつながり，それが拡がっていく世界でもある。そのなかで森林と人との新たなかかわりも生まれている。

　都会の小さな団体を例に，森林ボランティアの姿を見てみよう。

　「森林を楽しむ会」は，東京都内の森林がほとんどない街で，「森林にかかわることなら何でも楽しもう」と市報を通じて呼びかけて結成された森林ボランティア団体である。メンバーの友人が林業経営を営む首都圏の森林やメンバーの実家が所有するものの放置されていた森林などで下刈りや間伐などの作業を行うほか，勉強会を開いたり，キャンプを楽しんだりとさまざまに活動している。

　放置されていたヒノキ林の間伐をした際，伐採木をそのままにしておくのはもったいないという話になった。そこで思いついたのが公園のベンチである。イギリスには1つ1つに寄付をした人のメッセージが添えられたベンチがあると聴く。そんな思いがこもったベンチを自分たちの街にも設置できないかと，伐採木を用いたベンチづくりが始まった。市との交渉に始まり，木材の運搬や加工，ベンチの基礎づくりから設置に至るまで，製材を工場に頼んだほかはすべて会の仲間で時間をかけて行った。以来，そのベンチにメンバーが集い，会の活動拠点の1つとなっている（写真6-1）。

　会のメンバーは大都市の住民だが故郷に山を持つ者もいる。そのうちの1人

写真 6-1　公園のベンチ
森林ボランティアが間伐材を用いて設置した
（筆者撮影，2007 年 5 月東京都小平市）

は，最近，親の介護をかねて実家へ移住した。そして今でも会の仲間と共に森林作業に汗を流している。またほかの 1 人は，林業を手伝いたいと早期退職して妻の実家がある有名林業地へ単身移住したという。

　これだけをとってみるとごくささやかな活動である。だが，公園のベンチには，会の仲間と流した汗や山から公園までの道筋で出会い支えられた人びとへの思いが込もっている。林の向こうには故郷への想いも広がり，自分の生き方を見つめ直す場ともなってきた。

　森林というフィールドに足を運び実際に自らの体を動かすと，見えなかったものが姿を現しはじめる。内山節は，「森の中で仕事をしていると，森林ボランティアはたいしたことはできないという気持ちにな」り，「このような経験をへていくうちに森を労働，生活圏として暮らしてきた農山村の人びとを守ることが，日本の森を守る不可欠の要素だということに気づくようになる」と記している（内山編 2001: 55-56）。そうした実践派の人びとが出会うなかで森林ボランティアの活動範囲は次々と拡がっている。労働力としては微力であり，集団としての凝集性は乏しいかもしれないが，活動を通じて生まれる人と人とのつながりとその拡がり，そこで生まれた新たな「仲間」が新たな世界を築いていく力には目を見張るものがある。

3.2　つながりから生まれる力
3.2.1　市民による政策提言

　森林ボランティアは，専門的な知識や技術を要する領域においても実践的な力を発揮しはじめている。森林ボランティアによる政策提言はその一例といえよう。

　森林ボランティア団体のネットワークから生まれた「森づくり政策市民研究会」は，国の森林・林業政策の転換期にあって三次にわたる斬新かつ実践的な政策提言を示してきた（内山編 2001: 120-177）。森林ボランティアは無色透明の「市民」として語られることも多いが，実際の個々人はさまざまな仕事に携わりさまざまな能力をもっている。「森づくり政策市民研究会」のメンバーに

は，森林ボランティアとして活動する一方で県の林業専門職員として森林・林業政策の現場に携わってきた人がいる。森林・林業政策を専門とする大学教員もいる。森林にかかわる人の営みについて深い洞察を加えてきた哲学者もいる。その一方で，理屈ではなく感性で森林とかかわってきた者もいる。

　こうした多様な人びとが仕事上の立場や既成の枠，壁などからいったん解き放たれ，森林ボランティアとしてつながりをもち，森林ボランティア活動を通じて得た知見や実感を共有したうえで各人がもつ力を合わせてまとめあげたのが「市民」の政策提言なのである。森林が直面する幅広い問題に対して，現場実態を踏まえ，また従来の政策の問題点や限界を見据えたうえで，「みんなのもの」としての森林を活かすためには何が必要かを具体的かつ大胆に論じた提言となっている。コスト削減一辺倒の一般論的な改革要請とは対照的ともいえる。

3.2.2　近くの木で家をつくる運動

　「近くの木で家をつくる運動」も森林ボランティアの活動から拡がって生まれた動きとされる。1980 年代半ばに東京の西多摩で始まった森林ボランティア活動から林業家と森林ボランティアが語り合う場が生まれ，そこで「木の産直ができないか」という話が出たのをきっかけとして，森林ボランティア，林業家，建築家，製材所，工務店が集まって「東京の木で家を造る会」の発足に至った（羽鳥 2001）。

　山で木を育てる人，家を設計する人，建てる人，その家に住む人が，顔の見える関係を築いて家づくりのプロセスを共有しようとするものであり，山と家が実感としてつながり，つくり手と住まい手のあいだに新たな関係が生まれている。こうした取り組みは各地で拡がっており，全国的なネットワーク組織も生まれている。「お金」からいったん距離をおいた場で生まれた人と人とのつながりが，家づくりという経済活動の新たなかたちを創り出しているのである。

3.3　「近くの木で家をつくる」という経済活動

　「近くの木」といった時の「近さ」とは，ある程度は木と住まい手とのあいだの物理的な距離も意味しようが，要点はむしろ精神的，心理的な距離にある。限られた情報のなかから住宅という商品を選ぶ購入者にすぎなかった住まい手が，わが家となる木材が生まれる森林を知り，木を育んできた人を知り，そこに込められた思いを感じ取ったとき，木材は単なる商品ではなく，かけがえのないものとなる。そうした「近くの木」を活かした家を林業家から施工者，設

写真 6-2　近くの木でつくった板倉の家
（筆者撮影，2006年4月茨城県石岡市）

写真 6-3　近くの木で家をつくる
設計者が山主，施工者，建主らと共に木を選ぶ（同左，2007年1月同市）

計士までが住まい手と共につくり上げていくことが「近くの木で家をつくる」ことなのである（写真 6-2, 6-3）。細かく分断されていた山から住まいまでのつながりが実感を伴ったかたちで結びつくことによって，通常の市場とは異なる経済関係が生まれている。

　たとえば，群馬県の桐生で活動する「ぐんま・森林と住まいのネットワーク」では，家となる木材の価格を山側の立場に立って独自に設定することで，少しでも山にお金が返り植林から伐採までのサイクルが回りうるようなしくみを築こうとしている。

　木材は市場価格より割高となるが，実際に山を見てもらい価格設定の根拠を明確に示したうえで住まい手の納得を得ている。実際にはネットワークの活動のために費やす時間や手間などの負担も増えており，林業家にとっては必ずしも経営的に楽になるわけではないようだ。だが，原木市場から先の行方が見えなかった頃と比べて，仕事のやりがいがまったく異なってくる。それと同時に，乾燥方法など木材生産の仕方に新たな責任も実感するようになったという。一方，住まい手も，山の木が経てきた年月とそこに込められた思いを知り，家づくりにかかわる人びとの存在を肌身に感じると，そうした家で暮らす重みを実感することになる。だからこそ，木材価格が割高であっても納得するのであろう。

　そもそも現在の住宅建築に要する費用のうち木材価格が占める割合は限られたものである。豪華なシステムキッチンを素朴でシンプルな台所とするだけで捻出できる費用かもしれない。建てる人や設計する人とともに知恵を絞るとさまざまな選択肢が生まれてくるものである。その結果，必ずしも割高ではない

費用で「木の家」をつくることも可能となっている[(5)]。こうした「近くの木で家をつくる」取り組みは各地で徐々に拡がっており，メジャーとはいえないまでも家づくりの1つの流れとして定着しつつある。

　行政区域という枠内で税金というお金を介してつながる「みんな」の領域においては，数値で測られる価値に重きがおかれ，公共性を理由に経済活動が切り離される傾向が見られるのに対して，お金からいったん離れて森林との身体的なかかわりをもった森林ボランティアは，互いの実感を重ねたところに「みんな」の領域を築き，ときに場を越え枠を越えて人と人がつながるなかで森林と人との新たなかかわりを生み出している。森林にかかわる経済活動は，「みんな」の領域から切り離されるのではなく，むしろ自然に「みんな」の領域のなかに存在している。個々人の実感を基盤として生まれる「みんな」の領域は，当然のように個々人の暮らしや生活に結びつくものであり，そこで森林にかかわるさまざまな営みは大切なものとして欠かせない存在になるのである。

3.4　市民と地方自治体

　上記のような点からみると，市民が生み出す「みんな」の領域は，地方自治体におけるそれとは大きく異なるように感じられる。だが，実際には，地方自治体と市民はさまざまなかかわり合いをもち互いに影響を与え合っている。たとえば，先に例示した「ぐんま・森林と住まいのネットワーク」が生まれる契機をつくったのは県主催の会議であり，「森林で楽しむ会」の最初の活動は市の助成を受けた勉強会の開催であったという。

　地方自治体はさまざまなかたちで市民の活動を促している。直接ボランティア活動を支援する森林ボランティア関連施策から，市民同士の出会いの場を設定するような間接的な支援もあり，さらには政府や行政の限界が市民自らを行動へ奮い立たせるといった局面もあろう。逆に，森林にかかわる市民が地方自治体の施策の立案・決定，実施，評価などの諸過程に参画して施策形成に直接携わることもある。行政の側にも市民の提言を積極的に受け止めて，数値には表しきれない価値や考え方を施策のなかで活かそうとする動きがある。

　こうした市民と地方自治体との関係を考えてみると，まさに市民が地方自治体における「みんな」の領域を形づくる一翼を担う存在でもあることに気づく。市民とは，特定の誰かを指すのではなく，地方自治体を構成する一員たる個々人がもつ公共的な側面を指していうものかもしれない。個々人は，何らかの産業に携わる人であると同時に生活者でもある。利己心に基づくこともあろうが，

ときには「みんな」にかかわることを大切に思って行動することもあるだろう。こうした多面的な顔をもつ民が地方自治体の「みんな」の領域を形づくり，市場などにおける人と人との経済関係も生み出しているのであろう。

おわりに

　数年前，某学会主催のシンポジウムを聴いた時の印象がいまでも強く残っている。

　地方圏に対する公共投資は，都市圏に対する投資と比べて便益を受ける人の数が少なく非効率である。したがって地方圏に住む人は都市圏へ移住すべきである，ということを前提として，では簡単には移住できない高齢者はどうするのかという議論へ発展した。そこである論者は「自らの選択だ。死んでいただくのを待つしかない」として地方圏への投資の打ち切りを主張し，これに対して最も穏健な立場を示した論者は「いや，安楽死にすべきである」として財政支出の段階的な縮小を主張した。

　壇上にいるのは，政府関係の各種委員を務める学識経験者や，マスコミに登場してニュースを解説する著名な学者などであった。そんな彼らの真面目な議論なのである。人も命も暮らしもすべてが単純な数字に置き換えられ，その数字の多寡で「みんなのもの」としての価値が測られる世界を目の当たりにしたのである。何か恐ろしいものに出会ったような感じを覚えた。だが，実は私自身も意識せずともそうした世界の形成を担っていたのかもしれない。

　10年前，森林をめぐる「みんな」の世界とはどのようなものかと考えるなかで「コモンズ」という語に出会ったとき，それが何か政府や市場が抱える問題や行きづまった現状を打開してくれる救世主のように感じられた。だが，実は救世主がどこかにいるのではなく，問題の一翼を担っているのも私たち自身であり，それを打開しうるのも私たち自身でしかないのだろう。

注
（1）多辺田政弘，三井昭二，井上真など多くの論者が，政府たる「公」，市場などの「私」とは異なるセクターとして「共」（＝コモンズ）を設定している。
（2）和歌山・三重県知事「緑の公共事業で地方版セーフティネットを」（2001年9月6日），上記＋岩手，岐阜，高知県知事「地球温暖化防止に貢献する

森林県連合　共同アピール」（2002 年 6 月 7 日），上記＋宮城，鳥取，福岡県知事「都市と地方の共感を深める『緑の雇用』推進県連合」共同アピール（2003 年 5 月 29 日）．
（3）1990 年代前半に，森林を多く抱える山村に対する政策財源を確保する目的で「森林交付税創設促進連盟」が発足したが，全国初の森林環境税が導入された 2003 年の夏に「全国森林環境・水源税創設推進連盟」に発展，改称した．趣意書には，「森林，山村地域の市町村に残された税財源は，『森林の持つ公益的機能に対する新税の創設』しか想定でき」ないとの認識が示されている．森林環境税は，山村と都市を結ぶ政策課題の浸透や国家的な問題としての認知を求める地方圏の自治体の願いを背負いながら展開しているのである．
（4）高知県が森林環境税の税収を活用した事業として導入した「森林環境緊急保全事業」や三重県が「緑の雇用事業」の先駆的実践と位置づけて実施した「森林環境創造事業」など．
（5）たとえば，通常の約 2 倍の木材を使い，大工の手間も 2 倍以上かかる「板倉の家」であっても，木材の部材の種類を減らす，クロスを張る内装工事など必ずしも必要でない工事を省くなどして，総工費 2,000 万円強の「決して高くない」家がつくられている（「木の家」プロジェクト 2001: 86-95）．

参考文献

安藤邦廣 2005『住まいを四寸角で考える――板倉の家と民家の再生』学芸出版社．
石崎涼子 2002「自治体林政の施策形成過程―神奈川県を事例として」『林業経済研究』48(3): 17-26.
石崎涼子 2004「神奈川県による森林整備施策と林業労働」『平成 15 年度林業労働雇用改善促進事業調査研究事業報告書』全国森林組合連合会，42-60.
石崎涼子 2006「都道府県による森林整備施策と公共投資」日本地方財政学会編『持続可能な社会と地方財政』勁草書房，49-68.
石崎涼子 2008「都道府県の森林環境政策にみる公私分担」金澤史男編著『公私分担と公共政策』日本経済評論社，267-286.
井上真 2001「地域住民・市民を主体とする自然資源の管理」井上真・宮内泰介編『コモンズの社会学』新曜社，213-235.
井上真 2004『コモンズの思想を求めて――カリマンタンの森で考える』岩波書店．
内山節 1997『貨幣の思想史――お金について考えた人びと』新潮社．
内山節 2003「森林ボランティアの可能性と課題」山本信次編『森林ボランティ

ア論』日本林業調査会, 183-206.
内山節編 2001『森の列島に暮らす――森林ボランティアからの政策提言』コモンズ.
内山節・大熊孝・鬼頭秀一・榛村純一編 1999『市場経済を組み替える』農山漁村文化協会.
金澤史男 2002「公共事業分析の課題と改革の視点」金澤史男編『現代の公共事業』日本経済評論社, 1-22.
北尾邦伸 2002「ローカル・コモンズと公共性」宇野重昭・増田祐司編『21世紀北東アジアの地域発展』日本評論社, 249-266.
北尾邦伸 2005『森林社会デザイン学序説』日本林業調査会.
鬼頭秀一 1996『自然保護を問いなおす』筑摩書房.
「木の家」プロジェクト編 2001『木の家に住むことを勉強する本』農山漁村文化協会.
小池正雄 2003「21世紀型森林資源管理とその担い手に関して考える―長野県における取り組みを事例として」『国民と森林』84: 4-12.
高知県次期森林環境税検討プロジェクトチーム 2007『次期森林環境税検討プロジェクトチーム報告書』8月.
多辺田政弘 1995「自由則と禁止則の経済学 市場・政府・そしてコモンズ」室田武・多辺田政弘・槌田敦編『循環の経済学』学陽書房, 49-146.
多辺田政弘 2004「なぜ今『コモンズ』なのか」室田武・三俣学『入会林野とコモンズ――持続可能な共有の森』日本評論社, 215-226.
羽鳥孝明 2001『遊ぶ！ レジャー林業』日本林業調査会.
平山友子 2004「地域材の家づくりで信頼関係を築き直す」『住宅建築』355: 89-92.
藤村美穂 2001「『みんなのもの』とは何か」井上真・宮内泰介編『コモンズの社会学』新曜社, 32-54.
保母武彦 2001『公共事業をどう変えるか』岩波書店.
三井昭二 1997「森林からみるコモンズと流域―その歴史と現代的展望」『環境社会学研究』3: 33-46.
三井昭二 1998「森林管理主体における伝統と近代の地平」『林業経済研究』44（1）: 11-18.
三井昭二 2003「森林保全のための上下流協力と自治機構」『都市問題』94（12）: 51-66.
三井昭二 2005「入会林野の歴史的意義とコモンズの再生」森林環境研究会編『森林環境2005』森林文化協会, 42-52.
山本信次 2003「森林ボランティア―どこから来て，どこに行くのか」山本信次

編『森林ボランティア論』日本林業調査会，15-28.
柳幸広登・山田茂樹 2005「新規就業者の募集・採用にみられる変化」柳幸広登・志賀和人『構造不況下の林業労働問題――林業労働対策の展開と地域対応』全国森林組合連合会.

7 所有形態からみた入会林野の現状
――長野県北信地域を事例として

山下　詠子

はじめに

　日本の農山村に行くと，むらや部落(1)と呼ばれる地域集団が地域の共有の山や森を持っていることが多い。このような山林・原野は入会林野と呼ばれる。入会林野はわずか4〜50年前までは，田畑の肥料や牛馬の飼料となる草や，燃料となる薪炭材や家屋の建築材料など，生活に欠かせない資源や資材の宝庫であった。むらや部落は，資源を枯渇させないために入会林野を利用する期間，量，道具などのさまざまな取り決めを設け，入会林野を共同で管理し，利用してきた。

　このように日常生活に不可欠な入会林野であったが，戦後の急速な経済発展や社会の変化によって，その利用の仕方は変わってきた。エネルギー革命や化学肥料の発達により，人びとは薪炭材の採取や採草を行わなくなった。一方，戦後復興のなかで，木材需要の伸びは木材価格を押し上げ，荒廃していた山への造林が活発化した。入会林野についても例にもれず，熱心な造林活動が展開された。こうして，薪炭林や草地だった入会林野の多くは，スギやヒノキ，マツなどの針葉樹人工林に置き換えられていった。

　しかしその後は，当時の期待とは裏腹の結果となってしまった。追いつかない木材供給に対応するために木材の輸入が始まったが，輸入材への極端な依存は木材価格の下落，さらには低迷を招いた。かつて熱心に植えられた木は成長しているものの，たとえ伐っても採算が合わないため放置されている。こうしたなか，薪炭林から姿を変えた入会林野の人工林は，足を踏み入れられないまま人びとの意識から遠ざかっていきつつある。人工林は植えた後も継続的な手入れが要るのだが，放置されると土砂災害の防止や水源涵養といった森林の機能を低下させ，野生動物による獣害も招く。また場所によっては入会林野が開発の対象となり，林野としての存続が危ぶまれている。入会林野は人びとが生

7　所有形態からみた入会林野の現状

活する場に最も近い森林であるにもかかわらず、入会林野と人との関係性は、すでに崩れはじめている。

そこで本章では、入会林野が現在どのような状況におかれているかを、現地調査に基づき捉えてみたい。そのためのアプローチとして、入会林野の「所有」という側面に着目する。ただし、入会林野の実態を捉えるには、林野が誰によって、どのように利用されているか、などのほかの側面も合わせて考えていく必要がある。コモンズ論のなかでも、数々のコモンズの具体的な事例調査から、所有よりも利用や管理の実態を捉えることの重要性が指摘されている（井上 2004: 56 参照）。筆者もその考えを支持したい。

このように利用や管理がより重要だとされるなかで、あえて入会林野の所有に着目する理由の1つは、日本では所有権は利用の実態よりも強い影響力をもっているためである。そのことは、入会権をもっていると主張する入会集団と、入会林野の土地所有者のあいだでは、権利関係をめぐって絶えずトラブルを生み出してきたことが指し示している。加えて、入会林野の位置づけが様変わりし、開発等により入会林野としての機能が消滅する恐れがあるなかで、所有権の確保は入会林野の存続にかかわる最後の一線となりつつある。そこで、所有を切り口として入会林野を見ることで、入会林野を今後どうしたらよいのか、考えてみたい。

なお本章では、「所有形態」という用語は法学における意味ではなく、「地盤登記名義」を指すものとして使用する。また、「入会林野」が指す内容としては、現在は厳密な意味で入会林野ではなくなっているもの（財産区や生産森林組合等）についても含め、広い意味で使用する。

1　入会林野に対する近代化政策の変遷

1.1　入会権と登記

入会林野には、入会林野を管理、利用する権利である「入会権」が働いている[(2)]。入会権は土地所有権が誰にあろうと成り立ちうる権利であるが、入会権としては登記ができないため、実際には土地所有権が大きな意味をもってくる。さらに、登記制度上の厄介な問題が横たわっている。現在の登記実務では、自然人か法人しか登記名義人として認められないため、法人格をもたない入会集団は、その集団名で土地所有権を登記することができないのである。こうした事情から、入会林野の登記は非常にさまざまなかたちで行われてきた。登記

名義には，個人有，記名共有，社寺有，法人（公益法人，株式会社など）有，区有，部落有，財産区有，市町村有，国有など，林野の所有形態としてはほぼすべての形態が見られる。このようなさまざまな林野の登記名義は，明治期以降の入会林野に対する一連の近代化政策によってつくられた結果といえる。ここで，近代化政策がどのように変遷してきたかを追うこととする。

1.2 入会林野の近代化政策

入会林野にまず大きな影響をもたらしたのは，明治初期の地租改正に伴って実施された官民有区分政策である。すべての土地を官有地[3]と民有地に分ける官民有区分において，入会林野は民有地第二種として区分された。しかしその認定基準は厳しいものであったため，多くの入会林野は官有地へ編入された。また民有地に区分されると税金を新たに払わねばならなくなるので，それを避けるために入会集団みずから官有地への編入を望むこともあった。官有地に編入されてからも地元住民は以前と同様に林野を利用していたが，次第に政府は官有地から住民を締め出しにかかる。生命線ともいえる林野の利用を禁じられたことで，農民は旧来の入会林野を取り戻すために「国有林野下げ戻し運動」というかたちで激しく抵抗する。1899（明治32）年には国有土地森林原野下戻法が制定され，下げ戻しを求めて2万件を越える申請がなされたが，その多くは受理されず，林野は住民のもとには返ってこなかった。

1889（明治22）年に施行された町村制は，官有地編入を逃れた入会林野が公有地に編入される端緒となった。明治の大合併により村々が合併して新町村が誕生したが，新町村は資力に乏しかったため，旧村が持っている財産を町村有財産として集めようとした。合併前の村，大字，組などがもつ入会林野は部落有林野と呼ばれ，このうち旧村，大字，組，などの名義であったものを政府は公有財産と見なし，新町村に編入しようとした。しかし，それに対する旧村の抵抗は，町村合併を妨げるほど激しいものであった。そのため政府は妥協策として，旧村が財産を持ち，独自に管理・運営することを認める制度（いわゆる旧財産区制度）を定めた。合わせて，公有地上の入会慣行を認める旧慣使用権を規定した。

続いて1910〜39（明治43〜昭和14）年は，部落有林野を市町村有林野に組み込む部落有林野統一政策が強力に押し進められる。しかしここでも農民は激しく抵抗したため，妥協策により，形式上は市町村有林野としながらも，実質的には部落住民が管理・利用する部落有林野とする形態が多く生み出された。

7 所有形態からみた入会林野の現状

　戦後の1947（昭和22）年に制定された地方自治法では，町村制を引き継ぐかたちで旧慣使用権と財産区についての規定が設けられた。1953（昭和28）年には町村合併促進法が施行され，市町村の再編が大規模に行われるなか，多数の財産区（いわゆる新財産区）が創設された。また戦後，荒廃した林野に造林することが課題となるなか，1966（昭和41）年に「入会林野等に係る権利関係の近代化の助長に関する法律（以下，入会林野近代化法）」が制定される。この法律の狙いは，入会権・旧慣使用権の存在が入会林野・旧慣使用林野の高度利用を阻んでいるという理解のもとで，入会権・旧慣使用権を解消させて近代的な権利である所有権や地上権を設定することで，土地の農林業上の利用を増進することにあった。入会権・旧慣使用権を解消させた後の経営形態は個人経営，共有経営，協業経営（法人経営）の3種類に分けられるが，そのうち協業化（おもに生産森林組合）の方向を行政指導で推進してゆくこととなった。これにより，入会林野近代化整備を行った後に数多くの生産森林組合が設立されることとなった。その後は，入会林野を対象としたおもだった施策はとられずに現在に至っている。

　以上のように入会林野がいくども国・公有化の危機にさらされるなかで，入会集団は知恵を絞ってさまざまな防衛策をとった。部落有林野の登記名義が旧村や大字だと公有地と扱われるため，私有財産とするために部落の代表者個人または代表者数人の名義に変えたり，入会権者全員による共有名義とする例が多く見られた。あるいは，団体名義で登記するためには法人格をもたなければならないため，入会集団を母体に公益法人を設立したり，会社や組合を組織して法人名義で登記したところもあった。または，部落にある社寺の名義を借りて登記したところも見られた。

　そして現在新たな所有形態が広がりつつある。地方自治政策で1991（平成3）年に制度が創設された「認可地縁団体」[4]による入会林野の所有である。町内会，自治会などの地縁による団体の多くは公民館等の不動産を保有しているにもかかわらず，これらを団体名で登記することができないことが，トラブルを引き起こしてきた。これらのトラブルを解消するために，改正地方自治法により，一定要件を満たした地縁団体は市町村の認可により法人格を付与され，これにより公民館等と同様に林野を保有することができるようになった。認可地縁団体制度は，これまでにできなかった入会林野の団体名義での登記を可能にするため，部落等の地縁団体が認可を受けてその名前で林野を登記するという動きが少しずつ広がりつつある。

表 7-1　入会林における所有名義別林業事業体数および面積（1960 年）

所有名義	事業体数	面積	総数に対する割合	
			事業体数	面積
総　数	109,909	1,603千町	100%	100%
個　人	3,050	26	3.0	1.6
会　社	56	1	0.0	0.1
社　寺	21,643	75	21.1	4.7
共　有	52,250	500	50.9	31.2
団　体	2,887	86	2.8	5.4
組　合	2,112	73	2.1	4.5
字　区	18,120	325	17.6	20.3
旧市町村	543	26	0.5	1.6
財産区	2,047	491	2.0	30.6

（出典）農林省編『世界農林業センサス（慣行共有編）』1960 年
（注）センサスで「慣行共有」として調査された山林面積。面積：保有山林 1 反以上の所有山林面積。事業体数：保有山林 1 反以上で所有山林がないものも含むため事業体の総数は合計と一致しない

1.3　入会林野の所有形態別面積

　次に，以上の各所有形態の入会林野がそれぞれどのくらいあるのかを見ておく[5]。表 7-1 によると，1960 年世界農林業センサスにおいて入会林に相当する「慣行共有」の山林（原野は含まない）のうち，事業体数では実に約半分が記名共有形態をとっていることがわかる。次に多いのが社寺有，そして字区と続いている[6]。ほかにも，団体や組合も数としては少なくないといってよいだろう。一方，面積を見ると，共有を筆頭に，財産区，字区の順で大きく，この 3 つで全体の 8 割以上を占める。なお，財産区は事業体数が少ない割に面積が大きく，一財産区の平均林野面積は他に比べてかなり大きいことがわかる。

　全国の総計が以上のデータであるが，実際には所有形態のあり方は地域による偏りがかなり大きい。それは官有化に始まり，公有化，また入会林野近代化整備事業においてさえ，行政が大きく関与して行ってきているため，自治体間での対応が異なることが 1 つの理由である。それだけでなく，入会集団が主体的に動いて所有のあり方を模索してきた場合が多く，どの所有形態を選択するかは近隣集団の動きに影響されるなど，そこには偶発的な要因が働いていると思われるからである。

2 長野県北信地域における入会林野のさまざまな所有形態

本節では，長野県北信地域に位置する飯山市，栄村，山ノ内町を舞台に，入会林野の所有形態にはどのようなものがあるのか，またどのような経緯でその所有形態をとっているのかの実態を明らかにする。この地域は新潟県に接して日本海に近いため，冬は2～3m雪が積もる豪雪地域である。古くから農業を基幹産業としてきたが，スキー産業が発達してからは，観光産業も大きな位置を占めている。各市町村の概要を表7-2に，調査事例地の位置を図7-1に示す[7]。

2.1 個人有・記名共有・社寺有

個人有・記名共有という形で登記されている入会林野は，表7-1に見る全国の動向と同じように，本章での調査地においても最も広く見られる形態である。

登記名義人は，代表者1人のこともあれば，数名による記名共有となっている場合も多く，代表者に選ばれた人は登記当時の区長や林野を管理する役員が多い。また，部落住民全戸の名前が連なっている全員による記名共有や，記名はなく「○○他何名」という単なる共有のこともある。社寺の名義で登記されている場合も，その多くはむらの鎮守の社やむらで管理をしている寺であり，社寺の名前を借りて登記をしただけである。これらの登記は，部落名や大字名などで登記されていた入会林野が，市町村有財産に組み込まれるのを避けるためにとられた手段だと思われる。

極野区 栄村極野区(にての)(25世帯)は，千曲川の支流である北野川(志久見川)の川筋を遡ると，一番最後に行き着く集落である(写真7-1)。構成世帯は25と大きな集落ではないが，集落の背後には832haの広大な入会林野を持っている。この林野の登記は，「○○他何名」という共有名義で行ってきている。極野区ではこれまでに，名義人が死亡した場合は，そのつど相続登記を行ってきている。相続登記の経費は区費から支出されるが，1人分の名義変更をするたびに約10～20万円かかり，定期的に登記経費がかかる。相続登記を行っている入会集団が少ないなかで，極野区がきちんとそれを行っているのは，入会林野への「自分たちのもの」という高い意識の表れだと思われる。

極野区の入会林野では，かつてのように天然林を伐採して集落の共益費に充てたり，炭焼きをすることはなくなっている。一方で山菜やキノコの採取はいまでも盛んに行われている。極野の山菜やキノコは特に味が良いと評判で，知

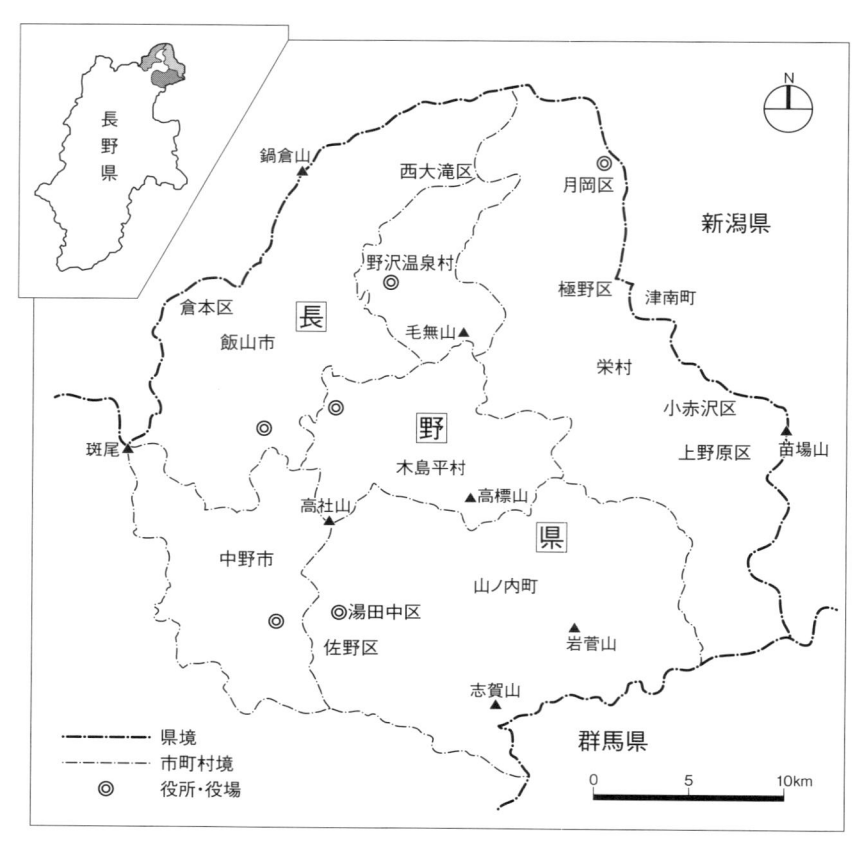

図 7-1　長野県北信地域

表 7-2　長野県北信地域市町村の概況（2000〜05 年）

	人　口	世帯数	総土地面積	林野面積	耕地面積	林野率
飯山市	26,204 人	8,211	20,232 ha	12,205 ha	3,730 ha	60.3 %
山ノ内町	15,585	5,051	26,593	23,651	1,090	88.9
栄村	2,607	901	27,151	23,662	722	87.1

（出典）農林水産省編『2000 年世界農林業センサス』，総務省編『国勢調査』『市町村人口移動調査』より作成

（注）人口・世帯数：飯山市・栄村 = 2004（平成 16）年　山ノ内町 = 2005（平成 17）年

人に配るだけでなく，村内の民宿・旅館や，道の駅・商店に出荷もしている。最近は区外の人が山菜を勝手に持って行くので困っており，何とかしなければという雰囲気が住民のあいだで広がっていた。

それに対して，集落の活性化のために入会林野の資源を活用しようという話が持ち上がっている。ほかの地域よりも質の良い極野の山菜資源に着目して，高齢者の労働力を活用した山菜ビジネスを興そうという提案が，2004（平成16）年度の区長から出されたのだ。山菜は少し手入れをするだけで，大きなお金をかけることなく栽培できるので，70代，80代の経験豊富な元気なお年寄りが活躍でき，それが生きがいにもつながる。また，看板を立てたり，山菜の手入れをすることで，外部者による山菜の持ち出しの防止にもつながるという。山菜組合の活動はまだ始まったばかりだが，区全体の活性化のきっかけにつながるのではないかと期待される。極野区のように現在も林野の利用が続いているからこそ，「自分たちのもの」という意識とともに，所有のあり方にも真剣に向き合っている様子が見てとれるだろう。

写真 7-1　長野県栄村極野区（筆者撮影，2004年）
極野区は山間の集落である

極野区は模範的な事例としてここでは紹介したが，極野区のように記名共有林野において相続登記を行っているのはむしろ例外的で，ほかの多くの場合は古い名義のままでいる。入会集団のなかにはそのことに不安を感じたり，問題視する人もいるが，登記に変更を加えるには担い手の存在と経費を捻出できるかが成否の鍵を握っているようである。

2.2　生産森林組合有

生産森林組合は，森林組合法において定められている協同組合組織である。その理念は，組合員による金銭や森林の出資により組合自身が森林を所有し，かつ組合員から提供される労働により機械化や協業化を促進し，経営の発展を図ることにある。生産森林組合の経営には，組合員自らが作業に従事しなければならないという常時従事義務や，組合の収益は組合の事業に従事した日数に応じて組合員に配当する従事分量配当といった規程が設けられている。

生産森林組合制度が創設されたのは1951（昭和26）年で，その頃から徐々に組合が設立されてきたが，1966（昭和41）年に入会林野近代化法が定められて入会林野近代化整備事業が始まると，その設立数は大幅に伸びた。生産森林組合は，入会林野の整備後の望ましい形態として位置づけられ，政策的に設立が推進されてきたからである。次に扱う月岡生産森林組合も，入会林野近代化整備事業に伴って設立されたものである。

　月岡区　栄村月岡区（54世帯）では，記名共有で登記されていた入会林野に入会林野近代化整備事業を導入して，1974（昭和49）年に生産森林組合が設立された。全戸の住民が組合の構成員になっている。組合の所有森林面積337haのうち，約100haには緑資源機構と村行造林による分収林[8]が導入されている。組合の直営林のうち約50haは住民による造林地（林齢20～35年のスギ）である。

　組合の財政状況を見ると，緑資源機構との分収造林を導入した時に，造林する前の天然のブナ林を伐採したことで大きな収入を得ている。この収益金は区の財産に繰り入れ，公民館の建設等における地元負担金などに活用してきた。

　生産森林組合の役員は12人おり，役員は義務出役で行う山の手入れの下見や下準備（道の整備など）を行っている。なるべく多くの人が役にあたるよう，全12人のうち3年間で6人ずつ改選され，仕事の内容を継承する工夫がなされている。また組合では，現在も住民の義務出役による森林管理活動が行われている。作業は1年に1度，半日間行われ，20代から70代まで幅広い年代の住民が約40人参加する。ここ数年は間伐作業を行っているが，間伐は危険が伴ううえに技術が要るため，役員は，もし事故が起こったら義務出役での間伐作業はやめてしまうだろうと考えていた。

　作業には経費がかかるが，月岡では組合が直接国や県の補助金を受けて経費をまかなっている。住民の手による管理活動のほか，2003（平成15）年度からは森林整備地域活動支援交付金を導入して，森林組合に委託して森林管理作業を行っている。前組合長は，「山がある分には逃げるわけにはいかないし，良い山に育てて子供たちに渡したい。そのためには，ある程度は補助金に頼ってでも管理作業を続けていきたい」と，山への熱い思いを語ってくれた。

　林業不況により赤字経営を余儀なくされている生産森林組合が多いなか，月岡では分収造林の導入に際しての伐採収益が大きな助けになっていると思われる。しかし，それだけでない組合員自らによる積極的な林業経営活動が生産森林組合を支えているといえるだろう。

入会林野整備事業を導入して入会集団が生産森林組合に形を変えた場合，法人格を得られるため，以前のような登記上の問題はなくなる。また，生産森林組合にはいくつか林業経営上有利なしくみが用意されているので，「健全な林業生産活動」を行っている場合はメリットが大きい。しかし，そうでないとどうなるか。生産森林組合になる前には必要のなかった法人税や法人特有の会計事務等の維持費が経営を圧迫するほどの負担になってしまうのだ。このような事情から，最近は生産森林組合の解散が相次いでいる（堺2005を参照）。そして，解散後も集団的に林野を登記するために，受け皿として認可地縁団体を選択する動きが広がっている。政策が先導して設立された生産森林組合の解散を食い止めるためには，制度面での見直しに迫られているのではないだろうか。

2.3 財団法人有

財団法人は公益法人の1つ[9]であり，民法で規定されている。個人や法人から寄付された基本財産をもって設立され，この財産の管理や運用を行う団体である。入会集団を母体として設立された財団法人は，全国でも数は少ないが存在する。

財団法人共益会　山ノ内町湯田中区（864世帯）は温泉資源に恵まれ，古くから温泉場として発展してきた地域である。湯田中部落の入会林野は，官民有区分の時に官有林へと編入されるが，苦労の末1880（明治13）年に民有地引き直しを達成し取り返した。1889（明治22）年の町村制の施行とともに湯田中部落は区として編成され，入会林野は公有財産に編入されそうになるが，湯田中区名義に換えてそれを防いだ。湯田中区有林野となってからも，部落住民によって従来と同じように林産物の採取が行われていた。

しかし1907（明治40）年頃から部落有財産の統一が強力に推進され，県は行政権を楯に湯田中区民を湯田中区有林から追い出しにかかった。窮地に追い込まれた区の当事者は原嘉道弁護士（のちの司法大臣，枢密院議長）に相談したところ，湯田中部落で財団法人を組織して，部落有林野の永久的な地上権をその基本財産に設定することが提案された。これに従って，財団法人設立を前提として部落有林野の整理・統一を受け入れ，1927（昭和2）年に財団法人平穏村共益会が設立された。なお，戦後の1955（昭和30）年に村有林上の地上権は解消され，共益会へと所有権が移転された。

共益会の構成員は母体員と呼ばれ，湯田中区全体の約750戸のうち，現在598戸ある。転入者については，1994（平成6）年以前に転入してきた者に限

り，転入後15年を経過し，かつそのあいだ共益会の業務に寄与することなどを条件に母体員になれるが，現在の転入者へは門戸が開かれていない。また，湯田中区から転出した者は資格を失う。共益会の運営体制としては，理事会が最高議決機関となっており，理事会は総務，温泉，山林，共有地，焼額山，法規の6つの委員会が組織されている。役員は理事を含めて21人おり，常勤の事務職員が1名おかれている。

　共益会のおもな財産は山林原野と星川温泉である。山林の面積は1,111haで，そのほかに，隣の沓野区を母体に共益会と同様に設立された「財団法人和合会」と共有で，岩菅共有林4,637haを保有している。そのほかに運用財産としてスキー場，温泉権等を持っており，これらの使用料がおもな収入源である。一方支出で最も大きいのは，ポンプアップや温度調整が必要な温泉の管理費である。ほかには，神社仏閣の補修，地域づくりや各種活動への補助金として地域に還元している。

　共益会の山林の一部は，組割山と呼ばれる組を単位とする割山(10)になっている。湯田中区のなかの各組はそれぞれに共同浴場を持っているが，浴場建て替え時期には莫大な費用が必要になることから，各組ごとに組割山にスギやカラマツを植林してきた。現在でも各組毎に境界見廻り等は行われている。

　財団法人共益会の設立は，湯田中部落民が戦略的に，また粘り強く入会林野を守ってきた結果といえよう。山ノ内町には共益会とほぼ同じ道を辿ってきた財団法人和合会があり，志賀高原の観光施設の地権者として莫大な収入を得，その収益は地域に還元されている。また同町の横倉区では，財団法人横倉会が1985（昭和60）年に設立されている。山ノ内町には入会集団を母体とする3つの財団法人が存在するが，入会集団を母体とした財団法人は，全国的に見ると限られた地域でしか設立されていないのが特徴的である。

2.4　株式会社有

株式会社佐野共有林組合　山ノ内町佐野区（407世帯）は，天保7（1836）年に入会山だったところで割山をした記録が残っているなど，佐久間象山の指導のもと古くから割山に植林がなされてきた歴史をもつ。明治中期まで佐野村有林だった佐野の入会林野は，明治中期の町村合併に伴い佐野区有林となった。しかし，1913（大正2）年に区有財産統一のため，実測1200町歩のうち奥地の600町歩は佐野区が属していた穂波村へ提供することとなった。残る600町歩は当時の区民278戸に特売し，278分の1の権利を与えて記名共有で登記し

た.

その記名共有林では,森林の荒廃を防止する経営管理のため,県知事の認可のもとで1923(大正12)年に佐野施業森林組合を設立した.のちに林道工事を施工するにあたり佐野施業土工森林組合と改名するが,森林組合制度の改変に基づき,1965(昭和40)年より佐野共有林組合と改名した.佐野共有林組合では,労務や経営に要する費用のすべてを組合有林からの林産物収入でまかない,組合員に毎年配当の支給も行うなど,企業的かつ健全な経営がなされていた.

佐野共有林組合では当初は1戸で1つの権利をもっていたが,次第に,家計に余裕がないため権利を売却する者や,意欲があり権利を買い集める者が出てきた.しかし,権利の売買に伴う持分権の移転登記には1件あたり10〜15万円かかるので,経費の負担が問題になってきた.そこで,山に関心をもっている住民15人が発起人となり,株の譲渡が簡単にでき,現状に最も合致する組織形態として,株式会社を設立することとなった.

「株式会社佐野共有林組合」は1991(平成3)年に設立された.設立時の株数はもとの278株で,現在は215人の株主がいる.役員は社長以下10人おり,佐野区のなかの7つの地区から1人ずつ選出される.株式会社佐野共有林組合の土地には,組合直轄の土地と貸与している土地との2種類がある.組合有地の一部はスキー場として貸与していたので,この地代収入をもとに株主へ配当を行っていた.ところが,1996〜97(平成8〜9)年にスキー場が閉鎖・撤退してからは収入が激減したため,現在は逆に株主から年間8,000円の負担金を集めている.現在の収入は負担金と貸付料で,支出は税金と役員報酬や,林道改修の委託料などがある.組合では,6〜7年前までは株主が義務出役で年3回森林整備の作業を行っていたが,現在は行っていない.なお,役員による境界見廻りはいまも続けている.

株式会社という形態で入会林野を保有する入会集団は,全国的に見るとかなり稀である.佐野区の事例では,割山にスギを植林してきた歴史や,株のやりとりが行われていたことから,自然な選択として株式会社が生まれたことがわかる.

2.5 市町村有

市町村有林野の多くは,合併前の旧町村の公有財産を新町村が引き継いで生まれたものである.この旧町村の公有財産は,入会林野に起源をもつことが多

い。町村合併に伴って市町村有林野に編入されただけでなく，明治後期から昭和期にかけて行われた部落有林野の統一政策によって，多くの入会林野が市町村有となった。

　しかし実際は部落有林野の統一政策はすんなりとは進まず，妥協策として，名義だけ市町村有林野にするが実質は地元部落に管理や利用の権限が認められるという条件つきで統一されたところもあり，名実がかけ離れている場合もある。次に見る栄村の上野原区も，そのような事例の1つである。

　上野原区　栄村上野原区（22世帯）は秋山地区にある集落で，他の区と同様に高齢化が進んだ地域である。上野原区は山間地帯にあり，現在も共有林は住民の生活と深く結びついている。平坦地が少なく稲作には条件が悪いため，かつては焼畑でソバ，きび，粟などを作っていたが，いまは行っていない。代わりに，20年ほど前からほぼ全戸で山菜を栽培している。ギョウジャニンニク，ワサビなどを4～7月に生産している。山菜は民宿・旅館をはじめとする地元の業者に販売しており，特に観光客が多い秋はよく売れる。ナメコは後述する共有林で採れるが，これはくじ引きをして区民で分けている。また，上野原区ではいまでも薪ストーブを使っている家が多く，冬が近づくと薪が家の横に積み上げられる。

　上野原区は250haの共有林を持っており，この共有林は現在も栄村名義となっている旧慣使用林野である。戦後のポツダム宣言を受けて，部落有林野であったところを村有名義にしただけであったので，固定資産税は区が払っている。林野は村名義となっているが，実質は地元部落に管理が任されている。

　共有林においては，1968～73（昭和43～48）年，58haに公社造林が導入された。1981～83（昭和56～58）年に団地造林が導入され，26haに植林がされた。なお，団地造林が導入された森林に関しては，個人に分割して持分がはっきりしている。また，下刈り・除伐を自力でやっている人もいるようだ。除伐・間伐は森林組合に委託して行っている。間伐材は搬出してもお金にならないので，30年以下は伐り捨てている。一方，道の刈り払いはいまでも義務出役で行っている。

　上野原の事例からは，固定資産税を地元が払っていることに表れているように，名目村有，実質部落有という実態が見えてくる。逆に，名目だけでなく実質的にも純粋な市町村有林野になり代わったものも少なくない。そのどちらに近づくかは，入会集団の林野の利用の仕方と市町村との関係によって決まるようである。

2.6　認可地縁団体有

　調査地の飯山市では44，栄村では3，山ノ内町では26の認可地縁団体が設立されている。またその多くは入会林野も保有しているようである。認可地縁団体を設立するケースは小赤沢区，倉本区の事例のように個人・共有・社寺などを名義とする林野をもつ集団で設立する時と，西大滝区のように生産森林組合を解散して設立する場合の2パターンに分けられる。

　認可地縁団体小赤沢区　栄村小赤沢区（50世帯）は秋山地区の中心的な区であり，区内には村営の温泉施設と民宿等が10軒ほどあり，シーズンには観光客で賑わう（写真7-2）。平地が少なく水田面積が小さかった小赤沢区では，入会林野が住民にとって重要な位置を占めてきた。

　区はさらに向組，保沢組，川北組の3つの組に分かれており，区の共有地には小赤沢区全体で持っている共有地と，3つの組ごとに管理されている共有地があった。前者には，30名による記名共有地と，栄村有名義の土地があった。記名共有地は，官民有区分や部落有林野統一の過程で対応してきた結果生まれた所有形態のようである。村有となっている土地は，もともとは「小赤沢」名義だったものを，終戦後に名義変更を迫られて[11]「栄村」名義に変えたものである。村名義の土地であっても実質は部落もちで，税金も区が払っていた。組ごとの共有地のうち，向組・保沢組の共有地では，組内の個人または小組（上記3つの組よりも小さな集団）へとさらに分割されている。分割は，明治後期と昭和30年代に2回行われ，これらの土地は各個人や共有で登記されており，純粋な個人や共有の財産となった。

　小赤沢区では，1995（平成7）年1月に地縁団体として認可を受け法人化している。実は1978（昭和53）年頃から入会林野整備事業を導入する動きがあったが，途中でトラブルが起きて頓挫してしまっていた。そこに，ちょうど認可地縁団体制度が創設されたため，生産森林組合を設立するという形で整備することをやめて，認可地縁団体の道を選ぶことになった。認可地縁団体になるのに伴い，「栄村」名義となっていた共有地については，村議会にかけられて「認可地縁団体小赤沢区」へ所有権移転がなされた。こうして，区で管理している記名共有の土地と，分割をしていなかった川北組の共有地は，現在はすべて「認可地縁団体小赤沢区」で登記されている。

　なお小赤沢区内の共有地の一部では，長野県林業公社との分収造林が行われてきた。そのほか，区の共有地の一部は電力会社や区内の個人などに貸し付け

写真 7-2 長野県栄村小赤沢区（筆者撮影，2008 年）
小赤沢区は山間の傾斜地に拓かれた集落。集落近くの色の濃い森林がスギの人工林である

ており，年間数万円の使用料等が支払われている。区の共有の林野では，住民が植えた森林の最低限の管理が行われるほか，現在でも山菜やキノコの採取がなされている。小赤沢区の事例より，認可地縁団体は，入会林野整備後の受け皿として，生産森林組合に代わる制度的枠組みとして選択されているといえる。

認可地縁団体倉本区　飯山市倉本区（15 世帯）は山間に家々が建つ小規模な集落で，過疎化と同時に高齢化が進んでいる（写真 7-3）。集落の入会地は「○○太郎兵衛他5名」の共有名義となっていたが，名義人はすでに死亡していたため問題があった。1979（昭和54）年に，一生集落に住むであろうという理由で 1947（昭和22）年生まれの2人の名義に所有権移転登記を行った。ところが，予想外に 1995～96（平成7～8）年に2人とも相次いで転出してしまった。一方，区の公会堂（集会所）の敷地は借地だったので，残された住民にとって敷地料が今後大きな負担になることが懸念されるようになった。

そこで 1997（平成9）年に地主から敷地を買い受け，これを契機に，将来にわたって所有権移転登記とその経費の必要がない認可地縁団体を設立することにした。もし将来，集落が解散すると認可地縁団体の財産は市に引き渡されるので，共有財産がどこかに消えてしまう心配はないだろうという思いもあった。なお，地縁団体の認可申請と所有権移転登記には約 10 万円の経費がかかった。

認可地縁団体となってから，区の財産（山林，原野，建物，宅地，水田，畑地など）はすべて「認可地縁団体倉本区」の名義へ所有権移転登記を行った。区の共有林においては，昭和 40 年代頃から 4～5 回にわたって住民の手で植林し，育林を行っていた。しかし次第に手をかけなくなり，境界確認も昭和 60 年代初めで途絶えてしまっていた。区の規約は，古くからあった規約を 1958（昭和 33）年に一度改正していた。もとの規約は，昔からずっと住んでいる人が中心の，因習に基づく規約であった。認可の申請にあたって，改正されていた規約を参考にしながらも，現状に合わないところは修正して作り直した。そこには入会権の権利者間の平等，離村失権，譲渡・売買の禁止が規定されて入

7 所有形態からみた入会林野の現状

会権は存続していることが明記されており，旧来からの入会権を積極的に残そうとする姿勢が見られる。

一方，倉本区の入会林野においては，誰でも伐ってよい共同利用の山と，分割して個人に与えられた割山の2種類が存在していた。割山は薪の採取等に使われていたが，法人化の申請に伴う規約整備にあたり，割山を解除して，すべてを共同利用にするという措置がとられた。認可地縁団体になること

写真7-3　長野県飯山市倉本区（筆者撮影，2008年）
倉本区の家々は棚田に囲まれている

をきっかけに，より時代に合うように入会権の内容が再編されたといえる。なお現在共有林では，年に一度道の手入れが行われている。

倉本区では限られた戸数で，しかも過疎化・高齢化の進むなかで入会林野を残していくために，よく考えた末の選択として認可地縁団体を選択していた。入会林野をどれだけ利用しているかということよりも，現実的にどうしたら林野を地域に残せるのかということを強く意識している様子がうかがえた。

認可地縁団体西大滝区　飯山市西大滝区（65世帯）は，飯山市の北端の千曲川沿岸に位置し，市内で最も積雪量が多い地域である。西大滝にはかつてより薪やボヤの採取，焼畑，冬季副業の和紙のためのコウゾ採りなどに利用してきた「むら持ち」の林野があった。土地使用料，薪の伐採料金などは，災害時や区の諸事業に活用するための特別基金会計として区で管理されていた。

明治初年に地租改正が導入されたとき，入会林野は「西大滝組」や「○○他何十名」という名義で登録されることになった。しかし部落有林野統一政策が打ち出され，むら名義の入会林野は公有林野に編入されそうになったので，当時の有力者や区の代表者など個人名義に書き換えられた。

1983（昭和58）年，西大滝区のある岡山地区で国営農地開発事業が導入されることになり，西大滝区の入会林野がその対象地の一部になっていた。しかし，西大滝区には「共有土地は個人や他の地区の人に売買してはならない」という昔からの区の申し合わせ規定があり，また区民のなかに開発事業参加者がいなかったため，農地開発事業には参画しないことになった。これをきっかけに，入会林野近代化整備事業を導入して，入会林野の権利関係を整備することになった。整備後には，行政の指導により生産森林組合を設立した。

ところが，生産森林組合を設立してから18年間，森林管理作業・生産活動は行われてこなかった。というのも，組合の森林面積378haのうち，約95％は広葉樹天然林であったからである。また，組合の設立資金・出資金から毎年の運営経費に至るまで，区が区費や共有金を充てて負担してきていた。すなわち，生産森林組合の外観はとっているものの，資金面や構成員における実態は区そのものにほかならなかった。さらに過疎高齢化に伴い，生産森林組合の経理や書類の作成を担う後継者の不足が問題になってきた。それらの事務は行政書士等に委託するため，維持管理費(12)が区財政や区民を圧迫するようになった。

　そこで，区がすでに認可地縁団体になっていたことを機会に，2003（平成15）年度をもって生産森林組合を解散し，組合保有の資産は「認可地縁団体西大滝区」が区の資産として維持管理することになった。

　入会林野整備事業は林地の高度利用，すなわち林業経営の促進を名目としていたが，実際の現場では権利関係の整備が第一の目的として位置づけられていたことは明らかで，政策と現実のギャップが表れている。ここで認可地縁団体は，解散を望む生産森林組合に解散後の受け皿を提供しているといえる。

3　入会林野の所有はどのようにあるべきか

　最後に，以上の事例をもとに入会林野が抱える今日的課題について考えてみたい。

　長野県北信地域では，入会林野の登記名義にはさまざまな形態が見られた。入会林野の多くで見られる代表者個人・数人や全員による記名共有での登記は，登記名義人が死亡するたびに相続登記をしなければ，名義人と実質の権利者のあいだにズレが生じてしまう。そこから権利関係をめぐるトラブルが発生する危険性がある。また，相続登記を行わないで2代，3代と世代交代が進むと，もはや登記に手をつけることすら大変な手間と経費を要する大仕事になってしまう。特に名義人が多い場合は，相続の権利者を追いかける作業が膨大な量になるため，登記の整備をあきらめる場合が少なくないようであった。

　法人制度に則った形態では，林業生産活動に利点が多い生産森林組合や，ほかには財団法人や株式会社，認可地縁団体が見られた。そのなかで，制度と実態のあいだの齟齬に直面して最も苦労しているのが，入会林野整備事業で設立が推進された生産森林組合である。組合の維持が困難で解散を望む生産森林組

合に応えるためには，何らかの政策的措置が必要とされている。代わって，集団名義で林野を登記するための形態として人気を集めているのが，認可地縁団体である。

ただし注意しなければならないのは，認可地縁団体は地方自治政策から生まれた制度であり，入会林野整備を行って生産森林組合を設立するのとは異なり，入会権を解消するものではないことである。認可地縁団体に入会林野を保有させた時に，入会権がなくなるかどうかについてはいくつかの見方があるが，現場では入会権が存続すると解釈される場合のほうが多いだろう。

とはいえ，かつてのように日常的に入会林野を使っていた時代と比べて，入会権の位置づけや内容は大きく変わってきていることも否めない。入会権者の入会権への意識が薄れていたり，入会権を放棄してもよいと考えていたり，入会権自体が忘れ去られようとしている状況にある。また，草刈り場や薪炭林として利用されていた頃は権利をもつ者，もたざる者は明確に区別され，「個別私権としての入会権」としての性格が強かったが，それが人工林に変わってからは，義務出役で植え，収益も共同で使うことが多くなり，「地域全体の財産権としての入会権」という性格に移り変わってきている。現在のような利用形態の下であれば，個別私権というよりも「むら（部落，区等）の財産」という意識で地域住民全体が入会林野を管理していくのが望ましい場合もあるだろう。

ここまで所有面から入会林野を見てきたが，所有という切り口からだけでは入会林野の全体像のごく一部しか知ることができない。同じ所有形態であっても，入会集団や入会林野の利用状況によって話は大きく違ってくるからである。入会集団についてはたとえば，本章の調査対象地においては，地縁団体（むら，部落など認可されていないものも含む）と入会集団はほぼ重なり合っている状況だったが，他地域に行くと両者のあいだにずれがある場合が少なくない。新規の転入者が多い地域では，入会集団と地縁団体の構成員には大幅なずれがあり，新規住民には林野に対する権利を認めていないことがある。そのような条件下で，林野の立木を伐採したり土地を売却して大きな収益が上がった時に，旧来からの入会権者と新規住民のあいだでどのように収益を配分するかが問題になる可能性もある。この問題については今後の研究課題としたい[13]。

一方，利用状況については，たとえば生産森林組合ひとつをとってみてもさまざまである。組合有林をスキー場や採石場として貸し出して，桁外れに大きな収入を得ているところもあれば，税金の捻出にすら苦慮している組合もあり，生産森林組合を一枚岩として捉えることは適切ではない。各入会林野の状況は，

地域がもつ固有の歴史の文脈や，自然条件，林野と人とのかかわり方をていねいに見るほかに知るすべがない。

　結局のところ，入会集団が今後も自分たちの財産として入会林野を残していくためには，入会林野の所有面における主体性や権限をきちんと確保しておくことが大切だと考える。そのためには，必ずしも法人格をもって集団名で登記する必要はないかもしれない。あるいは，市町村名義であってもよいのかもしれない。所有形態は1つの手段であって，重要なのは，所有権の登記がどのようになされているのかを把握し，トラブルを避けるためにしかるべき対処をしておくことだと考える。各入会集団が，地域の歴史に根ざした入会林野という地域資源の意義を見失わずに，変わっていく世の中にあっても次世代に引き継いでいく道を模索していくことに期待したい。

注
(1) 本章では「部落」という用語は，「村落共同体」を指すものとして使う。学術用語として使われている慣例にならうことと，現地でも「部落」という呼称が使われていることによる。
(2) 入会権には，民法第263条で規定されている「共有の性質を有する入会権」と，民法第294条で規定されている「共有の性質を有せざる入会権」の2種類がある。
(3) 官有地とは現在でいう「国有地」のことで，当時はこのように呼ばれた。
(4) 本章では，認可を受けた「地縁による団体」を認可地縁団体と呼ぶこととする。
(5) データは，1960年の『世界農林業センサス』を用いることとする。これまでに行われてきた入会林野に関する全国調査のなかで，入会的利用があるかどうかに重点をおいて調査されたものである。実際には，1966（昭和41）年の入会林野近代化法と入会林野近代化整備事業によって所有名義を変えた入会集団が多く存在する。しかしたとえば個人有に変わった場合，登記の名義上では純粋な個人有なのか，個人有とは名ばかりで実際は入会林野としてむらや部落で管理されているのか，という区別がつかない。そのため，変化する前の状況を捉えておくために1960年センサスを活用することにした。ただし，本センサスは山林を対象としており，原野は含まない。なお原野面積は，1955（昭和30）年公有林調査によると45万町歩あるとされている。
(6) 土地の登記には表題部の登記（表示登記）と所有権の登記（権利登記）の2種類があり，所有権の登記は義務づけられてはいない。ただし，売買や贈与による移転登記や相続登記，また地上権を設定するためには，所有権の登

(7) 現地調査は 2004 年 8, 10, 11 月および 2005 年 12 月にのべ約 25 日間にわたり実施した。調査法はおもにインタビューである。
(8) 分収林とは，土地の所有者と造林者（および造林や育林の費用負担者）が，契約に基づく割合で伐採収益を分配する制度である。
(9) 公益法人には財団法人と社団法人の 2 種類がある。入会集団を母体として公益法人を設立したもののなかには，財団法人だけでなく社団法人も存在する。石村（1958）を参照。
(10) 割山とは，権利者である個人や組などに対して一定の利用区域が割り当てられ，その範囲内では権利者は自由に利用ができる利用形態である。
(11) 実際は，ポツダム宣言で禁止されたのは，戦時体制中に設置された「部落会・町内会」により新たに獲得した不動産の所有であって，もともと部落が持っていた共有財産は含まれていなかったのだが，終戦後の混乱のなかにあったためこのような誤った対応がとられたところが多かったようだ。
(12) 法人事業税，法的な提出書類，確定申告会計経理依頼費等の金額は毎年 40〜50 万円必要になる。
(13) このケースについては，中川（1998）で取り上げられている。ただし，実際には立木の伐採により収益を上げることは難しい時勢にあり，将来起こるかもしれないトラブルは水面下に潜んで顕在化していないのが現状である。

参考文献

青嶋敏 1994「入会権と登記」『中日本入会林野研究会会報』14: 16-24.
飯山市誌編纂専門委員会 1995『飯山市誌　歴史編（下）』飯山市.
石村善助 1958「法人型体をとる部落有林野について―部落有林野の存在形態に関する 1 つの覚書」『人文学報』18: 181-216.
井上真 2004『コモンズの思想を求めて――カリマンタンの森で考える』岩波書店.
川島武宜 1983『川島武宜著作集　第 8 巻』岩波書店.
栄村史（水内編，堺編）編集委員会編 1960〜64『栄村史（水内編，堺編）』栄村.
堺正紘 2005「生産森林組合をめぐる 2 つの問題」『村落と環境』創刊号 : 25-38.
鈴木喬 1985「入会林野整備と生産森林組合」林政総研レポート 27 号, 財団法人林政総合調査研究所.
武井正臣・熊谷開作・黒木三郎・中尾英俊 1989『林野入会権』一粒社.
地縁団体研究会編集 2004『新訂　自治会, 町内会等法人化の手引き』ぎょうせ

い.

中尾英俊 1969『入会林野の法律問題 新版』勁草書房.
中川恒治 1998「入会林野の解体過程に関する研究」『信州大学農学部演習林報告』34: 1-116.
長野県下高井郡山ノ内町佐野 佐野の歴史編集委員会 1979『佐野の歴史』.
室田武・三俣学 2004『入会林野とコモンズ——持続可能な共有の森』日本評論社.
湯田中のあゆみ刊行会 1994『湯田中のあゆみ』.

付記

　本章は，2007（平成 19）年度に東京大学大学院農学生命科学研究科に提出した博士論文「長野県における林野入会の現代的変容—所有形態と入会集団に着目して」の一部である。

8　里山保全における条例の役割

浦久保　雄平

1　里山をとりまく状況と課題

1.1　2つの危機に瀕する里山

　近年，都市近郊の里山において，おもに都市住民が荒れた田畑や二次林の手入れを行う，里山保全活動が盛んである。この章でいう里山とは，昔ながらの農林業や生活が行われることによってつねに人の手が入り，四季のサイクルに従って毎年変わらぬ自然環境が維持されてきた，農地や二次林のことである。

　里山は現在，2つの存続の危機に瀕しているといえる。1つめは，開発の危機である。戦後の国土計画で経済成長を目的とした総合開発が推進された結果，都市近郊の里山は開発の対象となり，現在でも多くは都市計画法の都市計画区域内，または農地法の農業振興地域内の未指定地域地区（いわゆる白地地域）として開発の可能性が残されている。

　2つめは荒廃の危機である。里山の森林地域については，樹木から薪や炭，落ち葉から堆肥を作るといった昔ながらの利用がなされなくなった結果，それまで止まっていた森林の遷移が進み，雑木林の環境が維持できなくなった。また，農業地域については，機械化による大規模な農業に向かず，日当たり等の条件にも恵まれない山間にあるため，採算がとれずに放棄され荒廃地となっている場所も多い。このように千年以上維持されてきた自然環境が変化したため，生態系にも大きな影響が出ており，絶滅が危惧される種もある。

1.2　「開かれた」ローカル・コモンズとしての里山

　このように，それまでは地元住民の生活と密接に結びついていた里山だが，そのかかわりが少しずつ減ってきたといえる。それを補うかのように，里山に身近で貴重な自然環境としての価値を見出した都市住民のかかわりが増えており，里山での開発計画中止の運動を行ったり，余暇を利用して，趣味や楽しみ

のために里山を手入れしたりするようになった。現在はその移行期として，地元住民と都市住民との間に価値観の相違やマナーの悪さによる対立が見られるケースもあるが（浦久保 2005），里山保全活動が一般的に認められるようになるにつれ，里山はみんなの財産であるという価値観が定着しつつある。

　こうして，里山は地元住民が生活に利用する従来の「閉じた」ローカル・コモンズから，より多くの人びとが余暇や楽しみのために利用する「開かれた」ローカル・コモンズとしての意義をもつようになったと考えられる。さらに，里山は世代，性別，職種といった枠を越えて，関心のある人ならば誰もが集まることのできる場であり，関係者がつねに流動的であるという点でも，これまでにないタイプのコモンズだといえる。

1.3　里山における課題

　里山が「開かれた」ローカル・コモンズとなり，里山保全活動が盛んになるにつれ，里山における問題は新しい行政課題となった。たとえば，生態系の豊かさをいかに維持するかや，里山にかかわるさまざまなアクターの意見をどう調整するのか，また，土地所有は私有だが環境は公共性が高いものであることから，公共の福祉に対する私権をどう考えるのかといった課題である。これらの課題は，都市計画や生態系保全，地域振興などを含んで複雑化しているうえ，地域によっておかれている状況が異なっており，国の制度が整っていない現在，今までのような開発重視の政策や縦割り行政では対応できない。そこで，地方自治体が独自の条例を制定し，地域の状況に応じて，きめ細かく，かつ迅速に対応するケースが増えつつある。

　このように，里山保全を条例によって担うことには意義があり，この動きが全国に広がることによって地方自治を活性化するという波及効果も期待できる。里山保全条例がどのような経緯で生まれ，どのように運用され，実績を上げているのかという研究はほとんど行われていないが，今後条例を制定する自治体にとっても，また現在活動している団体にとっても有用であると考える。

　以上から，本章では，里山保全条例をもつ自治体での現地調査をもとに，条例の種類や効果を分析することで，有効な条例のあり方を示す（表 8-1）[1]。

表 8-1　全国の里山保全に関する条例・要綱・事業の類型

	特定の地域・公園整備	まちづくり（ゾーニング）	地区指定による開発規制	市民活動の促進
町　村			七城町	
地方都市	岡山市	札幌市	高知市	浜松市
三大都市圏の市	池田市　岡崎市　堺市	神戸市　篠山市	千葉市	秦野市
都道府県			東京都　山形県　千葉県　三重県	

（注）　　　は条例がある自治体，□は筆者の調査対象

2　里山保全条例の現状と課題

2.1　熊本県菊池郡七城町「里山保護条例」（1999年1月1日施行）

条例以前の里山　七城町(2)の台地部は雑木林と竹林で，昭和50（1975）年頃まではどちらもよく利用されていた。特に竹は，藁ぶき屋根の骨組みや，ビニールハウスの骨組み（ひご），籠，魚獲りのざるなどに利用し，大切な資材であった。しかし，時代の変化とともに利用がなされなくなり管理が放棄された。荒廃地となった里山では木々が密集し，台風で倒れるなどの影響も出てきている。里山には関心の目が向いていないことがわかった。

昭和60年代に入ると，町南西部にある大尺（たいしゃく）地区において，温泉分譲住宅が建設された。七城町は都市計画法上は都市計画区域外であるが，南には熊本市の，東には菊池市の都市計画区域が近接しており，また国道が通るなど交通の便もよいことから，両市のベッドタウンとして開発の圧力が高くなっていた。そうした開発に対しては，特に規制する制度はなく，自然環境の悪化，特に多くの住宅が建設された際に排水が町の中央を流れる川に集まるため，水質の悪化を懸念する声が高まっていった。

町長は，開発を規制する方法を模索したが，都市計画区域外で土地利用の規制がないうえ，現行法ではなす術がなかった。そのため，条例を制定することとなった。

条例のしくみと特徴　町内すべてに散在する山林，湖沼等を里山とし，開発区域の面積が0.1ha以上の事業に対して届出を義務づける。

事業者は法令に定められた手続きを行う前に，事業計画について開発事業事

前協議書を提出し，町長と協議する。さらに，提出後すぐに利害関係者（水利組合を含む）および関係行政区に説明会を開催し，同意を得る。町長は協議書を審査し，おもに景観保護の観点から町の施策に適合していれば協議終了通知書を交付し，事業者と協定を締結する。届出がない場合や，虚偽が含まれていた場合は勧告を行い，それに従わない場合は，行政サービスについて協力を行わないとされている。

運用実績　施行後，2004年10月までに5件の開発申請があった。建設業の土場がほとんどで，森林法の残置森林率を基準にし，緑を配置することでほとんどが許可されている。景観を保つという点に関しては一定の効果はあるといえる。

一方，里山の管理については，無償で町が借りて管理している竹林でシルバー人材センターの人びと（65歳以上）が手入れを行うようになった。管理によって間引いた竹は，炭を焼いたり，工芸品を作ったりしている。また，町では毎年夏に小学生向けの体験学習会を行っており，里山を利用しはじめている。

今後の課題　条例は開発規制の要素が強く，分譲住宅地の開発阻止と景観保全には一定の効果があるといえる。しかし，管理・利用に関しては触れられておらず，考えていく必要がある。その担い手として，体験学習会の子どもたちがキーパーソンになってくるのかもしれない。

2.2　高知県高知市「里山保全条例」（2000年4月1日施行）

条例以前の里山　市内の里山の状況は，市街化調整区域内にある里山と，市街化区域内にある里山では大きく異なる。市街化調整区域にある北部と南部の里山は標高が100m以上の山が多く，公園や社寺がある場所以外はほとんど人が立ち入らない雑木林である。一方，市街化区域の里山（写真8-1）は標高が100m以下で，市街地の中に島のように取り残された竹林と墓地が多い。所有者，管理者の高齢化により昭和50～60年代以降はほとんど管理されなくなり，孟宗竹が繁茂していた。

市街化区域の里山には問題点が2つあった。1つは市街化区域内の里山での宅地開発である。なかでも，市の中心部にある小高坂山（こだかさやま）の宅地開発では，坂本龍馬の先祖の墓があるということもあり，周辺住民からも山の保全に強い要望があったが，現行法ではなす術がなく苦い経験をした経緯があった。もう1つは豪雨による土砂災害である。1998（平成10）年の集中豪雨で市街地周辺で多くの災害が発生した。里山の開発・荒廃との因果関係はわかっていないが，

8 里山保全における条例の役割

里山の宅地開発を疑問視する声が上がっていた。

上記の市街化区域における里山問題に対応するために，里山保全条例が検討された。高知市都市計画課が中心となった行政立法で，市長の判断により制定された。

条例のしくみと特徴 市長が市内の里山を里山保全地区に指定し，開発を行う時は届出が必要となる。将来は里山保全地区の土地を買い入れて「市民の里山」として開放したうえで，市民によって管理・利用していくという3段階の内容となっている。

写真8-1 市街化区域内に残る里山（筆者撮影，2004年高知市）

運用実績 施行後に市は里山保全地区の候補地を市街化区域内の里山12ヵ所に絞り，調査を行った。その後検討を重ねた結果，2001（平成13）年9月1日付で，市街化区域内にある葛島山と秦山の2ヵ所について，里山保全地区の指定がなされたが，その後の指定はない。また，「市民の里山」については，土地の買入れには財政負担が大きいうえ，ゴミの投棄や山火事を心配する所有者感情も強く，実現はしていない。

今後の課題 高知市は周辺に豊かな山があるため，市街地の緑を残すことに積極的ではない住民も多く，まず条例の意義を住民に理解してもらうことが必要である。また，市街化調整区域での小規模開発が増えているため，調整区域での里山保全地区指定も必要だろう。

2.3　千葉県「里山の保全，整備及び活用の促進に関する条例」

(2003年5月18日施行)

条例以前の里山 千葉県でも伝統的に里山が利用されてきた。しかし，昭和30年代頃から伝統的な利用がなされなくなり，整備もおろそかになっていったと考えられる。その後の里山利用としては，豊かな自然と首都圏との近接から，ゴルフ場と産業廃棄物処理場の開発が後を絶たなかった。こうした開発とともに特徴的なのが，里山保全活動の盛り上がりである。

千葉県は里山をニュータウンに開発して人口を受け入れてきたので，居住地の周辺には里山が残っている場所が多い。また，谷津，谷津田（谷，尾根に挟

まれた低地のこと。おもに関東地方）という地形が千葉県の里山の一番の特徴であり，自然度も高いことが示されてきた（穴瀬ほか1976; 東・武内1999; 有田・小林2000）。そのため，身近な自然環境を守るため，里山の保全活動が以前から盛んだった。

千葉県知事に堂本暁子氏が就任した2001（平成13）年3月以来，県民と意見を交換する場である「なの花県民会議」で，県民から千葉県の森林・里山について保全してほしいという要望が多数寄せられた。ちょうど，県の若手職員が里山保全条例の試案をケーススタディとして作成しており，それが知事に取り上げられ，条例化された。

条例のしくみと特徴　里山活動団体が，土地所有者等と協定を締結し，それを知事に認定してもらう。認定団体には県から活動助成が受けられるなど，活動促進に重点をおいた条例である。

運用実績　里山協定に関しては，2008（平成20）年3月4日現在87件が認定を受けており，平成20年度末までの目標100件に届く勢いである。その他，条例に従って，里山の日（5月18日）でのイベントや，土地所有者への里山活動団体の情報提供，活動に対する技術的支援（技術講習会の開催や普及指導）と経済的支援，県有林の一部において県と里山活動団体等との協働によるモデル事業などが行われている。

今後の課題　制定前のパブリックコメント（2002年11月）において「ボランティアと土地所有者との仲立ち」の必要性が挙げられていたが，土地所有者と活動団体が協定を締結するには時間と労力が必要であり，県または市町村が間に立って調整することも必要である。

問題の発生しやすい土地利用規制を回避した条例として評価できるが，開発行為による里山破壊に関しては対策がなく，市民活動による里山保全とどのように両立させていくのかが課題といえる（関東弁護士連合会2004）。

2.4　東京都「東京における自然の保護と回復に関する条例」

（2001年4月1日改正）

条例以前の里山　東京都では過去において多摩ニュータウン（3,000ha）など里山の大規模な開発が行われてきた。バブル時にはディベロッパーが里山の土地を買い集めており，現在も企業所有の里山も多い。しかし，同時に保全意識の高い都市住民による里山保全活動も盛んに行われており，環境省が2001年に行った調査では，東京都に活動フィールドをもつ里山保全団体は79に上っ

ている。そのため，里山を保全したい都市住民と，開発を推進する地元住民や土地所有者とのあいだでしばしばトラブルが見られる（浦久保2005）。

条例のしくみと特徴 都内でも特に保全の必要な里山を「里山保全地域」に指定し，管理を図っていく。指定された地域は規制が厳しいため，都の買い取り義務を伴う。また，里山は都が管理することになっているが，団体に委託することもできる。制度上は地域指定に際して所有者の承諾は不要となっている。

写真8-2 里山・谷戸の自然環境
（筆者撮影，2004年東京都あきる野市横沢入）

運用実績 2006（平成18）年1月5日，里山保全地域第1号地として，谷戸（谷津と同じ）の調査でも自然環境度が東京都で一番高かったあきる野市横沢入（写真8-2）が指定された。2008年現在では，ボランティア団体や地域住民等の主体が入った協議会において，植生調査や保全事業が進められている。

今後の課題 条例改正により，それまでにあった保全地域（自然環境保全地域，歴史環境保全地域，緑地保全地域）に加えて，森林環境保全地域及び里山保全地域が設けられたが，その要因は，生物多様性国家戦略や野生生物保護など生態系保全の機運が高まってきたことが大きいという。改正と同時にまとめた「緑の東京計画」において，2001～15（平成13～27）年度で，里山保全地域として10ヵ所を保全するという目標が立てられている。

里山・谷戸の保全は改正前からあった歴史環境保全地域や緑地保全地域が担ってきた役割が大きい。実際に，町田市の図師小野路地区の谷戸は，歴史環境保全地域に指定された後に都が少しずつ土地を買い取り，都から管理委託を受けた町田歴環管理組合が谷戸を見事に再生している。早急に保全が必要な里山については，財政面はいったん措いて，まずは指定姿勢を示すことが必要であろう。

2.5 兵庫県篠山市「緑豊かな里づくり条例」（1999年4月1日）

条例以前の里山 篠山市の里山は，マツタケ山を集落で共同管理してきた歴史もあり，薪炭利用のみならず，山菜を採取する場としても利用されてきた。しかし，現在では里山を手入れしなくなった結果，有害鳥獣とマツタケの収量

減少が問題になっている。

　また，高速道路舞鶴道の開通やJR福知山線の複線電化によって京阪神から1時間で来られるようになり，駅周辺や道路周辺では開発圧力が高まっている。

　前身となる条例が，丹南町「緑豊かなまちづくり条例」（1997年施行）である。1995（平成7）年，国道沿いの遊休地に11階建てのマンション建設の計画が持ち上がった。開発規制要綱があったが，条件を満たし，開発が承認されてしまったため，景観上何とかならないかと周辺住民，PTA，自治会が町議会に建設中止を要請した経緯があった。結局マンションは建設されなかったが，開発を防ぐ方法はないだろうかと議会が提起し，作成したのが「緑豊かなまちづくり条例」である。

　この条例の内容は，500m²以上，3戸以上の開発に対して，(1) 開発場所で2週間前までに計画の標識を立てる，(2) 地元説明会を行うことを義務づけたものであった。開発は業者と市だけが対応するものではなく，関係する住民も巻き込んだものでなければならないという考えに沿ったものであり，地域にも行政にも望ましいかたちで開発誘導を行っていこうという意図があった。

　1999年に合併して篠山市となった際に，丹南町のまちづくり条例の理念は「篠山市緑豊かな里づくり条例」に受け継がれたが，(1)と(2)は全市に適用させるには厳しすぎるということで盛り込まれなかった。その代わり，同じ理念を住民が土地利用の将来像を描く際に活かした。

　条例のしくみと特徴　集落は里づくり協議会を設け，専門アドバイザー，市の担当者と3者で，集落ごとにもっている歴史や自然を大切にしたまちづくりを計画していく。この計画は詳細な土地利用計画であり，市長の認定を受けたうえで，国土利用計画よりも優先されて運用される。協議会には，集落，企業，土地所有者，入作人など，関係者全員が入る。そして，里づくり地域内で開発を行う時は，すべて事前に協議会に諮って審査する。

　運用実績　2008（平成20）年5月現在，261集落中6つの集落で協議会ができている。ペースはゆるやかで，アンケートを全世帯に配るなどして，だいたい1年間かけて計画をつくっていく。計画策定後は集落めぐりやマップづくりなど，資源の再発掘に役立っている。協議会の立ち上げには，専門家アドバイザーが派遣され，まちづくり先進地の視察や交流から始める。里山整備は，県の「ふれあいと学びの森整備モデル事業」などを利用して行われている。

　今後の課題　集落単位の土地利用計画策定により，住民意識醸成だけではなく，土地利用規制や里山整備までできる点を評価できる。じっくりと時間をか

けて意識を醸成していける反面，一集落ごとに時間がかかり，このままのペースでいけば全集落で計画を策定することは非常に難しいだろう。集落の優先順位をどのようにつけるのか，また，持続的で確実な里山管理を計画に組み込むにはどうすればよいのかという課題が残る。

3　里山保全モデルの構築

里山保全条例はこれまで述べてきたように，地域の状況に応じて柔軟に制定することができるのが特徴であり，現地調査からもその地域の里山の状況と条例内容との間に一定の関連を見出すことができた。そこで，里山の状況と条例の内容を要素に細分化したものとを整理し，それらをまとめることとする。

3.1　里山の3つのタイプ

各地における条例制定以前の里山の状況を見ると，所有者の意向の違いにより無秩序な開発と管理放棄の大きく2つに分けられた。

無秩序な開発　調査地のなかで所有者が開発を望んでいる里山が多かったのは，池田市，七城町，高知市，東京都であった。池田市では，対象地の里山である五月山は市街化調整区域にあるものの，調整区域で認められている墓地の開発圧力が高かった。残り3ヵ所については市街化調整区域以外のため，開発に対する規制がゆるい。こうした地域では，里山開発問題に対応するために，条例の内容はおもに開発規制を目的としていた。

管理放棄　所有者は早急に開発を行う意向をもっていないため開発圧力は低いが，管理が放棄されている里山がここに分類され，さらに2つに分けられる。

1つは，住民とのかかわりが断たれて荒廃地となった里山である。篠山市と岡崎市がこれに当てはまるが，それぞれ管理されない理由があった。篠山市は古くから城下町として商業が盛んだったため，農林業として里山を管理するという習慣がなかった。岡崎市の条例対象地の里山は，約20年前に動物園を作るために民間企業が土地を買収した場所であり，それ以来，人の立ち入りはなくなり，20年間放置されることとなってしまった。これらの地域では，まずは住民に里山保全の必要性を認識してもらうために，条例の内容は意識醸成が目的となっていた。

市民による里山保全活動　もう1つは，所有者が管理放棄し荒廃したものの，保全意識の高い市民らによって，再び管理が行われるようになった里山である。

三重県や千葉県がこれにあたるが，それぞれ市民による保全活動が盛んになる素地があった。三重県は有数の林業地であるため，森林を管理するという意識が高く，里山の二次林も放置するのではなく整備していこうという意識が感じられた。また千葉県では里山が失われる危機感をもった地元住民や，新しく移住した保全意識の高い都市住民が里山保全活動を行う動きが起こっていた。これらの地域では，すでにある活動団体を支援するために，条例の目的は資金面や広報面での活動助成となっていた。

以上のように里山の状況を3つに分類したが，それをまとめると図8-1のようになる。

3.2 里山保全モデル

次に，里山の状況改善のために，抽出した条例の諸要素がどのような役割を果たすのかを見るため，里山の状況と条例の要素とを組み合わせてモデル化したのが図8-2である。

多くの里山の現状と考えられる②を規準にして，一方には開発の流れを，一方には保全の流れを示している。里山開発が進むと①のように住宅地等に開発されてしまうが，条例が(1)開発規制の要素をもつことによって，ある程度対策を講じることが可能である。また，荒廃地となった里山において，(2)住民の保全意識を醸成することにより，管理への流れをつくり，さらに(3)活動助成の要素によって，里山の全体的・継続的な管理・利用が行われるようになると考えられる。実際に，今回調査した条例については，すべてこのモデルに当てはめることができた。

4　考察——地域の状況に応じた有効な条例のあり方

開発圧力の高い里山では(1)開発規制の対策を講じたうえで，里山保全の対策をできれば(2)から(3)の順に行うのが有効であるといえる。ただし(1)を条件にして(2)(3)を行おうとすると，対策が進まない危険性もあるため，それぞれを独立して運用できるようにしておくことが必要である。

開発圧力の低い里山では，(2)と(3)の対策が中心となる。(1)があればなお有効であるといえるが，(1)は財産権などが絡んでかえって条例が機能しなくなることも考えられる。そこで，(1)に代わって開発圧力から守る手段として，以下の3点を挙げたい。

8 里山保全における条例の役割

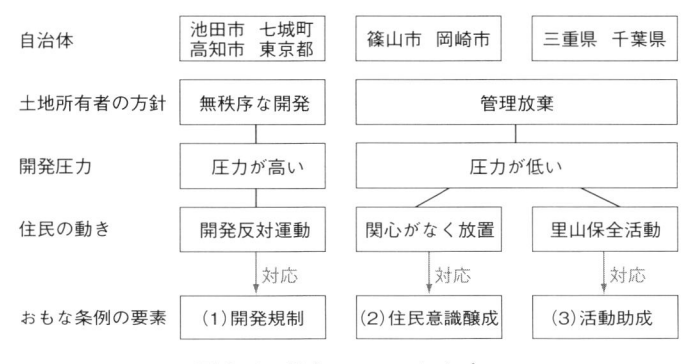

図8-1 里山の3つのタイプ

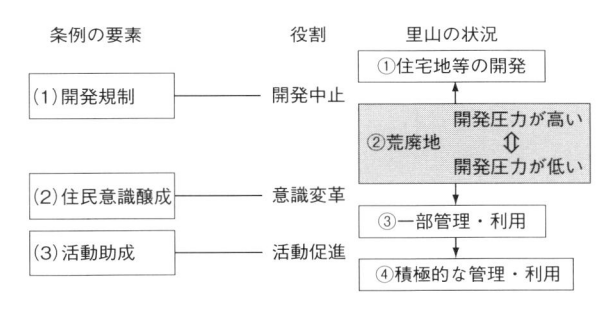

図8-2 里山保全モデル

土地所有者への助成　里山は私有地であることが多いが，農地や保安林に指定されていない場合は，相続税の減免措置もなく，相続の際に多額の相続税がかかるため，払いきれずに業者などに手放してしまう所有者が多いといわれている。そこで，里山として残したいのであれば相続税や固定資産税を減免する措置を講じたり，きちんと管理されている里山に対して補助金を出すなど，開発圧力を上げないよう予防することが必要である。

土地の公有地化　里山を開発から守る一番の方法は土地を公有地化してしまうことである。これには埼玉県の「さいたま緑のトラスト基金条例」といった行政によるトラスト施策がある。また，公有地ではないが，民間のトラスト運動も同じ効果を発揮すると考えられる。高額な土地代金が一番のネックだが，少しずつでも公有地化していくことは，確実に里山を残す方法になると考える。

都市計画法の地域・地区の変更　都市計画法の地域・地区の変更は労力が必要であるが，依然として法律の影響力のほうが強いことを考えると有効である。

変更が困難な場合は，市街化区域内であれば生産緑地や都市緑地の指定を，都市計画区域内では 2000 年の改正により導入された「特定用途制限地域」の指定を，都市計画区域外であれば「準都市計画区域」の指定を検討することも有効である。法律との矛盾を生じさせないためにも，こうした対処を試みる必要があるだろう。

おわりに

以上のように，地域の現状に応じた条例のあり方をモデル的に示すことができた。しかし，あくまでも調査を行った条例の範囲内でのモデルであり，改善の余地は大いにある。今回調査できなかった条例についても状況や実績を調べ，このモデルに当てはめて検討したり，行政担当者の意見も取り入れて，モデルを改変，更新したりすることも必要であろう。

「開かれた」ローカル・コモンズとしての里山は，今後もさまざまな主体が集まり活動できる貴重な場所であり，地域コミュニティの中心地となる可能性も秘めている。そうした場所をできるだけ多く残し，活動の促進を図っていくことが，地域行政の重要な責務になってくるであろう。

注
(1) 調査方法は南（2002）と藤原・山岸（2003）らが里山に関する条例を制定した自治体として紹介したなかから 8 団体を選び，2004 年 9〜11 月の計 16 日間，行政の条例施行担当者と市民ボランティア等計 20 名に対して聞き取りを行った。調査対象地は，条例をある程度分類したうえで，偏りのないように選定した。本章では，条例の特徴と課題がよくわかる 5 団体を取り上げる。
(2) 2005 年 3 月 22 日から，七城町は広域合併によって菊池市となっている。ここで取り上げた里山保護条例の内容は，「菊池市環境保全に関する指導要綱」に引き継がれている。

参考文献
東淳樹・武内和彦 1999「谷津環境におけるカエル類の個体数密度と環境要因の関係」『ランドスケープ研究』62(5)：573-576.
穴瀬真・安部征雄・矢橋晨吾・大塚嘉一郎 1976「千葉県北総東部地区の谷津田とその農業」『農土誌』44(4)：217-224.

有田ゆり子・小林達明 2000「谷津田の土地利用変化と水田・畦畔植生の特性」『ランドスケープ研究』63(5): 485-490.

浦久保雄平 2005「東京都における谷戸の利用と管理に関する課題——あきる野市横沢入を事例に」『都市公園』170: 63-69.

環境省 2001『日本の里地里山の調査・分析について』(中間報告).

関東弁護士連合会 2004『里山保全の新たなる地平をめざして——2004年度関東弁護士連合会シンポジウム』関東弁護士連合会, 487 pp.

東京都 2001『多摩地域の谷戸の保全に関する調査委託報告書』104pp.

藤原宣夫・山岸裕 2003『里山保全制度への取り組み状況——全国自治体アンケートより』国土技術政策総合研究所資料 67, 97pp.

南眞二 2002「里地・里山環境の保全と条例制定」『奈良県立大学 研究季報』13(2): 39-49.

9 超自然的存在と「共に生きる」人びとの資源管理
―― インドネシア東部セラム島山地民の森林管理の民俗

笹岡　正俊

1　コモンズの民俗的管理

　人が自然資源に直接的に依存して暮らす地域には、自然・資源の利用を律する、その土地固有の「規範」が存在する。「自然・資源の利用を律する規範」とここでいうのは、「〈人との自然・資源とのかかわり方〉、そして〈自然・資源をめぐる人と人とのかかわり方〉を一定のパターンに方向づける価値・慣習・制度・法など」を意味する。このような在地の規範に基づいて行われる伝承性のある管理のあり方を、本章では自然・資源の「民俗的管理」（秋道1995a: 234）と呼ぶことにしよう。
　「民俗的管理」には、山野河海の資源利用を規制した「口開け・口止め」の制度のように、過剰利用による資源劣化や資源をめぐる争いを防ぐといった、そこに暮らす人びとの現実世界に直接かかわる「合理的」な意味づけがなされているものもあれば、「カミの宿る場所（荒神森や鎮守の森など）」として立ち入りや資源利用を禁じる慣行のように、非現実世界にかかわる一見「非合理的」な実践もある。「合理的」な意味づけがなされた利用規制においても、人びとに資源利用を律するルールを強制させる役割――人びとの資源利用を監視したり、「祟り」のようなかたちで違反者に罰を与えたりする役割――を、祖霊や精霊といった超自然的な存在が担っている場合もある。こうした「超自然的制裁メカニズム」とでもいうべきしくみは、本章で詳しく述べるセラム島（インドネシア東部マルク諸島）の禁猟制度にも見られる。
　秋道智彌（1995a; 1995b）が指摘しているように、人びとが実践する資源管理には、精霊・祖霊・カミなどの超自然的な存在やそれが有する力への観念（超自然観）が深くかかわっている。しかし、近代科学はこのような超自然観を非合理的・非科学的な「虚構」として退けてきた。そして、「近代化」の過程で人びとが科学的合理性を獲得してゆくなかで、そうした「虚構」は「消え

9　超自然的存在と「共に生きる」人びとの資源管理

ゆくもの」と考えられてきた。そのひとつの表れかもしれないが，コモンプール資源(1)の共同管理について活発な議論を展開してきた「コモンズ論」においても，一部の人類学者のそれを除けば，超自然的存在と人びととの関係性に目を向けながら，資源管理の問題にアプローチした議論はあまりなかった(2)。

　本章で扱うセラム島山地民は，まさに死者霊や精霊と「共に生きている」人たちである。超自然的存在は彼らの生活世界に確かに「実在」している。そして，単に「実在」しているだけではなく，現実に人びととの資源利用に一定の秩序を与える力をもってきた。セラム島沿岸域では，いままさに開発の波が押し寄せてきており，山地民の暮らしにも少なからず影響を与えつつある。しかし，それによって祖霊や精霊と共存する彼らの超自然観がただちに消えてなくなるわけではない。そもそも人は日常的な現実として経験される事象のみで構成される世界ではなく，「超常的な力や意味の次元を包み込んだ総体としての生活世界」（池上 1999: 81）に生きる存在だからである。

　そうであるならば，超自然とかかわりながら資源を利用し管理する人びとの実践は，「地域の力」をどのように持続的な資源管理に発揮しうるのかを考えようとする「コモンズ論」（三俣・室田 2005: 254）など，資源管理をめぐる議論のなかで，もっと語られてもよいのではないだろうか。

　このような視点から，本章ではセラム島山地民が実践する民俗的森林（資源）管理の実相をできるだけ子細に描きながら，「人と森」および「森をめぐる人と人」との関係を律する規範が作用する場において，超自然的な存在や力が深くかかわっていることを明らかにする。そのうえで，超自然的存在と「共に生きる」人びとにとっての資源管理を考える際には「人」と「自然」と「超自然」の3者関係を把握する視点が重要であることを指摘したい(3)。

2　セラム島山地民の暮らしと森

　本章の舞台となるマヌセラ村は，コビポト山（1,577m）とビナヤ山（3,027m）のあいだに延びる，マヌセラ峡谷に点在する山村の1つで，標高約730mのところにある（図9-1）。2003年時点で村の人口は約320人（約60世帯）である。人びとの生業は，サゴヤシの髄からでんぷんを抽出するサゴ採取，イモ類やバナナを主作物とする根栽農耕，クスクス，チモール・ジカ，イノシシの狩猟，ロタン，ハチミツ，各種樹木野菜，シダ植物の若芽をはじめとする多種多様な森林産物の採取などである。

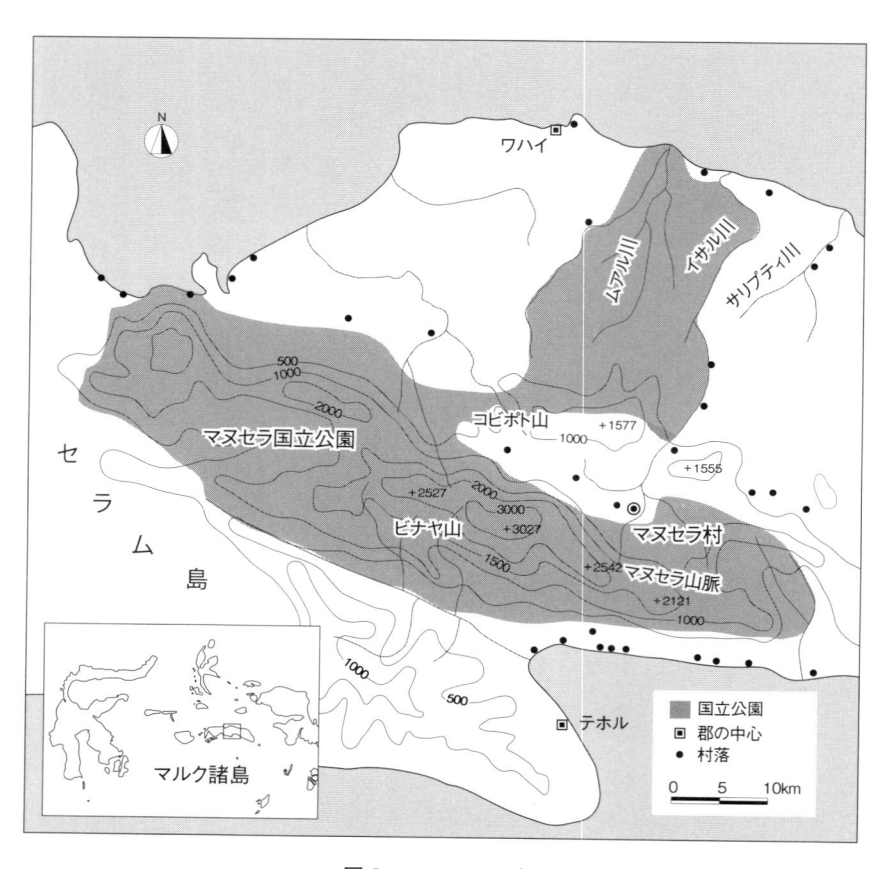

図 9-1　マヌセラ村

　木本性植物で覆われた土地・植生を「森」と呼ぶならば，村人が利用する「森」にはさまざまなタイプがある。たとえば，ドリアンやパラミツなどの果樹と野生樹木の混交した「果樹林」(Lawa Aihua)，主食となるサゴでんぷん（以下，「サゴ」）を採取する「サゴヤシ林」(Soma)，そして実生・幼木を人が積極的に保護することで作られたマニラコパールノキ（*Agathis damara*）が優占する「ダマール採取林」(Kahupe Hari) などだ。これらはどれも積極的に人が手を加えることで形成された「森」である。

　これらのほかにも村人が生計を維持するうえで欠くことのできない「カイタフ」(Kaitahu) と呼ばれる「森」がある。カイタフはこれまで人間によって伐

9　超自然的存在と「共に生きる」人びとの資源管理

採されたことがない原生林か，伐採されたとしてもはるか昔のことで現在は大木が生えている老齢二次林であり，集落から比較的離れた場所に位置し，村人から「猟を行うための場所」と観念されている「森」である。本稿では森の管理の民俗について論じるが，ここで対象にする「森」は，カイタフを意味している。

森では，この地域の重要な現金収入源の1つであるズグロインコ（*Lorius domicella*）の捕獲（笹岡 2008）やロタンなどの林産物採取が行われているが，山地民の生計維持において何よりも重要なのはクスクス，シカ，そしてイノシシの狩猟である。

マヌセラ村で食べられている主食食物（エネルギー源となる食物）は，サゴ，イモ類，そしてバナナなどである。そのなかでもサゴは最も頻繁に摂食されている主食で，主食食物から得られた全エネルギー量の7割以上を占めると見られる（図9-2）（笹岡 2007）。よく知られているように，サゴは糖質以外の栄養素をほとんど含まず，タンパク質含有量がほかの食物と比べて際立って低い（1,000kcalあたりタンパク質含有量は，バナナが約9g，イモ類が約15gであるのに対して，サゴは1～2gにしかすぎない）。そのため，サゴに強く依存する人びとには，タンパク質欠乏に陥らないために，水棲であれ，陸棲であれ，十分な動物性食物が得られる環境が必要となる（大塚 1993: 23）。

マヌセラ村で食べられている動物性食物は，クスクス，シカ，イノシシ，野鳥，市場で購入される干し魚，そして川で獲れるエビなど多岐にわたる（図9-3）。最も頻繁に献立に登場するのはクスクスであり，それにシカとイノシシを合わせると摂食割合（動物性食物が献立に登場した全回数に占める割合）は5割近くなる。クスクスなど森林棲哺乳類の肉は，パペダ（サゴを熱湯で溶かして葛湯状にしたもの）を食べる際の主要なおかずとして献立に登場することが多く，サゴ食に不足しがちなタンパク質の供給源としてきわめて重要な役割を果たしている。

山地民はこれらの狩猟動物をさまざまな方法で捕獲している。シカとイノシシを対象とした猟には，「フス・パナ」（husu panah）と呼ばれる槍罠を用いた猟や，犬を用いた追い込み猟がある。一方，クスクスを対象とした猟には，「ソヘ」（sohe）と呼ばれる輪罠を用いた猟のほか，木の洞のなかに潜んでいるクスクスを捕える木登り猟がある。なお，狩猟動物の大半は罠で仕留められている[4]。

133

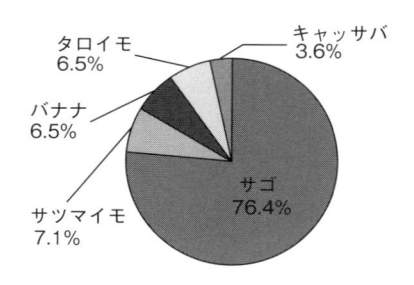

図9-2 主食食物の摂取割合（エネルギー比）
（資料）筆者の聞き取り調査より作成。2003年6月5日〜8月30日，村の世帯をランダムに訪問して，食事の前後に主要主食物の重量を計量して摂取量を求めた。朝食19回（摂食者92人），昼食17回（92人），夕食21回（115人）における主要主食物の摂取量に基づく
（注）エネルギー量は，単位可食部重量あたり生サゴ 2,210kcal/kg，サツマイモ 770kcal/kg，バナナ 1,150kcal/kg，タロイモ 1,300kcal/kg，キャッサバ 1,490kcal/kg として算出した（Ohtsuka et al. 1990: 228）

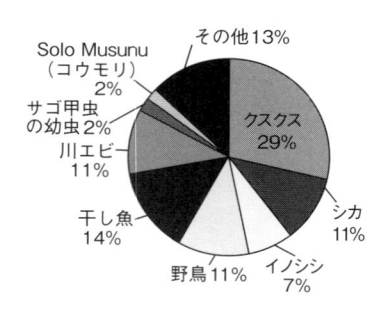

図9-3 動物性食物の摂食割合
（資料）筆者の聞き取り調査より作成。2003年5月〜04年3月，4つの調査ピリオドで実施，各18〜22日間，各15〜19世帯
（注）動物性食物が食事の献立に登場した全回数（1,784回）に占める割合

3　森の利用にかかわる「自然知」

　本稿でいう「自然知」とは「〈自然〉に内在する力を抽出し，変形する生活技術から，〈自然〉の中に隠喩をみいだし，自分たちの世界の物語の素材として使う」ことまでを含む，自然と対峙した時に発揮されるあらゆる民俗的知識を意味している（篠原 1996: 30）。

3.1　罠猟に求められる自然知

　セラム島山地民の罠猟については，別稿ですでに紹介したことがあるが（笹岡 2001a），ここではおもにクスクスを対象とした罠猟を中心に，その実態を少し詳しく見ておこう。

　山地民は，小川，崖，巨大な岩，大木，そして山道などを境界（teneha）にしてカイタフ（森）を細かく区分している。罠猟は，基本的にこの森林区を単位に行われる。山地民は，1つのカイタフ（小さい場合は隣接する2つのカイタフ）に罠を集中的に仕掛け数日間に一度罠を見回る。このようにして，短い場合には1〜2ヵ月，長い場合は1〜2年のあいだ猟を続け，獲物が獲れなくな

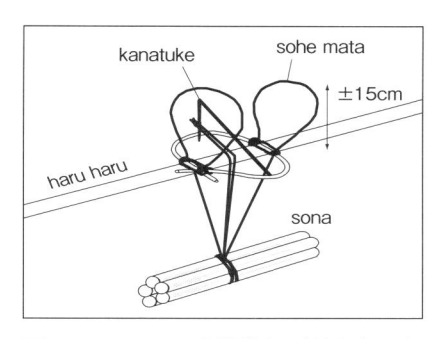

9　超自然的存在と「共に生きる」人びとの資源管理

図9-4　クスクスを捕獲する輪罠（sohe） 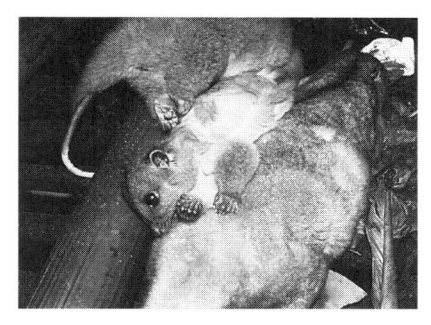　　写真9-1　ソヘにかかったハイイロクスクス
（筆者撮影，2004年マヌセラ村）

ったら，罠をすべて取り外して，その森林区での猟をしばらくのあいだ禁止する。このような禁猟制度は土地の言葉で「セリ・カイタフ」（seli kaitahu）と呼ばれている。その後しばらくして動物が増えてきたら，禁制を解いて罠猟を再開する。このように，区分された1つひとつのカイタフは，解禁と禁猟が適用される地区単位をなし，猟場として循環的に利用されている。

　シカやイノシシを捕獲するために用いられている罠は，約2mの竹槍（tapi）が水平方向に飛び出す槍罠「フス・パナ」である[5]。一方，樹上性の有袋類であるクスクスを仕留めるための「ソヘ」は，ロタンで作られた輪罠である。クスクスは採餌のために夜，枝を伝って樹から樹へと移動する。クスクスの通り道は「シラニ」（silani）と呼ばれるが，ソヘはそのシラニに設置される。ソヘはループ状の2つのロタンからなるが，クスクスがその輪のなかに首を入れ，カナトゥケと呼ばれる木の棒に触れた瞬間，輪の一端に結びつけられてぶら下がっていた重しが落ち，クスクスを締めつけるしくみになっている（図9-4）。マヌセラ村周辺には，2種類のクスクスが生息するが，ソヘにかかるクスクスのほとんどがハイイロクスクス（*Phalanger orientalis*）である（写真9-1）。

　ソヘ猟が成功するかどうかは，クスクスが逃げないようにループの大きさや位置を「ほどよく」調節する技能に加えて，クスクスの通り道であるシラニを特定する技能にかかっているといってよい。山地民はクスクスの食痕，糞，クスクスの小便の匂い，そして樹幹部の枝や葉の形状などを手がかりに，シラニがどの辺りにあるかを見きわめる。

　クスクスは，アタウ（*Eugenia* sp.）やマサパ（*Eugenia* sp.）などの実，ハイスニ（学名不明），アライナ（学名不明）の若葉など，多種多様な植物の実や

葉を食べている。また，スパ（*Ficus* sp.）などの樹液を好んで舐める。そのような樹には，クスクスが樹皮を齧ってはがした痕が残っており，樹幹に無数の爪痕がある。また，自然倒木の根に付着している土（maloto tahu）を食べることもある。また，このような樹木やクスクスの糞尿を見つけたら，その辺りの林冠部を注意深く眺め，コケなどが付着していないきれいな枝や，展開方向とは逆向きに「反り返った葉や葉柄の折れた葉」（hopea）がないか探す。そのような枝はふだんクスクスがシラニとして利用している枝である。山地民は木の上に登って，ソヘをその枝に設置することがある。

　あるいは，クスクスが利用している樹木の周辺の木を伐採したり，枝を切り落としたりしてその樹木に接する枝を人為的に1つだけ残す。あるいは，接している周辺樹木をすべて切り倒した後，隣接する樹木と結ぶように木の棒（haluhalu）を取りつける。そして，残された枝や取りつけた木の棒にソヘを設置する。そのほかにも，倒木がつくり出した複数のギャップを結ぶように樹木を伐採したり，小川にそって枝振りの良い樹木を伐採したりして，数10mにわたって樹冠が接することのない帯状のギャップ（uhasani）をつくることもある。その場合，その帯状のギャップにいくつかのシラニとなる枝を残すか木の棒をとりつけて，そこにソヘを設置する。

　村人によると，晴天が続くと枝の表面が乾燥し滑りやすくなるため，クスクスは木の洞のなかで休んでいることが多い。ひとたび雨が降るとクスクスは餌を求めて活発に動きはじめる。また，雨滴で重くなった枝が下がり，それまで接していなかった樹冠が重なり合うため，クスクスの活動範囲も広がる。そのため，しばらく晴天が続いた後に雨が降ると，罠にかかるクスクスが多いのだという。

　村人と森を歩いていると，クスクスが食用に利用する植物種をたくさん知っていることだけではなく，食痕や糞やシラニを見逃さない細やかな観察力をもっていることに驚かされる。特にシラニの特定は，山地民でなければおそらく不可能といってよい技能である。ソヘ猟の実践は，言葉で明示することの困難な身体知も含め，多くの自然知の蓄積に支えられている。

3.2　祖霊と精霊が行き交う森

　セラム島山地民にとって，森はさまざまな霊が住む空間である。たとえば，動物を育て護っている霊的存在として，クスクスには「アワ」（awa），シカとイノシシには「シラ・タナ」（sira tana）と呼ばれる精霊がいる。

9　超自然的存在と「共に生きる」人びとの資源管理

　禁猟区とされた森を「開く」ためには，タバコ，ビンロウジ（覚醒作用があるとされるアレカ属のヤシの実），シリー（コショウ科ツル植物でビンロウジや石灰と共に噛む嗜好品）を供えて，先祖の霊魂「ムトゥアイラ」（mutuaila）を呼び出し，セリ・カイタフ（4.3で後述）を解くことを告げなくてはならない。この解禁儀礼の後，山地民は森に数日間泊り込んで，集中的に罠の設置を行う。村人は誰でも，

写真9-2　シラ・タナ（精霊）へ供物を捧げる（筆者撮影，2004年マヌセラ村）

森のなかにリアキカ（liakika）と呼ばれる，張り出した崖の下の平らな土地に作られた野営場所を持っている。ここは寝泊りのほかに，仕留めた獲物の肉を燻製にする場でもある。

　村人はリアキカのなかの特別な場所に，耳飾り，指輪，ビーズや数珠玉のネックレスなどを供える。区分されたすべてのカイタフにアワとシラ・タナが暮らしていると考えられているが，供えられたモノはそれらの精霊に対する供物だ。山地民にとって，猟で獲物を仕留めることは，「アワやシラ・タナから動物を分けてもらうこと」である。ムトゥアイラは村人が捧げたこれらの供物をアワやシラ・タナのところに持って行く。そして，その見返りとして精霊から動物をもらい，罠を通じてその動物を村人のもとへ届けると信じられている。

　アワやシラ・タナなどの精霊には，「良い霊」と「悪い霊」がいる。「良い霊」は夢のなかに現れ，自分の名前を教えてくれる。猟の成功を祈る時や罠を仕掛ける時にその名を唱えると，猟が成功しやすいと考えられている。

　一方，「悪いアワ」は，クスクスを獲りすぎると，狩猟者を木から落としたり，山刀でけがをさせたりする。また，子供の夜泣きがひどくなるような場合も「悪いアワ」の仕業である。また，シラ・タナのなかには，大型の獲物を与えておいて，見返りがなければ，狩猟者やその子供を病気にさせたり，ときには命までも奪ったりする恐ろしい霊もいる。「悪いシラ・タナ」が潜む森で猟を行う場合，大型の猟果を仕留めたあとは家に戻ってすぐ戸口にシラ・タナへの供物として，織物やビーズでできた首飾りなどの装飾品を捧げる（写真9-2）。それを怠ると，狩猟者の後を追って集落までやってきたシラ・タナが悪さをするかもしれないからである。また，森に入ってきた者を道に迷わすシラ・

タナもいる。かつて人が遭難したことがある森は，道を見失わせるシラ・タナが暮らしていると考えられている。そのため，20 年以上もセリがかけられたまま利用されず，事実上の「サンクチュアリ」（保護区）として機能している森が存在する[6]。

このように，セラム島山地民にとって森は，単に生活の糧である狩猟動物を得る場ではなく，さまざまな霊的存在が潜む文化的，宗教的に意味づけられた空間なのである。

4　森の利用を律する規範

セラム島山地民が共有する「森の利用を律する規範」として重要だと思われるのは，(1) 森の保有に関する社会的取り決め，(2) 森の非排他的利用慣行，そして (3) セリ・カイタフの禁猟制度である。以下，順に見てゆこう。

4.1　森の保有に関する社会的取り決め

マルク諸島中央部および東南部では村（negeri）が慣習的に占有してきた土地（領地）をペトゥアナン（petuanan）と呼ぶ[7]。村の成人男性を対象に行ったグループ・インタビューとマッピングによると，マヌセラ村のペトゥアナンには 257 ヵ所の森が存在した（図 9-5）[8]。細かく区分されたそれぞれのカイタフには，その土地の植生や歴史を踏まえた名前がつけられている。

それぞれの森には，その森が帰属すると観念される個人や集団，「カイタフ・クア」（kaitahu kua）が存在する。本稿では，「カイタフ・クア」を森の「保有者」，カイタフ・クアが森に対してもっている諸権利を「保有権」[9]と呼んで話を進めてゆこう。

中央セラムの山地部では，すべての森に特定の保有者が存在しており，無主地は存在しない。森を含めた土地の保有権は男性に帰属し，父系を通じて相続される。後述するように，非保有者が「他者の森」で猟を行うことがしばしばあるが，その場合，猟を行う者はかならず保有者に許可を得る。無断で他者の森で猟を行うことは「よその家のかまどの火を勝手に取る（＝人妻を寝取る）」のと同じ行為だとして，厳しい非難の対象になる。男子は父親に連れられて森に狩猟に行くようになると，隣接する森の境界の位置を教え込まれる。他人が保有する森で罠猟を行う場合も，境界がどこに位置しているかを保有者とともに森を歩きながら教えてもらう。森の境界に関する正しい知識をもつことが猟

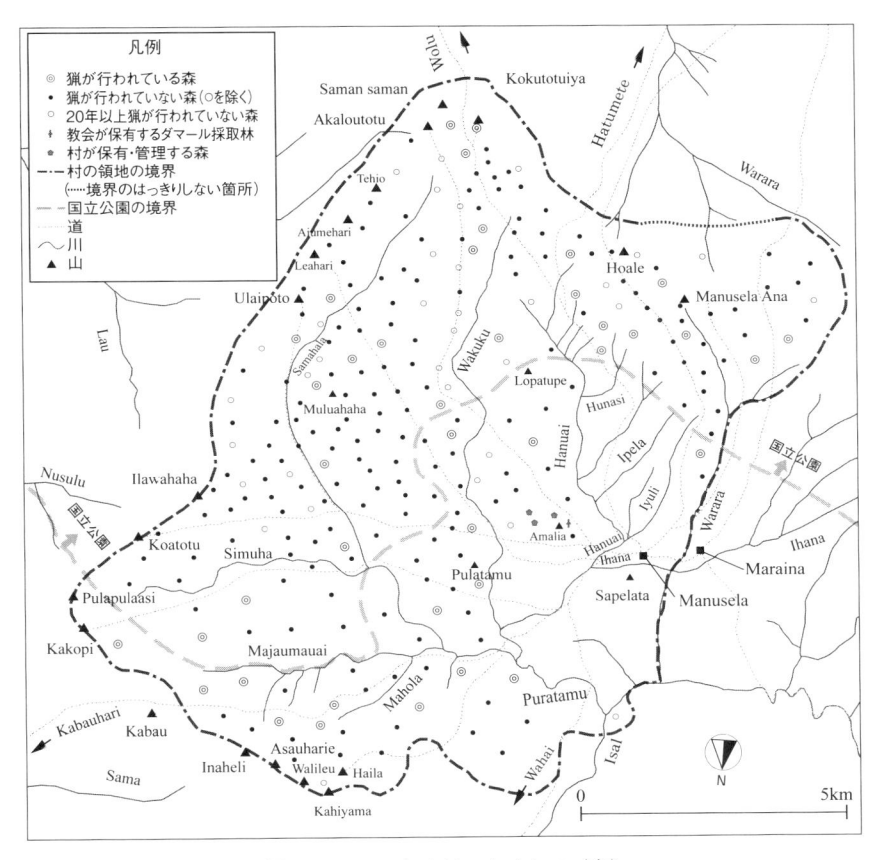

9　超自然的存在と「共に生きる」人びとの資源管理

図9-5　マヌセラ村のカイタフ（森）

（資料）筆者の聞き取り調査より作成（2003年7月）
（注）地図（Schetskaart van Ceram Blad VIII, Topographische Inrichting, Batavia, 1921）をもとに山や川の位置を書き記した大きな紙を用意し，村人たちに細かく区分された森のおよその位置を記入してもらった。ただし，村にあるすべての森を網羅していない

の前提とされている。

　森は保有者の規模に基づいて，複数の父系出自集団，ソア（soa）の共有林（ロフノ共有林）[10]，単独のソアの共有（ソア共有林），近縁の親族関係などで結ばれた2世帯から8世帯が共有する森（複数世帯共有林），そして，世帯（個人）が保有する森（世帯林）に区分できる。調査で確認できた257ヵ所の森を見ると，保有形態に関する認識で村人のあいだに齟齬のあった5ヵ所の森を除けば，ロフノ共有林が8ヵ所（3％），ソア共有林が48ヵ所（19％），複数

139

世帯共有林が 133 ヵ所（52％），世帯林が 63 ヵ所（24％）となっており，保有者集団の規模に違いがあるとはいえ，いくつかの世帯によって共有されている森が大部分を占める(11)。

　森の保有形態は，時の経過とともに，「私有化」と「共有化」の 2 つの方向に揺れ動いているといってよい。たとえば，世帯林は，その保有者に複数の男子がいれば，次世代にはそれら男キョウダイの複数世帯共有林となる。また，複数世帯共有林も，「森の保有の歴史」（相続・移転の来歴）についての知識が何らかの理由で失われたりすることで，ソア共有林になる場合もある。これらはいわば「共有化」への流れである。

　逆に，特定の人物が特定のソア共有林を慣例的に長期にわたって利用し，さらにその森の保有関係に関する正しい知識をもった人が他出や死去によっていなくなることで，そのソア共有林が世帯林や複数世帯共有林へと変化したり，共同保有者が森を分割相続させることで複数世帯共有林が世帯林へと変化したことがあったと考えられる。また，結婚相手となる男性が森を保有していない時は，妻方の親族からその女性に無償で森が提供されたり，老後の面倒を見てくれた謝礼として森が譲渡されたことがあった(12)。さらに，他人の妻と婚外性交渉をした男性，あるいはその父親・親族から，妻の夫に科料として森が提供されることもあった（表 9–1）。そのような場合，共同保有者間の話し合いを通じて複数世帯が共有する森が譲渡されることもある。これは「私有化」への流れである。このように，森の保有形態は通時的に見ればさまざまに変化している。

　老衰や病気になって死期が近づいてきたと感じたとき，あるいは他所へ移住する時に，森を誰に相続させるか，あるいは移譲するかについての言いつけ「イティナウ」（itinau）を残す。これによって，先述のように森を分割相続させたり，特定の者に移譲したりすることもある。特定のイティナウが残されていない場合は，それらの森は先代の保有者の男系の子孫（息子がいなければ男キョウダイの息子）に継承されることが当然だと考えられている。このような父系相続に加えて，売買，謝礼としての贈与，そして科料としての支払いなどを通じた権利の移転も，森に対する権利発生の契機となっている。その際，森の保有者は，自分が保有する森の相続・移転の来歴や，その森の精霊や「最初の保有者」とされる祖先の名を，保有者に正しく伝えなくてはならない。

　森の保有権の正当性の根拠に位置づけられるのは，森の相続の来歴，先代の保有者と現在の村人との系譜関係，販売・贈与・科料の支払いなどによる森の

9 超自然的存在と「共に生きる」人びととの資源管理

表9-1 カイタフ（森）のカテゴリーと数

フォーク・カテゴリー	保有権の相続・移譲の経緯	数
カイタフ・ムトゥアニ （Kaitahu Mutuani）	ずっと昔の祖先の代より，父系を通じて相続されてきた森	180
カイタフ・ナフナフイ （Kitahu Nahu Nahui）	何らかの支援を受けた者が，その支援に対する謝礼として無償で提供した森の総称。ソア間の紛争を調停したことに対する謝礼として提供されたり，老後の面倒を見てくれた御礼に提供されることがある	22
カイタフ・カトゥペウ （Kaitahu Katupeu）	森でけがをした者，あるいは死亡した者を村まで運んだ者（けが人・死者とは別のソアの成員）に対し，けが人・死者の親族から謝礼として提供された森。Katupeu は「背骨」の意。けが人・死者を運んだ者が背骨を痛めたことへの謝礼に提供される	4
カイタフ・ヘリア （Kaitahu Helia）	婚資の返礼として贈られた森。結婚する際，夫方の親族は妻方の親族に中国製やオランダ製の大型の古皿（matan）や食器，腰巻布などを婚資（hihinani helia）として贈る。その後，多くの婚資をもらった見返りに，妻方の親族からその夫，もしくは夫方の親族に森が提供されることがある	10
カイタフ・フヌヌイ （Kaitahu Fununui）	娘あるいは女のキョウダイが結婚したとき，その父あるいは男のキョウダイから，女性に対して無償で提供された森。通常，その森を利用するのは女性の夫，もしくはその息子や娘婿だが，あくまでも保有権はその女性に属する。女性が離婚すると，その森に対する前夫の優先的利用権は消滅する	7
カイタフ・トフトフ （Kaitahu Tohu tohu）	中国製やオランダ製の大型の古皿（matan）や織物（makahau），あるいはお金により購入された森	21
カイタフ・アラシハタ ／レラ （Kaitahu Alasihata/Rela）	他人の妻と婚外性交渉をした男性，あるいはその父親・親族から，妻の夫に科料として提供または没収された森	5
カイタフ・トゥカル （Kaitahu Tukar）	地理的状況などを理由として，2つの保有者（保有集団）間で森の保有権を交換した森	2
認識に齟齬のあった森	複数の村人のあいだで保有権の相続・継承・移転の歴史に関する認識に齟齬のあった森	5
不　明	聞き取りによって確認できなかった森	1
計		257

（資料）筆者の聞き取り調査より作成（2003 年 7 月）

権利の移転の経緯，先代の保有者が残したイティナウの内容など「森の保有の歴史」に関する正しい知識である。それぞれの森には，その「森の保有の歴史」について語ることが妥当だと社会的に認められた人物がいる。そのような人は保有者集団の最年長者である場合が多いが，必ずしもそうではない。また，保有者ではなくても，森の権利を相続すべき者がまだ幼いなどの理由により，一時的に管理を任された者がその役目を担うこともある。いずれにしても，語る資格があると認められた者以外は，「森の保有の歴史」について口にするこ

とを強く忌避する。それは少しでも「間違ったこと」を話すと，ムトゥアイラのもつ力によって死期が早められると考えられているからである。

4.2 非保有者に対して「ゆるやかに」開かれた森

マヌセラ村では，森の保有者とその森の利用者（狩猟を行う者）が一致しないことがよくある。保有権をもたない森でも，保有者（集団）に許可を得れば，猟を行うことが認められているからである。他者から森を利用したいと求められた場合，「セリ・カイタフ（一定期間猟を禁止する禁制）がかけられたばかりで，動物がまだ増えていない」といった理由がない限り，保有者はそのような要求を断ることができない。保有者が森に対して有している権利は，他者からの制約を受けうる相対的な権利なのである。

共有林（複数世帯共有林，ソア共有林，ロフノ共有林）の共有集団には，その「森の保有の歴史」を熟知し，それについて語る権利をもつと見なされるとともに，その森の利用状況を把握し，その森を誰に利用させるかについての調整を行うことが期待される「管理者」(maka saka) がいる。共有集団の年長者が「管理者」と見なされていることが多いが，必ずしもそうとは限らない。またある森の「管理者」と見なされる人は 1 人とは限らないし，数年で変わることもある。いずれにしても，利用しようとする「他者の森」（本人が保有権をもたない森）が共有林である場合，その「管理者」に猟を行うことの許可をとる必要がある。

調査を行った 2003 年 7 月の時点において，森で罠猟を行っていたのは，村を構成する 59 世帯中 41 世帯（69％）であり[13]，そのうちの 14 世帯（34％）が「他者の森」で猟を行っていた（表 9-2）。さらにそれらの世帯の半数は，単独で猟を行っており，残りの半数は保有者と共同で猟を行っていた。そのうち，共同猟を行っていた者の多くは保有者から猟に誘われた者であった。しかし，単独で猟を行っていた者たちは，すべて自ら保有者に会いに行き，その森で猟を行うことの許可を取りつけていた。彼らの多くは，「自分の森」（自分が属する共有集団の森も含む）をあまり持っておらず，過去の森林利用歴を聞いてみても「他者の森」を利用しつづけていた。

「他者の森」を利用していた 14 世帯のうち 3 世帯は，森の保有者とのあいだに親族関係をたどることが困難か，親族関係があったとしても遠縁の世帯だったが，11 世帯（79％）はその森の保有者との「親族指数」（親等数と婚姻結合数の和）（Kimura 1992: 20）が 5 以下であり，血縁もしくは婚姻関係で結ばれ

9 超自然的存在と「共に生きる」人びとの資源管理

表9-2 カイタフの利用形態別世帯数と割合

森		利用形態	世帯数(%)
「自分の森」のみを利用		複数世帯共有林のみを利用	10
		ソア共有林のみを利用	7
		世帯林のみを利用	6
		複数世帯共有林と世帯林を利用	1
		ロフノ共有林とソア共有林を利用	1
		ソア共有林と複数世帯共有林を利用	1
	小 計		26(59)
「他者の森」のみを利用		世帯林のみを利用	5
		複数世帯共有林のみを利用	4
		ソア共有林のみを利用	3
	小 計		12(27)
「自分の森」と「他者の森」の両方を利用		「自分の森」である複数世帯共有林と他者のソア共有林を利用	1
		「自分の森」であるソア共有林と他者の世帯林を利用	1
	小 計		2(5)
計			40(100)

(資料) 筆者の聞き取り調査より作成(悉皆調査,2003年7月)
(注) 調査時点で村の全世帯59世帯のうち,罠猟を行っていたのは41世帯。257ヵ所の森のうち40ヵ所が利用されていた。そのうちの13ヵ所では複数世帯が共同で罠猟を実施

た親族の森を利用していた。彼らの多く(14世帯中9世帯)は,母の男キョウダイ,妻の男キョウダイ,あるいは妻の女キョウダイの夫が属するソアなど,女性を介した系譜関係で結ばれた個人や集団の森を利用していた(14)。彼らは,セリ・カイタフをかけたばかりだったり,すでに誰かが利用していたりして,自分(あるいは自分が属する共有集団)の森を利用できない場合に,母や妻の系譜関係をたどって森へのアクセスを確保していたのである。

このように,マヌセラ村の森は保有者から「弱いアクセス・コントロール」——「断り」を入れなくてはならないという程度の統制——を受けながらも,非保有者に開かれた存在だといえる。しかし,理念上はともかく,実態として森はすべての人に開かれているわけではない。「他者の森」を利用する人びとは,親しい友人でない限り,遠縁の者から森の利用許可をとることには遠慮やためらいがあり,結果として血縁・婚姻関係で結ばれた比較的近縁の親族が保有している森を利用する場合が多い。したがって,原則として,森は保有者を中心とした血縁・婚姻ネットワークに「ゆるやかに」開かれている,といった

ほうがよいだろう。

4.3　セリ・カイタフ：狩猟を一定期間禁止する禁制
4.3.1　禁猟の儀礼

　先述の通り，猟を続けるなかで罠に獲物がかからなくなると，村人はその森に「セリ・カイタフ」と呼ばれる禁制をかける。「セリ」は土地の言葉で特定資源・地域の利用を一定期間禁止すること（あるいはその状態）を表す言葉として用いられている。一方，「カイタフ」は先述の通り，「猟場として観念されている原生林・老齢二次林」である。「セリ・カイタフ」（以下，セリ）は森におけるあらゆる狩猟を一定期間禁止する禁制を意味している。山地民はセリの意味として「減ってしまったクスクス，シカ，イノシシなどを増やすため」であると語る。

　セリをかけるには，まずその森に仕掛けてあったすべての罠を取り外さなくてはならない。そして，森のなかに，「セリ・アム・ホルホル」（seli amu holuholu）と呼ばれる「標（しるし）」を立てる。これにはさまざまな形があり，2本の木を交差させて地面に突き刺したもの，1本の木を地面に直立するように打ち立てただけもの，あるいは，打ち立てた木に切り込みを入れ，そこにロタンの若葉や木の葉を挟み込んだものなど，ソアや個人によって異なる。いずれにしても，セリ・アム・ホルホルはムトゥアイラ（祖霊）や精霊のための「標」であり，ムトゥアイラや精霊を招き，そこへ一時的に宿らせる媒体，すなわち「依代（よりしろ）」である（写真9–3）。「依代」はイラレセ（学名不明）など腐りにくい木で作られる。数年後，禁制を解くときここでムトゥアイラや精霊にお祈りをあげなくてはならないため，「依代」は丈夫でなければならないのである。

　セリ・アム・ホルホルを立てた後，その根元には，ムトゥアイラへの供物として，タバコ，ビンロウジ，そしてシリーが供えられる（後2者を供えない者もいるが，タバコは必ず供えられる）。その後，万物の創造主としてのカミ（Lahatala），その森を最初に保有していたとされる祖先，マカ・カエ・カイタフ（maka kae kaitahu），ムトゥアイラ，そしてシラ・タナやアワなどの精霊の名を唱える。そして，土地の言葉で，その森にセリをかけることを告げ，この森で猟を行う者に獲物を与えないように祈るとともに，猟を行うためにこの森に入った者に対して何らかの災厄（pilitalua）を与えるよう祈る。その後，この森に面する山道の辺に，切り口が斜めになるように数本の細い木を山刀で切っておく。これはその森にセリがかけられていることを示す標識である。

9　超自然的存在と「共に生きる」人びとの資源管理

セリをかける者（maka kohoi seli）は，多くの場合，その森の「管理者」である。しかし，共有集団のメンバーが交互に共有林を利用しているような場合は，森で猟を行った者がセリの禁猟儀礼を行っている事例も見られる。この儀礼のなかでセリの実施者は，知っている範囲でこの森を保有・継承してきた数世代前までのムトゥアイラの名を唱える。

セリのかけられた森は，クスクスなどの狩猟動物が増えてくるまでの数年間，一切の狩猟が禁じられる。セリがかけられた森は，その森の保有者を含めて誰も利用できない。それに違反した者は，木から落ちたり，山刀でけがをしたり，イノシシに襲われたり，ある

写真9-3　セリ・アム・ホルホルを立てる（筆者撮影，2004年マヌセラ村）

いは病気になるなどの災厄に見舞われると強く信じられている。

数年後，セリのかけられた森で再び罠猟をする場合，まず森に入り，クスクスの食痕・糞やシカ・イノシシの食痕・足跡などから，動物が増えているかどうかを確認する。増えていると判断されれば，「依代」にタバコなどの供物を供えてムトゥアイラや精霊にお祈りをあげ，セリを解く。そして森での猟を再開する。調査時点では，257ヵ所の森のうち，「セリのかけられていた森」は203ヵ所（79％）に上っていた。一方，利用されている森の数は40ヵ所（16％）であった（表9-3）。

4.3.2　禁制を支える「超自然的制裁メカニズム」

マヌセラ村ではセリの違反の「問題」が人の手によって解決されることはほ

表9-3　セリの実施状況

保有形態	ロフノ共有林	ソア共有林	複数世帯共有林	世帯林	齟齬のあった森(注)	計(％)
セリがかけられている森	7	32	111	48	5	203(79)
利用されている森	1	12	13	14	0	40(16)
利用されていないが，セリもかけられていない森	0	3	0	0	0	3(1)
不明	0	1	9	1	0	11(4)
全森林区画数	8	48	133	63	5	257(100)

（資料）筆者の聞き取り調査より作成（2003年7月）
（注）複数の村人のあいだで保有に関する認識に齟齬のあった森

とんどない。なぜなら，人びとの森林利用を監視し，セリに違反した者に制裁を加えるのは人間ではなく，ムトゥアイラや精霊といった超自然的存在だからである。すでに述べたように，マヌセラ村には「セリに違反すると何らかの災厄がもたらされる」という，セリがもつ超自然的な力への強い信仰がある。そのような信仰を支え，またそのような信仰に支えられた語りとして，次のようなものがある。

　　エカノ（Ekano）村出身のA・Lは，マヌセラ村の女性と結婚し，マヌセラ村の妻の兄Z・Aの家で暮らしていた。1986年のある日，A・LはZ・Aとともに，アマヌクアニ・スサタウン（Z・Aが属するサブ・クラン）の共有林，アカロウトゥ（Akalou totu）の森で木登りクスクス猟を行っていた。猟を終えて集落に戻る途中，彼らはマヌクアニ・スサタウンの共有林であるアイモト（Aimoto）の森に入り，木登り猟を行った。なお，この森には，セリがかけられていた。木の洞に潜むクスクスを見つけたA・Lは，その木を根元から伐採した。しかし，その木についていた蔓が隣の木に巻きついていたため，伐採と同時に隣の木も倒れてしまった。A・Lはその木の下敷きになって死亡した。猟を行うことをあらかじめセリをかけた人に告げ，セリを解いておけば，あのような事故は起こらなかったかもしれない[15]。A・Lの死は，セリのかけられた森で猟を行ったことに対する，ムトゥアイラや精霊が与えた罰（ake ake）である[16]。

「セリの違反」とその後に続く「違反者の不運な死」が関連づけられたこのような語りは，「違反すると災厄が降りかかる」ことを説明するためにしばしば言及される「物語」[17]である。これは，「違反」と「死」という2つの出来事が結びつけられて説明・理解されると同時に，関連づけられた2つの出来事が，セリの超自然的力の存在根拠として提示される「相互反照的」な「物語」である[18]。

マヌセラ村では，セリ・カイタフの違反はそう頻繁に起きるものではないが，ビンロウジ，ココヤシ，サゴヤシなどを対象にした禁制「サシ」についてはしばしば違反が起きており[19]，私が村に滞在しているあいだも，「サシのかけられたビンロウジを噛みながら竹を採取していたら，稈の切り口にぶつけて唇を切った」とか「サシのかけられたココナツを採取し，それを割ろうとしたら，山刀で指を切った」といった「物語」を聞かされた。暮らしのなかで時に語ら

9 超自然的存在と「共に生きる」人びとの資源管理

れるこのような相互反照的な「物語」は，日々，慣習的資源利用規則を支える超自然的な力に強いリアリティを提供しつづけていると思われる。

おわりに——「人と自然」のかかわりに介在する超自然的存在への視点

セラム島山地民が実践する森（狩猟資源）の民俗的管理のひとつの大きな特徴は，人間ではなく，ムトゥアイラや精霊などの超自然的存在が，資源利用者の行動を監視し違反者に制裁を与える役割を果たしている，という点にあった（図9-6）。死者霊や精霊と共に生きる山地民のこのような超自然観を非合理・非科学的といって批判することはたやすい。しかし，超自然的な存在や力を信じ，それと真剣にかかわ

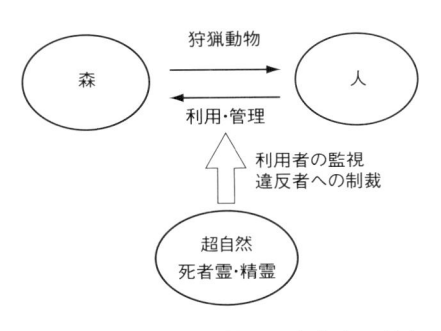

図9-6　森林利用・管理に介在する超自然的存在

って生きている人びとがいる以上，それを「虚構」といって片づけてしまうわけにはいかない。本稿で描いてきたように，ムトゥアイラや精霊は，彼らにとってはまぎれもないリアリティであり，資源利用を律する規範が作動する場で，実際に強い影響力を発揮してきたのである。したがって，資源管理をめぐる議論においても，「人」と「自然」のかかわりに介在する「超自然」的存在への視点が必要となってくる。

近年のコモンズ論では，管理制度の進化や順応といった動態の理解に高い関心が払われているが（Stern et al. 2002: 469），そのような関心に引きつけて問題設定をするならば，人びとの自然観・超自然観，あるいはそれを共有する社会の同質性がどのようなプロセスで変化し，それに人びとがどのように対応し，民俗的管理のあり方にどのような影響を及ぼしたかといったことも，資源管理をめぐる議論において重要なテーマになりうるであろう。

いずれにしても，超自然観に支えられた民俗的管理を「やがて消えゆくもの」として軽視すべきではないし，また逆に，「下からの資源管理」として無批判に賞揚すべきでもない。重要なのは，地域の人びとが生きている，超自然的な力や意味を包み込んだ「総体としての生活世界」にできるだけ踏み込み，「人」・「自然」・「超自然」の3者関係を把握しながら，地域の人びとの自然・

資源の民俗的管理の実相に迫ることであろう。

　資源管理施策は，多くの場合，中央集権的かつ画一的な規制を課すことに終始してきた。このような「上から，外から」の手法は，「人が自然を管理できる」ことを前提とした「人間中心主義」を自明のものとして，地域の人びとの多様な「人」—「超自然」—「自然」関係に介入し，これを断ち切ろうとしてきたという点で問題があったのではないだろうか。

　「人」・「自然」・「超自然」の 3 者関係を把握しながら，地域の人びとの民俗的な自然・資源管理の実相に迫ることは，中央集権的・画一的資源管理施策を，より地域の人びとの世界観や価値観を踏まえたものに変えてゆくために必要な作業である。またこのような作業は，「人間中心主義」的な考え方を脱構築してゆくためにも，重要な意味をもつであろう。

注
(1)「コモンプール資源」(common pool resources) は，ほかの潜在的利用可能者を排除することが技術的に困難であり，かつ利用がほかの潜在的利用者の福利を一部差し引く控除性を伴う資源である (Berkes, Feeny, McCay & Acheson 1989: 91-93)。
(2) 日本の人類学者でこのような議論を活発に展開してきたのは，秋道 (1995a) であろう。しかし，秋道自身が指摘するように，彼が提起した「カミの問題」は，「社会学や経済学的なコモンズ論では等閑視されてきた」(秋道 2004: 218)。秋道は，『コモンズの人類学』のなかで，「神聖性のなかのコモンズ」として再びこのテーマを取り上げ，「カミや神聖性をコモンズ論のなかで語る可能性とその意義」を主張している (秋道 2004: 218-220)。
(3) フィールド調査は 2003 年 2 月～07 年 2 月にかけて断続的に計 7 回実施した。村での滞在期間はのべ約 14 ヵ月である。本稿のもととなる一次資料は，筆者が現地語 (sou upa) を混ぜながらインドネシア語を用いて行った聞き取りや参与観察に基づく。
(4) 2003 年 5 月～04 年 3 月，4 回に分けて，のべ 89 日間にわたり，17～19 世帯を対象に，猟果に関する調査を行った。この期間に捕獲されたクスクスの 71％，シカの 50％，そしてイノシシの 82％は罠で仕留められたものだった。
(5) 同様の「槍罠」はカリマンタンでも見られる。罠の構造については安間 (1997: 161) を参照。
(6) マヌセラ村のペトゥアナンのなかには 257 ヵ所の森が存在しているが，そのうち 20 年以上，まったく利用されていない森は 34 ヵ所に上った (そのう

9 超自然的存在と「共に生きる」人びとの資源管理

ち3ヵ所は50年以上利用されていなかった）。これらの森は，立ち入りがタブーとされたり，よそに移住した保有者が村の誰かにその森の管理を任せなかったために放置された森であった。

(7) 村の境界をめぐって隣村とのあいだに争いが起きるなど，現在，「村の土地」といった領域概念は確かに存在しているが，境界を村人が意識するようになるのはそれほど昔のことではないかもしれない。村の古老によると，かつてこの地域では，近縁の複数世帯がまとまって高床式大家屋に共住していた。このような大家屋は，森のなかに点在していた。複数の大家屋は，血縁や婚姻関係でゆるやかに結びついていたであろうが，今日のようなひとつの村としてのまとまりはなかった。しかし，その後，オランダ植民地官吏が到来し，森に散らばって暮らす人びとを集め，1つの村を創るよう求めた。そのため，人びとは1890年頃にケセイラトゥ（Keseilatu）と呼ばれる場所に現在の村の母体となる集落を新しく創った。それ以前は，大家屋に共住する人びとの領地は存在しても，「村の土地」といった観念は存在していなかったと思われる。

(8) マヌセラ村のペトゥアナンのなかには，マライナ村（隣村）の村人が保有する森が存在する。この森はおそらく，婚姻に伴って森の権利が譲渡されたものである。このように他村の村人が保有する森はここではカウントしていない。

(9)「所有権」は，「特定の物を排他的に支配し，使用・収益および処分の機能を有する権利」といった意味で用いられることがある。村では森は（山地民同士の）「売買」の対象となっているので，森に対する諸権利には処分権が含まれると見てよい。しかし，ここで「所有権」という用語を用いないのは，後述するように，森に対する権利が何者にも妨げられない権利ではないからである。本稿では近代法における絶対的・排他的権利であるところの「所有権」と区別し，他者からの制約を受ける相対的権利という意味を込めて，それを「保有権」と呼ぶことにする。「保有権」という用語をあてたのは，独占的・排他的支配権の典型であるローマ法型の「土地所有権」に対して，「規制」や「計画」に拘束されたゲルマン法型の土地支配が，「土地保有権」と呼ばれてきたことを踏まえている（篠塚 1974: 6-8）。

(10) ソアを異にする複数の人びとが共有する森は，「カイタフ・ロフノ」（Kaitahu Lohuno）と呼ばれている。このカテゴリーにはソアAに属する甲とソアBに属する乙の2人だけで共有される森も含まれるが，ここではそのような森は複数世帯共有林とし，複数のソアの「全成員」が共有する森のみを「ロフノ共有林」とした。複数ソアの全成員が共有する森である「ロフノ共有林」の来歴には，次のことが考えられる。

149

マヌセラ村には 11 のソアが存在しているが，それらは域外から移住あるいは婚入してきた 3 つのソアとこの地域の先住者である 8 つのソアからなる。後者はリリハタ・ポトアとリリハタ・ラケアの 2 つの出自集団を起源にもつと考えられている。村にはかつてリリハタ・ラケアに属していたとされる 7 つのソアが共有するロフノ共有林があるが，これはソアが細かく分岐してゆく過程で分割されなかった森であると考えられる。また，かつてソアを異にする人びとが中国製やオランダ製の大型の古皿（matan）や織物（makahau）などを出し合って森を購入することがあったが，そのような森のなかには，購入者と現在の村人との系譜関係がわからなくなった結果，ロフノ共有林になったものもある。

(11) 共有林のなかには共同保有者が交代で利用している森も少なくない。数年間禁猟区にして再び森を解禁するとき，「前回は甲が罠猟を行ったので今回は乙が行う」といった具合に，数年の禁猟区を挟んで保有者集団の成員が順番に森を利用している。

(12) このように女性に森が譲渡されることがあるが，次の世代にはその女性の息子がその森を相続するものと考えられている。

(13) 森に罠を仕掛けていないものの，畑の周辺や畑に向かう道のほとりなどにイノシシ用の罠を仕掛けている村人がいる。この罠はフス・パナとまったく同じ構造の槍罠だが，ロフロフ（lofu-lofu）と呼ばれ，森に仕掛けられる罠と区別されている。ここで示しているのは，森（カイタフ）に罠を仕掛けて猟を行っている世帯の数である。

(14) この傾向は，18 世帯を対象に行った過去の森林利用履歴に関する聞き取りでも認められた。過去 10 年間に「他者の森」を 2 度以上利用したことのある世帯は 4 世帯で，そのいずれもが妻の男キョウダイや母方叔父の子孫など，女性を介した系譜関係で結ばれた親族の保有する森で猟を行っていた。

(15) 木登り猟を行うために，猟を行う数日間だけ一時的にセリを解く，ということはしばしば行われている。

(16) 村長ヨタム氏（63 歳）およびアイモトにセリをかけていたアンドリアス氏（50 歳）への聞き取り（2004 年 1 月）の要約。

(17) ここでいう「物語」とは「ある行為者が，ある行為をすることによって，世界にどのようなできごとが生じたかを時間の経緯に沿って記述したものであり，それによって語り手と聞き手に，できごととできごと（行為とできごと）のあいだの因果関係を了解させるもの」（竹沢 1999: 63）を意味している。

(18) 「物語」に見られるこのような「観念と出来事の経緯の相互反照性」については浜本（1989: 41-43）を参照。

(19) 特定資源の利用を一定期間禁止する「サシ」は，土地の言葉でアナホハ

（anahoha）とも呼ばれる（笹岡 2001b）。特定資源を対象にしたサシは占有標を設置するだけの簡単な方法で実施される場合もあるが，近年では，教会で行われる日曜の礼拝のなかで採取禁止を人びとに告知する，ビンロウジ，ココヤシ，サゴヤシなどを対象にした「教会のサシ」（sasi gereja）も増えてきている。

参考文献

秋道智彌 1995a『なわばりの文化史——海・山・川の資源と民俗社会』小学館．
秋道智彌 1995b『海洋民族学——海のナチュラリストたち』東京大学出版会．
秋道智彌 2004『コモンズの人類学——文化・歴史・生態』人文書院．
Berkes, Fikret, Feeny, David, McCay, Bonnie J. & Acheson, James M., 1989, "The Benefits of the Commons", *Nature* 340: 91-93.
浜本満 1989「フィールドにおいて『わからない』ということ」『季刊人類学』20(3): 34-51.
池上良正 1999「癒される死者　癒す死者—民俗・民衆宗教の視角から」新谷尚紀編『死後の環境——他界への準備と墓』講座人間と環境 9，昭和堂，80-98.
Kimura, D., 1992, "Daily Activities and Social Association of the Bongando in Central Zaire," *African Study Monographs* 13(1): 1-31.
三俣学・室田武 2005「環境資源の入会利用・管理に関する日英比較—共同的な環境保全に関する民際研究に向けて」『国立歴史民俗博物館研究報告』第 123 集: 253-322.
大塚柳太郎 1993「パプアニューギニア人の適応におけるサゴヤシの意義」『Sago Palm』1: 20-24.
Ohtsuka, R. & Suzuki, T.（eds.）, 1990, *Population Ecology of Human Survival: Bioecological Studies of the Gidra in Papua New Guinea*, Tokyo: University of Tokyo Press.
笹岡正俊 2001a「セラム島のクスクス猟」尾本恵一・浜下武志・村井吉敬・家島彦一編『ウォーレシアという世界』海のアジア 4，岩波書店，101-125.
笹岡正俊 2001b「コモンズとしてのサシ」井上真・宮内泰介編『コモンズの社会学』新曜社，165-188.
笹岡正俊 2006「サゴヤシを保有することの意味—セラム島高地のサゴ食民のモノグラフ」『東南アジア研究』44(2):105-144.
笹岡正俊 2007「『サゴ基盤型根栽農耕』と森林景観のかかわり—インドネシア東部セラム島 Manusela 村の事例」『Sago Palm』15: 16-28.
笹岡正俊 2008「僻地熱帯山村における『救荒収入源』としての野生動物の役割—インドネシア東部セラム島の商業的オウム猟の事例」『アジア・アフリカ

地域研究』7(2): 158-190.

篠原徹 1996「自然観の民俗」佐野賢治・中込睦子・谷口貢・古家信平編『現代民俗学入門』吉川弘文館, 30-40.

篠塚昭次 1974『土地所有権と現代――歴史からの展望』日本放送出版協会.

Stern, P.C., Dietz, T., Dolsak, N., Ostrom, E., & Stonich, S., 2002, "Knowledge and Questions After 15 Years of Research," in: E. Ostrom et al. (eds.), *The Drama of the Commons: Committee of the Human Dimensions of Global Change*, Washington, D.C.: National Academy Press, 445-489.

竹沢尚一郎 1999「物語世界と自然環境」鈴木正宗編『大地と神々の共生』昭和堂, 59-83.

安間繁樹 1997「狩猟具」京都大学東南アジア研究センター編『事典東南アジア――風土・生態・環境』弘文堂, 160-161.

付記

　本稿は 2008 年に東京大学大学院農学生命科学研究科に提出した博士論文「ウォーレシア・セラム島における野生動物利用・管理の民族誌―『住民主体型保全』論に向けて」の一部である。また，本稿のもととなるデータは，日本学術振興会海外特別研究員（平成 14 年度採用）としてインドネシア科学院社会文化研究センター（PMB-LIPI）に派遣されていた期間に収集したものである。博士論文の審査をしていただいた井上真教授（主査，東京大学），永田信教授（東京大学），林良博教授（東京大学），秋道智彌教授（総合地球環境学研究所），村井吉敬教授（早稲田大学），PMB-LIPI 派遣中のカウンターパートである Mr. I. P. G. Antariksa，研究のためのさまざまな便宜を図っていただいた関係諸機関，そして筆者を受け入れ，調査に協力してくださったマヌセラ村の方々に改めて感謝の意を表します。

10 ローカル・コモンズと地域発展
――ソロモン諸島における資源利用の動態から

田中　求

1 ソロモン諸島の慣習とローカル・コモンズ

1.1 ビチェ村の暮らしと慣習

ビチェ（Biche）村は，マロヴォ（Marovo）ラグーンの東南端に位置するガトカエ（Gatokae）島にある。村には約140人が暮らしており，焼畑や漁労，採集，木彫り細工作りなどを行っている。（図10-1，写真10-1）

朝6時，教会の鐘が鳴る。寝ぼけ眼の男の子が窓からオシッコをしている。ほんとうは男性用のトイレは村の南の浜辺，女性は北の浜辺と決められており，村人は好み（波の寄せ具合や岩の有無など）のポイントを利用している。飲み水を汲む淵では洗顔が禁じられているが，寝よだれのあとがくっきりとついた顔を洗っている村人を見かけることもある。

村の男女が同席する場での下ネタ，男性の前を女性が横切ることも，すべきではないとされている。病気になるので考え事をしすぎてはいけない，という研究者としては困ってしまうようなものもある。村の暮らしのなかでは実にいろいろな決まりごと（慣習）があるのだ。

面と向かって人を非難するのは良くないこととされているから，慣習を破ってもその場で怒られることはまずない。せいぜい笑われるくらいである。しかしながら，当人がいない場所で，その慣習破りが話題になることは多い。それを聞いて初めてそんな慣習があることに気づくこともある。また慣習を破るのはよくないことであるが，他村の人に見聞きされなければよいとか，未婚者であれば大目に見られることもある。村での慣習は，なるべくそうするべきだとみんなが認識しているという程度であって，何らかの罰則を伴うようなものは稀である。あいまいな寛容さのもとに，慣習が維持されてきたといえよう[1]。

慣習は，村人たちが自然や他者とかかわりあうなかで形成してきたものであり，それまで経験したことがないような開発が村にやってくると，さてどうす

ればみんなから正しいと認識してもらえるのか，またどう対処することが正しいと主張するべきなのか，村人は試行錯誤を始める。そして，徐々に慣習が再構築されていくのである（写真10-2）。

1.2 ソロモン諸島における開発と慣習

ソロモン諸島では，国土面積の89％を占める森林（FAO 2003: 135）と，カツオなどの水産資源に恵まれた海が，国内外の企業による天然林を中心とする大規模伐採（以下，商業伐採）や外国資本による大規模漁業などの開発の対象となってきた(2)。

国土の87％は，各地域の親族集団の共同所有権が認められてきた土地である（Statistics Office 1995）。ソロモン諸島の地域社会の人びとは，多様な資源を共同所有しているが，そうした人びとのつながりと自給的な生業を基盤にしつつさまざまな開発を導入し（関根 2001），あらたな慣習を形成してきた。商業伐採などの大規模開発の際には，契約をめぐる争いや土地の権利をめぐる紛争などが生じつつも親族集団の権利は堅持され，むしろ親族集団がこれらの開発の導入主体のひとつとなってきた歴史をもっている（田中 2004a）。

ソロモン諸島は，法的にも実質的にも自らの生活基盤となっている自然資源に対する慣習的な共同所有権が認められている数少ない国の1つである。さらには各地域の人びとが主体となって，資源利用と開発の導入による地域発展を模索しつづけてきた場所でもあるのである。

1.3 ソロモン諸島の慣習とローカル・コモンズ

井上真（2001: 11-13）は，自然資源に関するコモンズを「自然資源の共同管理制度，および共同管理の対象である資源そのもの」と定義し，地域社会レベルで成立するコモンズをローカル・コモンズとしている。ソロモン諸島の地域社会で形成されてきた慣習およびその対象となる自然資源は，まさしくローカル・コモンズそのものである。しかしながら，地域社会における資源は自然資源のみではない。地域社会に暮らす人びと自身もまた重要な資源である。

ソロモン諸島では，集団で自然資源を共同利用するなかで，人びとの相互扶助が日常的に行われている。収穫の共同作業や子育ての助け合いのような労働力のやりとりのみでなく，自然資源の利用知識や技術提供のように，各自が得意分野を活かして助け合うような活動がこれにあたる。

諸富徹（2003: 59-66）は，「信頼」や「互恵性」に基づいて形成されるネッ

10 ローカル・コモンズと地域発展

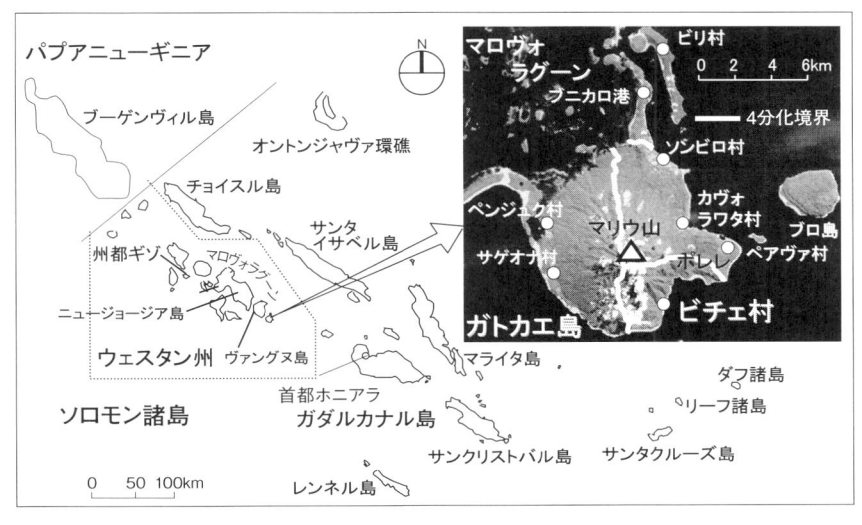

図10-1 ソロモン諸島およびガトカエ島周辺
(資料) ランドサット衛星画像より筆者作成
(注) 4分化境界とは，ガトカエ島を4分する境界。1992年に設けられた

写真10-1 ビチェ村の居住域
豊かな海，森に囲まれている
(筆者撮影，2004年ソロモン諸島ガトカエ島)

写真10-2 ビチェ村の子供たち
年長者の真似をしつつ，笑われ怒られながら慣習を身につけていく。何も考えていないようにみえるが頭の中にはいろいろな慣習が詰まっている (同左)

155

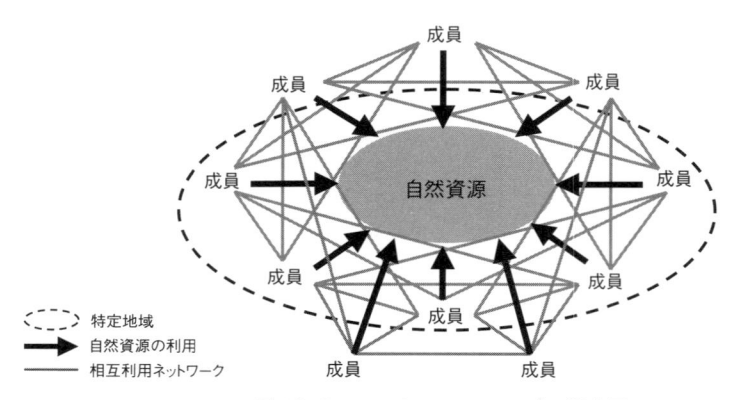

図 10-2　ローカル・コモンズの概念図
（注）特定地域とは，自然資源を基盤として形成された集落や村レベルの地理的な広がりを指す

トワークの厚み（社会関係資本（social capital））が，単なる経済発展ではなく「幸福」や「共同体」などの諸要素を育むことを示唆している。ソロモン諸島では，自然資源を生活基盤として共同利用するなかで，労働力や技術，知識を相互に提供し合い「信頼」を共有する仲間（成員）のネットワークが核となって，多様な地域発展を模索してきた。このようなネットワークを本章では「相互利用ネットワーク」と定義する。

相互利用ネットワークは，自然資源とともに地域社会の生活を支え，また「地域」という地理的な枠を越えた資源でもある。自然資源は，渡り鳥や回遊魚などのように広範囲を移動するものを除き，ある程度地理的に固定されているのに対し，相互利用ネットワークは，自然資源のある特定地域の地理的な枠を越えて形成されることもある。

本章では，ローカル・コモンズを「地域社会の基盤である自然資源と，それを共同利用する人びとが形成する相互利用ネットワーク，およびこれらの利用制度」と定義する（図10-2）。ここでいう利用制度とは，地域社会の人びとが暗黙の了解としている共通認識やあいまいな規範を含むしくみを意味する。

ソロモン諸島の人びとは，ローカル・コモンズを基盤にしてさまざまな資源を自給し，また何らかの収入を得ていく生活を高く評価している。村人は，これを「（ローカル・コモンズに）働きかければ食べていける暮らし」と表現する。地域社会に形成されたローカル・コモンズは，村人が働きかければ何らかの見返りをもたらしてくれる重要な生活の柱なのである。

それに対し，何をするにもお金が必要であり，また働いてお金を稼ごうにも仕事自体が少ない都市部での暮らしは，良くないものと評価される。都市部で働く公務員や会社員であっても，いずれ村に戻りローカル・コモンズを基盤にした生活を送ることを計画している者が多い。ローカル・コモンズに働きかけて食べていく暮らしを良しとする価値観が変わらない限り，ソロモン諸島の地域発展は，ローカル・コモンズを基盤にして進んでいくことになる。

ガトカエ島ビチェ村は，波が荒く着船の困難な外洋に面しており，市場へのアクセスが悪いことを嘆く村人がよくある。市場に近く現金収入を得やすい地域に出て行く人もいれば，逆に村に帰ってくる人もいる。宮内泰介（2001）は，ソロモン諸島のローカル・コモンズが，村人にとって生活の安定をもたらすストックとしての意味をもつことを指摘している。言い換えれば，ビチェ村の人びとは，多くの収入を得たいという欲求をもちつつも村に留まり，ローカル・コモンズというストックを日常生活の基盤にして，地域発展を模索してきたのである。

2　ローカル・コモンズの動態

2.1　ビチェ村の資源の利用権

ココヤシ林の浜辺，サツマイモやタロイモ，バナナなどが植えられた焼畑，燃材や建築用材になる樹木が繁る森林，そして豊かな海が，村人の生活を支えるおもな自然資源である。ガトカエ島には，マテンゲレ（Mategele）という親族集団（以下，M集団）に属する人びと約1,400人が暮らしており，ビチェ村はM集団の統率者（当地の言語マロヴォ語でバンガラ bangara）を輩出してきた。バンガラは，ガトカエ島と周辺無人島の自然資源を管理する代表所有者である。

マロヴォ語には資源の「利用権」を直接的に意味する言葉はない。しかしながら，どうしたら資源を利用できる者としてみなに認識されるか，という慣習を把握していくと，利用権（のようなもの）は2つに分かれていることがわかった。「成員利用権」と「優先利用権」である。

野生の動植物の多くは，M集団の成員であれば誰でも利用できると認識されている。本章では，何らかの集団の成員として生まれる，養子になる，もしくは成員と結婚することで認められる資源の利用権を「成員利用権」と呼ぶことにする。

また，居住域から徒歩で 20 分ほどの位置にあるタンバカ（Tabaka）という緩傾斜地が焼畑用地とされており，森林を伐開した村人とその家族が優先的に利用することができる。このように資源に何らかの「働きかけ」を行うことで認められる優先的な利用権を「優先利用権」と呼ぶことにする。重要な食用資源であるココヤシやカナリウムナッツ（*Canarium* spp.）などについても，これらを半栽培(3)している村人に優先利用権が認められていた。

　重要なのは，特定の村人が優先利用権をもつ自然資源であったとしても，それは他者の利用を拒むことには結びつかないことが多いということだ。たとえば多くのカナリウムナッツの優先利用権をもっている村人は，他者のナッツ採集を拒むどころか，採集を促すことすらある。このような行動には，他者からの嫉妬や，ケチだと評価されることを避けると同時に，気前の良い人だと思われたいという村人の考え方が表れている(4)。

　焼畑の作物については，栽培者がほぼ独占的に収穫しているものの，調理されたものが頻繁に周りの家族にふるまわれており，実質的には共同利用されているともいえる。ご飯時には家々を行き交い，「酸っぱいスープを持ってきたよ」とか「骨が喉に刺さる小魚でごめんね」と謙遜しつつも，うれしそうに料理を渡し合う村人をよく見かける。

　以下では，成員利用権と優先利用権という 2 つの共同利用権を中心に，1915 年のキリスト教徒化以降のビチェ村のローカル・コモンズの動態を説明していこう。

2.2　1915～50 年代：ガトカエ島の 4 分化と無償での資源の共同利用の維持

　ビチェ村の M 集団は，18 世紀半ばに他島からの首狩り襲撃を受けて生き残った村人 2 人を祖としている(5)。19 世紀に入り勢力を盛り返した M 集団は，他島への首狩り遠征を繰り返す部族として知られるようになった。1900 年頃にはガダルカナル島の教会関係者の首を狩った報復として，軍艦による攻撃を受け，ビチェ村は焼き払われた。

　ビチェ村の村人たちは 1915 年にキリスト教安息日再臨派（Seventh-day Adventist）の信者となった。キリスト教徒化以前，村人は精霊を崇拝していた。精霊を通じて敵の襲撃を予知し，また精霊の使いであるサメとともに首狩り遠征に向かっていたのである。これに対して安息日再臨派は，首狩りの慣習を禁止し，イセエビなどの甲殻類や貝類，ブタ肉などの食用を禁じたほか，土曜日を安息日とし，信者に収入や収穫物の教会への寄進を課した。村人たちはとき

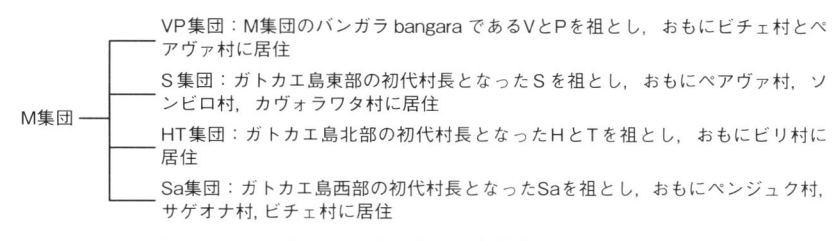

```
           ┌── VP集団：M集団のバンガラ bangara であるVとPを祖とし，おもにビチェ村とペ
           │    アヴァ村に居住
           ├── S集団：ガトカエ島東部の初代村長となったSを祖とし，おもにペアヴァ村，ソ
           │    ンビロ村，カヴォラワタ村に居住
M集団 ──────┤
           ├── HT集団：ガトカエ島北部の初代村長となったHとTを祖とし，おもにビリ村に
           │    居住
           └── Sa集団：ガトカエ島西部の初代村長となったSaを祖とし，おもにペンジュク村，
                サゲオナ村，ビチェ村に居住
```

図10-3　M集団に属する主要な親族集団
（資料）筆者の聞き取り調査より作成
（注）婚姻によりM集団内の複数の親族集団に属する村人もいる

に食禁忌を破り，寄進をさぼりながらもキリスト教徒として生活することとなった。

　1915年以降，布教団は島内資源を利用して教会建設を始めた。しかしながら，頻繁にビチェ村に出向きバンガラに資源利用許可を求めねばならず，その手間を省くために布教団は，1922年にバンガラと話し合い，ガトカエ島を4分化して，新たに4人の村長をおくことを決めた。当時のバンガラであったVとPは，ガトカエ島およびブロ（Bulo）島などの無人島とこれらの周辺海域の自然資源の代表所有者として村長らを統率しながらも，おもにはビチェ村と周辺無人島の資源を管理する村長として行動することとなったのである。VとPの子孫およびその配偶者で形成された親族集団（以下，VP集団と略す）は，おもにビチェ村とペアヴァ村に居住している（図10-3）。19世紀末以降，現在まですべてのバンガラは，VP集団の中から選出されている。

　ガトカエ島を4分する境界（図10-1参照。以下，4分化境界）が設けられた後も，ガトカエ島と周辺海域の資源の利用は，M集団全体に認められていた。1940年代にはココヤシの胚乳を乾燥させたコプラが収入源になりはじめたが，ビチェ村内にココヤシを植えたM集団の成員は，VP集団でなくても優先利用権が認められた。

　また1950年代まで，ビチェ村には調理小屋が1ヵ所しかなく，みなで収穫したものを持ち寄って一緒に調理や食事をしていた。ココヤシやカナリウムナッツの採集には，他村に暮らすM集団の成員も集まり共同で行われたほか，漁労や焼畑での共同作業も日常的に行われていた。村人相互のかかわりは密であり，みなで働き収穫を分かち合うことで暮らしが成り立っていた。ビチェ村住民，VP集団，M集団にまたがる無償の相互利用ネットワークが形成されていたのである（図10-4）。

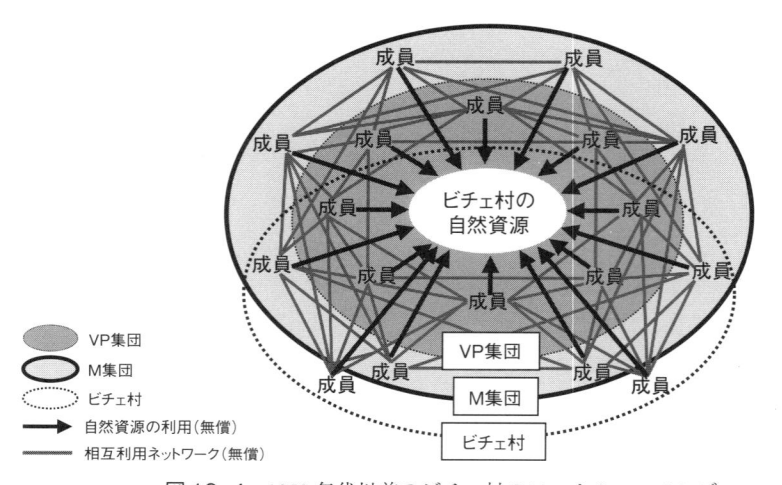

図10-4 1950年代以前のビチェ村のローカル・コモンズ
（注）当時のビチェ村居住者の一部は非M集団であった。VP集団の一部はペアヴェ村などにも居住していた

凡例：
- VP集団
- M集団
- ビチェ村
- 自然資源の利用（無償）
- 相互利用ネットワーク（無償）

　1950年代までのビチェ村では，4分化境界の設定後においても，野生の動植物および相互利用ネットワークの成員利用権が，他村にまたがるM集団全体に認められていた。優先利用権の対象であったのは栽培植物と焼畑用地および，ココヤシやカナリウムナッツなど半栽培植物の一部のみであった。

2.3　1960年代：旅客船の来島と人口の増加に伴う新たな優先利用権の主張

　1960年代に入ると，外国人旅行者を乗せた旅客船が年に数回来島するようになり，村人は木彫り細工を土産物として販売しはじめた。木彫り細工には，コクタンが重用された。旅客船の来島以降，VP集団ではない他村居住者は，ビチェ村内でのコクタン採集に際しバンガラの許しを得るべきと認識されるようになった。

　また，1960年代半ばにVP集団の女性と結婚した他島出身のWが，カヌー用材となるグメリナ（*Gmelina moluccana*）に印をつけて，優先利用権を主張しはじめた。当初，Wの行動は嘲笑されたが，Wが印をつけつづけることに危機感をもった村人たちもWに倣いはじめた。VP集団であれば，ビチェ村内のグメリナは印づけなどの半栽培活動を行うことで，優先利用権を主張できるようになったのである。

　1960年に33人だったビチェ村の人口は，出生数の増加と帰村者によって

1970年には61人にまで増加した（図10-5）。新たに10数戸の家が建てられ，調理小屋や食事小屋も各家に併設されるようになった。その結果，運搬が容易な居住域周辺ではカロフィルム（*Calophyllum* spp.）などの建築用樹木が少なくなってきた。

建築用樹木に印をつけるような村人はいなかったものの，焼畑内の建築用樹木の優先利用権を主張する者が出はじめた。焼畑では，栽培もしくは半栽培している植物についてのみ，栽培者に優先利用権が認められていた。しかしながら，建築用樹木の伐採によって，作物が傷つく可能

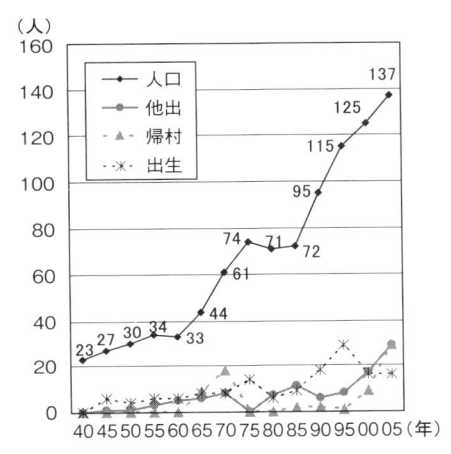

図10-5　ビチェ村の人口動態
（資料）筆者の聞き取り調査より作成
（注）細かい人口動態は他出，帰村，出生を参照

性があるとの理由から，焼畑内の野生の建築用樹木の優先利用権は，作物の栽培者にあると主張されるようになったのである[6]。

2.4　1970年代：カカオ栽培の導入による森林の区画分けと優先利用権の付与

1970年代末には，農業局の指導によりカカオ栽培が始められた。栽培用地とされたのは，ポレレという大木の多い森林であった。ビチェ村のVP集団は8グループに分けられ，各グループに栽培区画が分配された。分配された各区画の優先利用権をもつグループの成員たちは，自らの区画内において各自の裁量で焼畑やカカオ栽培を行うことが認められた。従来の焼畑用地タンバカでは，森林の伐開という「働きかけ」を行ったM集団の成員に優先利用権が認められていた。しかしながらポレレでは，ビチェ村に暮らすVP集団であれば資源への働きかけを行うことなく，優先利用権の認められた区画の分配を受けることができたのである。

1979年には9世帯がカカオ栽培を始めていた。カカオ栽培と同時に焼畑も行われた。カカオおよびタロイモなどの焼畑の作物の育ちもよかったが，政府によるカカオの買い取りが円滑に行われなかったこと，運搬の困難さが壁となり，カカオは子供たちのおやつにしかならなかった。

さらに，カカオに病虫害が出はじめたことから，ポレレでのカカオ栽培は衰

退し，栽培区画は商業伐採が始まる 1990 年代半ばまで放棄されることとなった。しかしながら，カカオ栽培の試行によって，資源への働きかけをせずに優先利用権が認められるという慣習が残ることになったのである。

2.5　1980 年代：大規模漁船団の操業による村全体での相互扶助の衰退

　大洋漁業（現，マルハ）と政府との合弁企業ソロモンタイヨー社は，1970 年代から操業を始め，ガトカエ島周辺でもカツオの 1 本釣り漁を行っていた。一方，ビチェ村の人びともワルサ・マカシ（valusa makasi）と呼ばれる 1 本釣り漁（以下，ワルサ漁と略す）でカツオを獲っていた。ワルサ漁に用いるおもな道具は，竹竿，ツル植物で作った釣り糸，そしてシンジュガイを磨いて作った身に，鼈甲製の釣り針をつけたガイリ（ghaili）と呼ばれる疑似餌である（写真 10-3）。美しいガイリには多くのカツオが食いつくと信じられており，ガイリ作りの名人は村人の尊敬を集めた。

　カツオの群れに集まる鳥山を見つけた村人は「フゥーフー」と呼び声を上げる。呼び声を聞いた村人たちは浜辺に駆けつけ，カヌー 3～4 艇で出漁し，競い合って鳥山を目ざす。1 艇に 2～4 人の漕ぎ手，1 人もしくは 2 人が釣り手としてカヌーに乗り込む。パドルが水面を打つ音でカツオが逃げてしまうため，静かにかつ力強く漕ぐコツが必要であったという。釣り手は竿の先を船尾に向けて置き，魚にもって行かれないように竿と足首を結びつける。カツオがかかった際には，足を支点にして竿を持ち上げ一気に水中から引き抜く。

　カヌーにはホラガイが積み込まれ，10 匹釣れるごとに吹き鳴らされた。ホラガイの響きが届くと歓声が上がり，村は興奮に包まれたという。漁が終わると浜辺の大木の下にカツオが並べられ，分配が行われた。カツオは，ワルサ漁に参加しなかった者を含む村人全員に均等に分けられたほか，たまたま村を訪れた他村居住者にも気前よくふるまわれた。

　ソロモンタイヨー社の漁船の操業以降，カツオの警戒心が強くなったと気づいた村人たちは，ワルサ漁の主要漁場であった居住域近くの外洋に，漁船や船外機つきボートがカツオ漁目的で入ることを禁じるようになった。さらに，魚群の逃げるスピードが速くなると追いつくのが難しくなり，カツオを獲れずに村に戻るカヌーが多くなった。こうして 1980 年代半ばにワルサ漁は終焉を迎えた。

　ワルサ漁を語る村人の言葉には，みなで漁に出て収穫を気前よく分け合うことの喜びがあふれていた。ワルサ漁の終焉は，村全体での共同労働・分配慣習

の象徴の崩壊でもあった[7]。

1960年代以降，人口の増加に伴い調理・食事場所が分散し，村全体での共同調理・食事は行われなくなった。かつては日を決めて村人総出で行っていたカナリウムナッツ採集も，1980年代には数家族が共同で行う程度になった。1980年代末には，価格の低迷によりコプラの販売量が減少し，村全体でのココヤシ採集は行われなくなり，村全体での作業としては，教会建設や村の清掃作

写真10-3 ワルサ漁のガイリ（擬似餌）
シンジュガイと鼈甲で作られた。現在ではガイリを見ても何に使うのか知らない子供も多い（筆者撮影，2005年ビチェ村）

業などが残るのみとなった。1960年代から1980年代にかけて村人全体での共同作業は限定的になり，複数の個人もしくは家族間での共同作業に縮小したのである。

2.6 1990年代前半：旅客船と外国漁船の来島による資源利用規制の強化

1992年頃から，旅客船や外国漁船が頻繁にガトカエ島を訪問するようになり，木彫り細工や魚，イセエビなどの買い取りが活発化することとなった。

自然資源の豊かなブロ島とその周辺海域は，VP集団から選出されたバンガラが代表所有者として管理するものの，M集団全体に成員利用権が認められてきた。しかしながら，カヴォラワタ村の人びとがブロ島でのコクタン採集やイセエビ漁を活発化させると，ビチェ村に居住するVP集団の人びとはこれを問題視するようになった。とくにコクタンの減少は大きな問題として認識された。カヴォラワタ村の人びとの多くは，VP集団ではない。VP集団の人びとは，ブロ島および周辺海域の自然資源は，VP集団のみに成員利用権があると主張し，コクタン採集の禁止およびイセエビ漁の有償化をカヴォラワタ村に通告した。

コクタンとイセエビは，おもに販売目的で利用される資源であった。自家消費目的の利用も多い魚については，VP集団に許しを請えばカヴォラワタ村の人びとも無償で漁を行えるとされた。販売目的での資源利用に，より厳しい規制がかけられることとなったのである。

2.7 1990年代後半：商業伐採の導入に伴う多様な利用権の主張の衝突

1996年以降，バンガラは伐採企業の求めに応じて，ブロ島やポレレでの商業伐採契約を結んだ。商業伐採は2000年に終了したが，それまでにビチェ村住民15人が伐採労働などに雇用された（田中2002）。これは村内で初めての雇用労働であった。

商業伐採の主要対象となったカロフィルムは，村人にとって最も重要な建築用樹木であり，その枯渇を危惧したバンガラは，1997年頃にポレレでの伐採を禁じた。しかしながら，出来高制で伐採労働に雇用された村人の現金獲得欲を抑えるには至らず，カロフィルムは伐採されつづけた（田中2004b）。伐採労働に従事した村人たちは，各自の属するグループが優先利用権をもつカカオ栽培区画を中心に伐採を進め，カロフィルムは激減することとなった。

1970年代末のカカオ栽培試行時に，各区画をもつグループに認められたのは，カカオ栽培もしくは焼畑のための優先利用権にすぎず，区画内の野生植物は，M集団に成員利用権が認められた共同利用資源であった。バンガラによる伐採禁止命令は，一部の村人によって共同利用資源が枯渇化することを防ぐ目的ももっていたのである。

しかしながら，伐採労働に従事した村人たちは，区画内のカロフィルムは成員利用権の対象であり，また跡地を焼畑として優先的に利用するためという「建前」（言い分）で伐採を続けた。それに対して，同じグループに属する村人が伐採しないよう，カロフィルムに印をつけて優先利用権を主張する者もいた。建築用樹木をめぐり，利用権の主張の衝突と混乱が生じることになったのである。

商業伐採は，ガトカエ島内の各地で行われた。ビチェ村の人びとは，ポレレでの商業伐採時には，4分化境界を強調してVP集団のみで伐採権料を独占する一方で，カヴォラワタ村などで行われた商業伐採については，バンガラがガトカエ島および周辺資源の代表所有者であることを強調し，バンガラとなれる唯一の親族集団であるVP集団にも伐採権料を分配させていた。

また商業伐採後，ソンビロ村などでは建築用樹木の枯渇が深刻化していた。ビチェ村住民のなかには，VP集団ではない他村居住者が建築用樹木を伐採する場合，それが自家消費目的の利用であっても有償にすべきだと主張する者も出はじめた。商業伐採によって建築用樹木が収入源に変わるなかで，建築用樹木に対してさまざまな利用権の主張がなされるようになったのである。

10　ローカル・コモンズと地域発展

2.8　2001〜03年：製材販売の試行における資源の利用権の再構築

　2001年には，村人による小規模伐採と製材，都市部での製材品の販売（以下，製材販売と略す）が始まった。製材販売では，ココヤシ林内の建築用樹木が伐採対象となった。ココヤシ林内の野生植物は，M集団の成員利用権の対象とされていた。ところが，製材販売利益を独占したいココヤシの優先利用権保有者たちは，ココヤシ林内の全植物の優先利用権を主張した。

　製材販売に関する集会では，ココヤシ林内の野生植物はM集団の成員利用権の対象であることが強調された。商業伐採の導入後，カカオ栽培区画やココヤシ林のような特定区画内の野生植物が，成員利用権と優先利用権，どちらの対象となるのかという揺らぎが生じたものの，M集団の成員利用権が再確認されることとなったのである。

　また商業伐採後，村内に残存する建築用樹木を守るために，非VP集団の利用を有償化しようとした動きは，村人全体に認識されることはなく，M集団であれば村内の建築用樹木の自家消費目的での利用は認められることとなった。

　製材販売は2003年以降，中断することとなった。商業伐採時に雇用労働が行われて以降，村内での活動についても，対価として現金の支払いが求められるようになっていた。村人たちは，製材販売利益の多くが製材機の修理費用などに充てられ，労賃が支払われないことに嫌気がさし，製材作業への参加を拒否するようになったのである（田中 2004b）。

　また2002年以降，相互扶助活動への参加頻度の低い村人が，無償の相互利用ネットワークから排除されるという変化も生じはじめた。ほとんど相互扶助活動に参加しないにもかかわらず，家屋建築の手伝いを依頼しつづけるWを嫌う村人らは，早朝から焼畑や漁に出かけ，またWの家の周辺を出歩くのを避けることで，要請を拒む姿勢を示したのである。困ったWは，教会の少年グループに少額を寄付して，家屋建築の手伝いを要請した。

　この事件は，村内の相互利用ネットワークのタダ乗りを戒める目的で生じていた。村内の相互扶助活動をすべて雇用労働化しようとする動きではなく，相互利用ネットワークを維持するためにタダ乗りを規制したのである。相互利用ネットワークは，相互扶助活動への参加という「働きかけ」の程度によって，無償で利用できるかどうかが決まる優先利用権の対象となったといえよう。

　またペアヴァ村では，外国人男性が2000年からロッジの建築・運営のために村人を雇用しはじめた。ペアヴァ村の人びとは，雇用労働に就く一方で焼畑作業の手伝いをビチェ村に依頼した。一方的に手伝いを求めるばかりのペアヴ

ァ村の村人たちに対して，ビチェ村の人びとは農作業グループを作り，その雇用を要求した。ペアヴァ村の人びとによる相互利用ネットワークのタダ乗りを拒んだのである。他村者の人びととのあいだで無償の相互扶助活動が行われなくなったわけではない。ビチェ村の人びとは，相互扶助活動への参加を重視しつつ，無償の相互利用ネットワークを維持する一方で，部分的に有償の雇用労働に切り替えるようになったのである（図10-6）。

2.9 ローカル・コモンズの変容要因とその方向性

ビチェ村のローカル・コモンズの変容は，ビチェ村の内部要因によるものと，外からの影響による外部要因とに分けられる(8)。

内部要因としては，出産や帰村，婚姻による人口・家屋数の増加が挙げられる。これらの要因により，村内部で資源利用の競合性が高まり，M集団に成員利用権が認められていたグメリナおよび焼畑内の建築用樹木が，VP集団のみに優先利用権が認められる資源となった。しかしながら，村人たちが各自の家を建てるために利用し，利用量も利用頻度も限られた自家消費目的では，隣人たちとの競合が変容要因であり，利用規制の強化にはつながらなかった。自家消費目的での資源利用については，4分化境界はあいまいであり，M集団に成員利用権が認められていたものが多かった。また利用権が認められていない者の利用についても寛容であった。

ビチェ村に影響を与えた外部要因としては，キリスト教，旅客船，漁船，農業局，伐採企業などが挙げられる。ポレレでは自らのカカオ栽培区画において働きかけなしで優先利用権が認められるようになり，またコクタンやイセエビが，VP集団以外は利用禁止もしくは有償利用のみが認められるようになった。一部の伐採権料に対するVP集団の独占も行われた。販売目的での資源利用において4分化境界が強調され，VP集団以外の外部者に対して厳しい規制が設定されたのである（表10-1）。

相互利用ネットワークについては，相互扶助活動への参加の程度を重視しながら部分的に有償化してタダ乗りを防ぎつつ，無償でのネットワーク利用を維持していた。外部の影響を受けて自然資源や村人自身（労働力）が収入源となるなかで，ビチェ村の人びとはときに4分化境界を強調し，利用規制の強化と雇用労働化という「壁」を形成する一方で，他村が境界を持ち出して伐採権料を独占しようとすると，それを非難した。村人は利己的なしたたかさを形成してきたのである。

10 ローカル・コモンズと地域発展

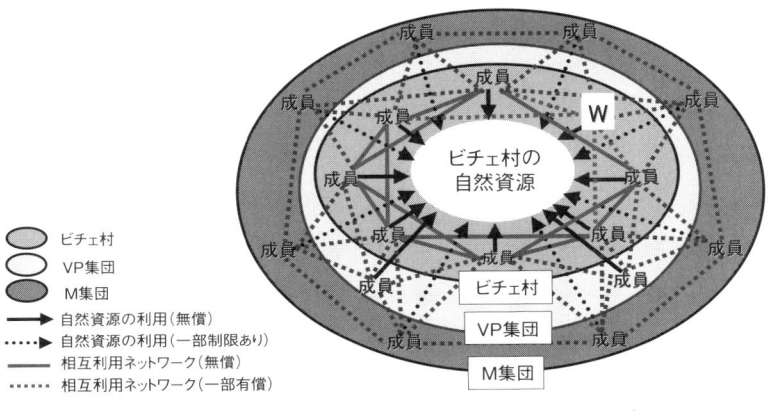

図10-6 2003年のビチェ村のローカル・コモンズ
（注）1960年代以降ビチェ村はVP集団のみが居住する村となった

凡例：
- ビチェ村
- VP集団
- M集団
- → 自然資源の利用（無償）
- ┈▶ 自然資源の利用（一部制限あり）
- ── 相互利用ネットワーク（無償）
- ┈┈ 相互利用ネットワーク（一部有償）

表10-1 ビチェ村の主要資源の利用権の変化

共同利用集団	利用権	1950年代以前	2003年
M集団のみ	成員利用権	野生の動植物 相互利用ネットワーク 半栽培植物の一部 （グメリナ，コクタンなど）	野生の動植物 （魚介類の一部，コクタン以外）
M集団のみ	優先利用権	すべての栽培植物 半栽培植物の一部 （ココヤシ，カナリウムナッツなど） 焼畑用地	すべての栽培植物 半栽培植物の一部 （ココヤシ，カナリウムナッツなど） 焼畑用地（タンバカ）
VP集団のみ	成員利用権	—	*イセエビ，コクタン* 魚
VP集団のみ	優先利用権	—	半栽培植物の一部 （グメリナ，建築用樹木の一部）
ビチェ村の VP集団のみ	優先利用権	—	焼畑用地（ポレレ） *相互利用ネットワーク*

（注）共同利用集団：他集団の許可を得ずに各資源を共同利用している集団　斜字太字：各共同利用集団以外の利用禁止もしくは部分的な有償化などの規制を行っている資源　建築用樹木：焼畑内の野生樹木だが，作物に隣接しているために間接的な優先利用権が認められており，半栽培植物の中に加えた　グメリナ：カヌーに用いられる樹木　コクタン：木彫り細工に重用

　ビチェ村のローカル・コモンズは揺れつづけてきた。ココヤシ林やカカオ栽培区画内の野生植物の優先利用権や，非VP集団に対する建築用樹木利用の有償化の主張のように，慣習として根づくことなく消え去ったものもある。しかしながら，ビチェ村のローカル・コモンズの動態を総括すると，資源の共同利用を基盤にしつつ，自給的利用についてはあいまいで寛容，現金収入にかかわ

る資源利用については，利己的なしたたかさを形成する方向に進みつつあるといえよう。

3 ソロモン諸島におけるローカル・コモンズと地域発展，資源管理

地域発展とは何だろうか。簡単にいえば地域住民の求める「豊かさ」に向かって地域が進んでいくことであり，人びとの描く豊かさは時によって，また場所や人によっても変わる。生活の質の向上や自給的な生活の安定などが豊かさとして捉えられることもあろう。現状の維持という，変化しないことに価値がおかれることもありうる。地域発展とは，完璧な発展というゴールがあるものではなく，さまざまな豊かさに向けての試行錯誤の過程そのものなのではなかろうか。ソロモン諸島のように，自然資源を主要な生活基盤としている地域では，資源管理のあり方の模索は，地域発展において重要な部分を占めることになろう。

井上（2004）は，地域の自然資源へのかかわりの深さに応じて発言権を認められた，多様な関係者による自然資源の「協治」を進めるべきだと論じている。「地域の自然資源にかかわろうとする外部者および，外部者らが対象とする資源とその管理制度」を「外部者の資源管理」と呼ぶこととしよう。ここでいう外部者とは，地域住民にとって相互利用ネットワークの外部に位置してきた者を指す。ビチェ村の事例でいえば，4分化境界を設定した布教団やカカオ栽培を促して区画を設置した農業局，建築用樹木を枯渇化させた伐採企業などが挙げられる。

「外部者の資源管理」が対象とする資源やその管理制度は，ローカル・コモンズのそれと完全に重なり合うわけではない。資源にかかわる目的も対象とする資源も，外部者によって異なることが多いと想定すべきであろう[9]。

地域発展においては，各地域が互いに発展を阻害せず，また資源の地域差を埋めるように助け合いながら，相互に発展していくことが理想的な姿のひとつと考えられる。「協治」は，多様な地域や組織に属する人びとが協力して資源管理を行う，という理想に則ったしくみともいえよう。これらを現実離れした理想論だと片づけることもできるが，地域住民の視点に立てば，外部者は資源管理を行うのみでなく地域発展のための基盤として地域住民が利用できる人的資源，という側面をもっている。

ローカル・コモンズと「外部者の資源管理」が部分的に接近し，また乖離し

10 ローカル・コモンズと地域発展

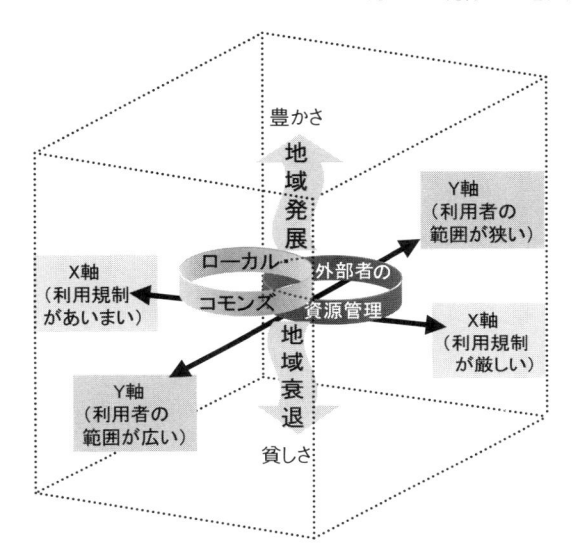

図10-7 ローカル・コモンズと外部者の資源管理を基盤にした地域発展モデル

て資源管理のあり方を探る一方で、ローカル・コモンズとそこにかかわろうとする外部者が基盤になり、地域発展が模索されていくのである。

仮に資源利用規制の厳しさをX軸に、利用成員の広さをY軸としよう（図10-7）。ローカル・コモンズと「外部者の資源管理」は、地域の発展を志向する上向きの力に引き上げられたり、ときには誰もが良くないとわかってもやめられず、あきらめの感情に支配された下向きの力に引っ張られて、動きつづけることになる。この動態の過程こそが地域発展（衰退）なのである[10]。

ビチェ村の人びとも外部者とのかかわりを拒んできたわけではない。ローカル・コモンズの変容の多くは外部者とのかかわりのなかで生じていた。そして自給的利用についてはあいまいで寛容、収入源となる利用については、利己的なしたたかさへ変容してきたのである。それは、「自然資源と相互利用ネットワークの共同利用による自給的生業を柱にしつつ、外部者ともかかわりながら現金収入や技術、情報、物品を獲得する」という豊かさに向けた地域発展を模索する過程であった。

外部者が資源管理にかかわろうとするときには、対象地域の資源への関心をもとに地域の相互利用ネットワーク参加を試み、資源管理（もしくは地域発展）における共通の目標（豊かさ）を探っていくことになるだろう。仮に外部

者が資源利用の持続性を高めるために資源の利用者を限定し，利用規制を強めることを試みた場合，ビチェ村の人びとはどのような反応を示すだろうか。

販売目的での自然資源利用については，ビチェ村のVP集団以外の他村者に厳しい利用規制がかけられた。しかしながら，自家消費目的での利用について，他村者の生活を危うくするような利用規制はなされなかった。マロヴォ語で「わがまま」を意味するvusivusiは，ケチな行動に対する非難として頻繁に用いられている言葉である。ビチェ村の人びとの考え方の根幹には，わがまま（＝ケチ）な行いをせず，他者との資源の共同利用を寛容に認め，気前よくふるまうことを良しとする価値観がある（田中2007）。

利用者を限定し規制を厳しくすれば，資源利用の持続性は高まり，外部者からすれば，よりよい資源管理であると評価することは可能かもしれない。しかしながら，村人たちが過度な規制を嫌い，あいまいな寛容さと気前のよいふるまいを豊かさとして重視するならば，成員の限定や利用規制の厳格化は，地域衰退とも捉えられるのである。資源管理のあり方は，つねに試行錯誤するものであって，それが地域社会の人びとが求める豊かさに向けて引き上げられているとき，その試行錯誤の過程が地域発展の一部となる。

ビチェ村のローカル・コモンズが，外部者とかかわりながらどのように地域発展を模索していくのか，単なる傍観者ではなくひとりのビチェ村の村人として，また外部社会の一研究者として，かかわりつづけていきたいと考えている[11]。

注

(1) 筆者は，2001年1月から2007年12月にかけて計9回，約1年6ヵ月間，村人宅に居候し，資源利用の歴史的動態を聞き取り，また参与観察するなかで，一村人として身につけるべき慣習を把握した。その一部に，資源を共同利用してきた村人たちが，正当（筋が通っている）と見なしてきた共通認識があり，寛容さのほかに，気前のよさや働きかけの重視，相互扶助が挙げられるが，これらの形成とその揺らぎについては，田中（2007）を参照されたい。

(2) ソロモン諸島では，伐採規制が強化されたインドネシアやマレーシアから移動してきた伐採企業が暗躍している。カリマンタン島に本拠地をおくP. T. Sumber Mas Timberグループやマレーシアの Lee Ling Timber社，Kumpulan Emas社などの子会社は，政府閣僚や林業局と癒着し，違法伐採を繰り返している（Bennett 2000: 247, 295, 344）。

(3) 半栽培とは，野生植物の育成環境を整えるものの，野生植物を移植したり，誤って伐られることがないように目印を付けたり，周辺の木を伐ったりするのにとどまるような粗放な活動のことをいう。
(4) 他者を強く嫉妬することは，悪霊に憑依されることに結びつき，他者から強い嫉妬を受けることは，悪霊の攻撃を受けることにつながると信じられている。資源利用と悪霊のかかわりについては，田中（2006a; 2006c; 2007）を参照されたい。
(5) 首狩りは他島などに遠征して行われ，自らの力の誇示および霊力の獲得のため，または食用もしくは養子とする子供の強奪に抵抗する者への殺害手段でもあった。ガトカエ島内においても悪霊に憑依された（と認識された）村人を殺害するための首狩りが行われた。
(6) 焼畑内の野生建築用樹木の優先利用権は，焼畑内の作物について優先利用権をもっているがゆえに主張されたものであり，「間接的優先利用権」とも言い換えることができる。
(7) ワルサ漁終焉後，村全体での共同漁労は，結婚式などで大量の魚が必要な際に，トウツルモドキ（*Flagellaria indica*）のツルを利用した囲い込み漁がまれに行われるのみとなった。
(8) ここでいう内部要因とは，ビチェ村住民自体に起因するもの，もしくは住民による村内での諸活動（他村者との婚姻を含む）が要因となったものを指す。外部要因とは，ビチェ村住民とかかわりのなかった，もしくはほとんどかかわりのなかった外部者（政府や NGO などを含む）が要因となったものを指すこととする。各要因が内部か，もしくは外部に由来するかについて，必ずしも明確に区分できるわけではない。外部者と強いかかわりをもったビチェ村出身者が，ビチェ村に影響を与えることもあり，内部・外部それぞれの要因が複合的にかかわることもある。本稿で述べる内部・外部の区分は，その影響の違いを明らかにするために，暫定的かつおおまかに設定したものである。
(9) ある地域社会の成員のなかで誰が資源を利用できるのかという「成員内正当性」と，外部者がいかにして地域の資源に関与しうるのかという「外部者関与正当性」，また「平等さ」や「持続性」などの「普遍的」な概念による「普遍的な正当性」（田中 2007: 125-126）は，ずれを伴うことが想定される。外部社会と地域社会のかかわりのなかで，このずれに起因する混乱を避け，また収めるために，「普遍的な正当性」の押しつけでも，勝手な「外部者関与正当性」の創出でもなく，「成員内正当性」の把握とその再構築を進めることに，筆者は関心をもっている。
(10) ビチェ村の地域発展モデルにおける具体的な軸および，地域社会を衰退

に向かわせる下向きの力などについては，田中（2006c; 2007）を参照されたい。
(11) 筆者は，豊かな地域社会の姿の探求をライフ・ワークにしたいと考えている。しかしながら，「地域」の発展と「個人」の発展という2つの発展単位の関係性をどのように捉えていくべきか，その答えをまだもっていない。セン（1982＝1989）は各人が多様な選択によって，基本活動を実現していく潜在能力の拡大を，発展の重要な要素としている。しかしながら，個人の潜在能力の拡大と地域社会の発展のかかわりは，大きな課題を残している（佐藤 1997: 16 および鶴見 1997: 522 など）。地域という縛りは個人の自由（潜在能力の拡大を含む）を奪う側面がある。ビチェ村でも自分のためだけに資源を利用し，自家消費したり，収入源とするような自由な活動が，わがまま（ケチ）とされ非難の対象となることがあった。個人と地域，それぞれの発展をどのように達成するかという答えを探る足掛かりとして，2004年12月より，各村人の現金収入を増やしながら，ビチェ村全体の相互扶助を活発化し村のまとまりを取り戻すプロジェクトを試行中である。このプロジェクトについては田中（2006b; 2006c, 2007）を参照されたい。

参考文献

Bennett, Judith A., 2000, *Pacific Forest: A history of Resource Control and Contest in Solomon Islands, c.1800-199*, Cambridge & Leiden: White Horse Press & Brill.

Food and Agriculture Organization of the United Nations, 2003, *State of the World's Forests 2003*, Rome: Food and Agriculture Organization of the United Nations.

井上真 2001「自然資源の共同管理制度としてのコモンズ」井上真・宮内泰介編『コモンズの社会学』新曜社: 1-28.

井上真 2004『コモンズの思想を求めて――カリマンタンの森で考える』岩波書店.

宮内泰介 2001「住民の生活戦略とコモンズ」井上真・宮内泰介編『コモンズの社会学』新曜社: 144-164.

諸富徹 2003『環境』思考のフロンティア，岩波書店.

佐藤仁 1997「開発援助における生活水準の評価―アマルティア・センの方法とその批判」『アジア研究』43巻3号: 1-31.

関根久雄 2001『開発と向き合う人びと――ソロモン諸島における「開発」概念とリーダーシップ』東洋出版.

セン，アマルティア　大庭健・川本隆史抄訳 1989『合理的な愚か者――経済学＝倫理学的探求』勁草書房.

Statistics Office, Ministry of Finance, Solomon Islands Government, 1995, *Solomon*

Islands 1993 Statistical Yearbook, Honiara: Statistics Office, Ministry of Finance, Solomon Islands Government.

田中求 2002「ソロモン諸島における商業伐採の導入と開発観の形成――ウェスタン州マロヴォラグーン，ガトカエ島ビチェ村の事例」『環境社会学研究』8: 120-135.

田中求 2004a「ソロモン諸島における森林政策の展開と課題――商業伐採管理政策における慣習的資源所有制度の位置付けに着目して」『林業経済』57(2)：1-16.

田中求 2004b「商業伐採にともなう森林利用の混乱と再構築」大塚柳太郎編『島の生活世界と開発1　ソロモン諸島――最後の熱帯林』東京大学出版会, 115-145.

田中求 2006a「離島無医村地域における民間医療薬の役割の動態――ソロモン諸島ウェスタン州マロヴォ・ラグーン，ガトカエ島ビチェ村の事例」『エコソフィア』17号：104-120.

田中求 2006b「日本・ビルマ・ソロモン諸島で『豊かさ』を探る」井上真編『躍動するフィールドワーク――研究と実践とつなぐ』世界思想社, 45-62.

田中求 2006c「ローカル・コモンズを基盤とする地域発展の検討――ソロモン諸島ビチェ村における資源利用の正当性を示す noro 概念の揺らぎから」東京大学学位論文.

田中求 2007「資源の共同利用に関する正当性概念がもたらす『豊かさ』の検討――ソロモン諸島ビチェ村における資源利用の動態から」『環境社会学研究』13: 125-142.

鶴見和子 1997『コレクション鶴見和子曼荼羅Ⅰ　基の巻』藤原書店.

付記

　本章は，平成13・14年度日本学術振興会・未来開拓学術研究推進事業『アジアの環境保全』「地域社会に対する開発の影響とその緩和方策に関する研究」と，平成16～18年度特別研究員PDとして行った「ソロモン諸島における慣習的資源利用制度を活用した地域発展の検討」，および平成19年度科学研究費補助金「地域特性に配慮した森林『協治』の構築条件」の学術研究支援員として行った調査研究の成果の一部である．また記述内容は，平成18年度・東京大学学位論文「ローカル・コモンズを基盤とする地域発展の検討――ソロモン諸島ビチェ村における資源利用の正当性を示す noro 概念の揺らぎから」の一部を簡略にしたものである．

第3部

コモンズ論─過去から未来へ

11　コモンズ論における市民社会と風土

三井　昭二

1　コモンズ論の出発点

　コモンズ論が盛んになっている理論的な契機は，ハーディンによって1968年に発表された有名な「コモンズの悲劇」論文である。それは，共有地における放牧が頭数制限なしに個人の便益を最大に考えると，放牧地が荒廃し，私有化に至らざるを得ないとする議論である。
　このような議論に対する反発は根強かったが（メーサー 1992: 94-96），1980年代に入り，東京大学の石田雄の研究室に留学して日本の入会林野の研究をしたことのあるマッキーンや，ブロムリー，オストロムなどによって国際共有資源研究会が結成され，途上国における事例研究が収集されはじめるとともに，コモンズに関する社会組織論的内容を主とする自然資源管理論として，理論的研究も進められてきた（室田・三俣 2004: 136-139）。
　日本における「コモンズ」という言葉の始まりは，経済学者・玉野井芳郎「コモンズとしての海」（1985年）のようである。それは，東京から沖縄へ転じた玉野井が，沖縄の地先の海における共同漁業権や入浜権について論じたものである。そして，入会や共有地という言葉ではなく，「コモンズ」という言葉を選んだ背景には，1980年頃にイリイチと出会ったことが影響しているようである（エントロピー学会編 2001: 265）。
　イリイチは1986年までに日本へ5度来ているが，1983年に発表した「エコ教育学とコモンズ」で，経済学者の語る資源や機会の眠る容器としてや，生物学者の語る住環境としてではなく，土地や生活に根ざした（ヴァナキュラーな）場としての「コモンズのとりもどし」が語られている。そして，「コモンズとは，1つの文化的な空間であり，それはわが家のしきいを越えたところから，人の踏み込まぬ荒れ地までの一帯に広がってい」て，「使い方は，各人によってさまざま」だが，「そのことは慣習によって定められてい」る，という。ただし，「かつてのコモンズを，実際にもう一度つくりだすことが可能である

というつもりは」ない，としている（イリイチ 1999: 90-91）。このようなイリイチの視点は，米国で展開されているコモンズ論とは趣を異にしていて，単なる自然資源管理論ではなく，地域論，風土論的な色彩が濃いものである。玉野井のコモンズ論も，単なる経済学者としての議論からは逸脱して，風土論に迫ろうとするものが感じられる（玉野井 1995）。

日本のコモンズ論が広まる契機となったのは，多辺田政弘の『コモンズの経済学』が単行本として発刊された 1990 年頃からだといえよう。多辺田はそこで，「私」（Private）と「公」（Public）のあいだにある「共」（Commons）について，貨幣部門（「私」と「公」）に対して，「共」が支える「personal な相互扶助的社会関係」と「自然の層のもつ自給力，健全なエコシステムが生み出す富」とが相対的に肥大化することが「健全なエコロジーがささえる経済」である，というシェーマを打ち出した（多辺田 1990: 51-54）。沖縄国際大学で玉野井の後継者となった多辺田の議論は，イリイチ的な風土論を内包しながら，その後の日本におけるコモンズ論に大きな影響を与えてきた。

2　入会林野利用の展開とコモンズ——戦後の入会林野問題の骨子

入会林野が「共」的関係を最も謳歌できたのは，入会林野で薪炭，木材，採草，山菜など多様な資源利用がなされ，利用に入会集団の構成員が「直接参加」し，その調整にムラが大きな役割を果たし，ムラが個々の構成員と重層的に密着して存在していた時代である。コモンズ論的には，「伝統的コモンズ」の時代ということになる。このような関係は，明治以降の近代化のなかで徐々に衰退してきたが，戦後の高度経済成長によってその名残がほぼ一掃され，資源利用の点では育林のモノカルチュアと化した。

その後，1970 年代に外材による支配によって育林経営が傾きはじめる。森林の経済的機能に対して公益的機能が重視されはじめ，森林のレクリエーション的利用が本格化した時代でもあった。1990 年代になると，育林経営は木材価格の下落が止まらず，一方レクリエーション的利用はバブル経済の崩壊で打撃を受けた。

1979 年に筆者は，長野県上高井郡高山村を訪れ，市町村有林の調査をしたことがある。そのとき，村内の大面積を擁する 2 つの部落有林にも訪れた。1 つは山田生産森林組合（1,129ha）であり，もう 1 つは牧区（1,200ha）であった。前者は立木販売で 171 万円，直営林貸付（温泉業者，保養所など）で 157

万円の収入を上げていた。後者は当時の立木販売収入は 800〜1,000 万円で，そのほか温泉権収入などがあり，区の土木費に相当な部分が充てられていた。

また，須坂市に所在する財団法人仁礼会 (1,541ha) は，市役所で聞き取り調査をしたが，スキー場，ゴルフ場，別荘地，ペンションなどの開発が進むことによって，区費は無料で各集落に公会堂を設置し，別会社でホテル経営に乗り出し，造林地を買い増ししていた（林野庁企画課 1980: 197-200）。

2004 年，25 年ぶりにこれらを訪れる機会があった。これらすべてで林業収入がほとんどなくなり，かつては全国的にも有名であった仁礼会はホテルを早稲田大学に無償で譲渡するなど，昔日の面影はなかった。

これらの事例では，現代における森林の多様な利用を模索して，それが育林モノカルチュア化に対して一定程度の歯止めになったと評価できようが，仁礼会のレクリエーション的利用はそれ自体のモノカルチュア化が見られたようにも思える。

このような時代の変遷に対して，笠原六郎はきわめて明快で達観的なシェーマを提示している。近世などの使用価値利用時代は入会利用がふさわしく，林産物の商品化が進んだ交換価値利用時代には法人・個人の個別利用が合理的な所有形態であったが，森林の公益的機能という非市場的価値を利用する時代には「使用，収益，処分権をすべて単一の主体に与えるのではなく，国民や地域住民あるいは特定の森林機能の保全とか発揚を求める人達の主張が反映されるような所有関係」が望ましいとしている。そして，その事例として，北海道知床の 100 平方メートル運動や三重県島ヶ原村（現在の伊賀市）の多面的利用を取り上げている（笠原 1988: 47-51）。

この議論では，イリイチ的な「風土」の香りはあまりしないが，森林関係における市民社会化を前提とする「新しいコモンズ論」の基礎的視点を提示したものといえよう。

3　4つのコモンズ論の検討

3.1　市場経済への対極として：多辺田政弘のコモンズ論

先に日本におけるコモンズ論展開の出発点として位置づけた多辺田政弘は，究極の自給論者であろうか。先に取り上げた「健全なエコロジーがささえる経済」においては，「私」では自給余剰分の商品化のレベル，「公」では地域分権のもとでの地域の自治的財源が，理想的なモデルとされている。そのようなモ

11　コモンズ論における市民社会と風土

デルの背景には，玉野井と同様に，沖縄における地先の海・イノーにおける入会慣行と自給体系がおかれよう。多辺田の問題意識は有機農業や産直から始まり，地域自給論に行き着いている。そのため，現実の動向にも配慮はされていて，「地方分権の動き，地域通貨の試み，街づくりへの独自の取り組みなど，『自治的に』見直す取り組みである」という評価を忘れてはいない（室田・三俣 2004: 225）。

3.2　環境機能の担い手として：宇沢弘文のコモンズ論

宇沢弘文は，経済学において新古典派による「社会資本」に対して，生存権的な意味を加えた「社会的共通資本」を早くから提唱していたが，10年あまり前から社会的共通資本の基礎的な社会組織として「コモンズ」に関する議論を展開している。

宇沢が「コモンズ」に手を染めた経緯についてはわからないが，多辺田は『コモンズの経済学』（1990年）のなかで，宇沢の「社会的共通資本」について，「社会的共通資本の国有化や自治体有化といった方向での管理を構想しがちである」と，批判している（多辺田 1990: 66）。その後，宇沢は編著として『社会的共通資本――コモンズと都市』（1994年）を出版し，ほかの執筆者による「コモンズの経済理論」，「日本の『コモンズ』」，「世界のコモンズ」の章を設けていて，自分の執筆した「社会的共通資本の概念」では，わずかに自然環境とコモンズの関係に言及している（宇沢・茂木編 1994: 18）。ついで，『社会的共通資本』（2000年）のなかでは，コモンズについて展開するとともに，具体的な実践課題として「三里塚農社」構想を提示している（宇沢 2000: 46-92）。

さらに，宇沢が専門委員会の座長を務める長野県総合計画審議会の答申「未来への提言～コモンズからはじまる，信州ルネッサンス革命～」（2004年）において，「市民1人ひとりが主役となり，それぞれの地域や生活の場においてゆたかな社会に必要な『大切なもの』を自分たちの手に取り戻し，守り育んでいくこと」により，「コモンズからはじまる，信州ルネッサンス革命」が可能になる，とされている。

近年の宇沢は，市民社会からの立場を前提として，実践的な局面で慣習的なものを求めて，「コモンズ」にアプローチしようとしている。先の長野県総合計画審議会答申において，「『コモンズ』が管理，維持し，または創り出していく『大切なもの』とは，まさに文化，歴史，伝統的な叡智や技術などをいう」

とされるが,「伝統的なコモンズから連想される閉鎖的,因習的なものでなく,単に過去に戻るものでもない」とされる（長野県総合計画審議会 2004: 17）。風土論の立場から見れば,民俗学などによって究明されてきたように,「因習的」とされてきたものにも訳がある場合もあろう。市民社会が伝統社会からの慣習を学ぼうとするとき,一度,風土を直視してみることの如何が問われているのではなかろうか(1)。

3.3 伝統的コモンズを開く「協治」の概念：井上真のコモンズ論

　井上真は,『焼畑と熱帯林』（1995 年）で,林政学関係では最初に「コモンズ論」を展開した（井上 1995: 136-141）。このなかで,地理的範囲と機能に応じて提示された「ローカル・コモンズ」,「リージョナル・コモンズ」,「グローバル・コモンズ」は,のちに反対意見も含めて,大きな影響力をもった。
　その後,井上はインドネシア・カリマンタン島など途上国を中心とした調査を続けながらコモンズ論を展開してきたが,現在までのところ行き着いたのは,協働を重視したガバナンス(2)としての「協治」（collaborative governance）の思想であった。それは,共同体におけるローカル・コモンズの思想,閉じる傾向と,市民社会における公共性思想,完全な開放との矛盾を止揚するために,開かれた地元主義と（外部からの）かかわり主義からインターナショナリズムを求めるものである。これは,カリマンタン島における井上の実践的活動から,導かれた結論でもある（井上 2004: 126-153）。
　また,井上はコモンズを,「自然資源の共同管理制度,および共同管理の対象である資源そのもの」と,定義している。それに続いて,「この定義にはかなりの奥行きがある。資源の管理だけを議論の対象にしようとしてこのような定義をしたわけではない」と述べている（井上 2004: 50）。欧米のコモンズ論に詳しい井上は,コモンズとは資源そのものであると同時に制度の両方だという点で,欧米の議論に対する自論を提示するとともに,日本のコモンズ論が出発点にもってきた風土論をも意識したうえのことと推測できる。

3.4 「広域コモンズ（ガバナンス）」の考え方：半田良一のコモンズ論

　多辺田,宇沢,井上のコモンズ論を検討したうえで半田良一（2006）は,まず先進国である日本の現状では,伝統的コモンズを「開く」ことよりも,「新しいコモンズ」を構想することが社会的にも政策的にも重要な課題であるとしている。そして,コモンズをイメージするためには地域＝地理的範囲の確定が

必要であるとして，第三の「新しい（開かれた）コモンズ」を提唱している。

それは，「広域コモンズ」「広域ガバナンス」として，中規模河川の流域にあたる，15～20万 ha の面積で，40～50万人の人口を擁し，地域森林計画区に相当する規模が想定されている。そこでは，都市・農山村間の社会的分業を踏まえた食と住の「地産地消」が可能となり，原型である自給自足圏の現代化が図られ，「むら」という閉じ込もった伝統的コモンズのなかでの議論を止揚できる，としている。

3つのコモンズ論から学びながら，半田が苦心して編み出した「広域コモンズ」は，井上の地理的範囲による3つのコモンズのうち，リージョナル・コモンズに相当するものといえよう。これからの地域社会を考える場合，1つの範域として妥当なものといえよう。しかし，コモンズ論の基礎的な地理的範囲は，ローカル・コモンズにあたる「顔の見える範囲」なしに成立するのであろうか。

この場合のリージョナル・コモンズは，ローカル・コモンズの連合として重層的に形成されるのではなかろうか。そのとき，個々のローカル・コモンズは都市では市民社会的要素が強く，いっぽう農山村では伝統社会的要素が相当に残っている。そして，ローカル・コモンズはリージョナル・コモンズに参加することにより，おのずから開かれた側面を発揚せざるをえなくなる。また，風土論的視点からは，市民社会型コモンズの場合には，伝統的コモンズから何を継承するのか，ということがつねに問われるのではなかろうか。

4　コモンズの論理——「共」・「共生」をめぐって

半田は，コモンズ論者が平等・自治・自助を原則とする農協，森林組合などの協同組合に言及しないところを指摘している。本来，それらの協同組合は「公」，「私」ではなく，「共」のセクターに属することは，確かであろう。しかし，農協，森林組合の現実は，「公」にひきずり回され，「私」の傾向が強いために，そこに踏み込まないのではなかろうか。その点，生産森林組合は「伝統的コモンズ」の内実と近代的協同組合の形式をもち，コモンズ論の俎上に上りやすいといえよう。

さらに半田は，生産力化の視点から「人と自然との共生」，その持続的発展の方途を検討する必要性と，公共財＝環境機能が増大した農林業においてこの側面の「生産力」を発揮させるための管理規模の拡大を提唱している。

このような経済学的な検討は，半田が最も関心をもってきたところでありな

がら，理論経済学の一部を除いて，日本のコモンズ論がほとんど言及していない分野でもある。半田（2004）は経済モデルに基づく検討の結果，

> 「『共生』という標語には，コモンズ内部の成員間の関係と，コモンズ間の関係と両方の意味が含まれる。コモンズ論が市場原理主義への対抗軸を目指すのであれば，とりわけ後者の領域で，現実に展開している諸々の運動の実態を見据えながら，実践に繋がるような論理を磨くことが大切ではなかろうか」（半田 2004: 10）

と結んでいる。それは，前節の「広域コモンズ」論の根拠ともなることである。

まとめにかえて

先進地域のなかの日本におけるコモンズ論は，やはり一筋縄ではいかないのであろうか。北尾邦伸氏は，近著の最後の部分で，ハムレットのような心境を吐露されていることからも推察できる。つまり，氏はシステム（国家・行政システムと経済・市場システム）にコモンズ的要素を埋め込み直すという点からはリベラリズムの系譜に属し，環境保全（持続可能性と生物多様性）への義務・正義をいまの政治学でいう正義よりも深いところで基底性を与える共通価値とする社会を構想する立場からは共同体論者と規定される，ということである（北尾 2005: 310）。しかし，日本に関するコモンズ論が成立するとするならば，このような複雑な枠組みをくぐり抜ける必要があるのであろう。

注
(1) 筆者は，里山運動に即した現代的コモンズの要点を，"地域住民と「よそ者」とのつながり"と，"伝統的ムラ社会による林野利用と「よそ者」による現代的な林野利用とのつながり"に求め，林野管理を行っている市民団体による林野と集落のそれぞれを対象とするルールづくりの例を取り上げた（三井 2005: 51-52）。
(2) ガバナンスとは「制度，Institution ではなく，社会運営を進めるための仕組みをあたらしく構築すること，社会を動かすためのあたらしい枠組みを創設する試み」であり，透明性，説明責任，参加，公平性を4つの要素としている（中邨 2004: 6）。

参考文献

エントロピー学会編 2001『「循環型社会」を問う——生命・技術・経済』藤原書店.
半田良一 2004「入会・コモンズ・生産森林組合」2004 年度林業経済学会秋季大会配付資料, 1-10.
半田良一 2006「入会集団・自治組織, そしてコモンズ」『中日本入会林野研究会』26: 6-22.
イリイチ, イバン, 桜井直文監訳 1999『生きる思想——反＝教育／技術／生命』新版, 藤原書店.
井上真 1995『焼畑と熱帯林——カリマンタンの伝統的焼畑システムの変容』弘文堂.
井上真 2004『コモンズの思想を求めて——カリマンタンの森で考える』岩波書店.
笠原六郎 1988「森林の多機能時代における所有形態」筒井迪夫編著『森林文化政策の研究』東京大学出版会, 35-52.
北尾邦伸 2005『森林社会デザイン学序説』日本林業調査会.
メーサー, アレクサンダー 熊崎実訳 1992『世界の森林資源』築地書館.
三井昭二 2005「入会林野の歴史的意義とコモンズの再生」森林環境研究会編著『森林環境 2005』森林文化協会, 42-52.
室田武・三俣学 2004『入会林野とコモンズ——持続可能な共有の森』日本評論社.
長野県総合計画審議会 2004『長野県総合計画審議会最終答申　未来への提言』同県発行.
中邨章 2004「行政, 行政学と『ガバナンス』の三形態」日本行政学会編『年報行政研究』39: 2-25.
林野庁企画課 1980『公有林野経営動向の実態に関する調査報告書』同庁発行.
多辺田政弘 1990『コモンズの経済学』学陽書房.
玉野井芳郎 1995「コモンズとしての海」中村尚司・鶴見良行編著『コモンズの海——交流の道, 共有の力』学陽書房, 1-10.
宇沢弘文 2000『社会的共通資本』岩波新書.
宇沢弘文・茂木愛一郎編 1994『社会的共通資本——都市とコモンズ』東京大学出版会.

付記

　本章は, 三井昭二 2006「コモンズ論における市民社会と風土—半田報告に対するコメントにかえて」『中日本入会林野研究会会報』26: 34-39 を加筆修正のうえで掲載したものである。

12 市民社会論としてのコモンズ論へ

北尾　邦伸

はじめに

　わたしが学部を卒業し，大学院に進んだのは 1965 年の春。ずいぶんむかしのことになる。林学を専攻していたが，当時の日本の林業には勢いがあり，人工造林が進展していた。
　林学の学問体系はドイツ林学を踏襲したものであったが，日本での林学の「ハイマート（故郷）」は入会林野であり，林野共同体だ，とよくいわれていた。吉野林業をはじめとして，藩政期から自生的に造林が進められてきたいわゆる有名林業地は（日田林業，木頭林業，天竜林業など），いずれもが入会林野系譜のもので，入会形態の採草や焼畑の利用履歴をもっていた。しかし，「コモンズ」という用語を当時耳にした記憶はない。
　ところで，1960 年代に，既存政党とは一線を画した無党派の「市民」が登場し，政治の舞台を包囲する。「ベトナムに平和を！　市民連合」の運動がそれであった。ベトナムからのアメリカ軍全面撤退を受けて，この組織は 1974 年に解散するが，その後，市民運動によるこれほどまでの政治的高揚は見られない。
　だが，とりわけ公害・環境問題，まちづくり，健康・福祉といった分野での草の根（grass-roots）の市民運動（citizens movement）が，いわば自然に，多様に発生してきた。1990 年頃には，市民的公共圏が織りなされる社会が，日本でも形成されたとみてよいであろう。市民的公共圏は，一定の人びとの「間」をめぐる場所でつくられる言説の空間である。このような空間をつくりながら，豊かな環境のなかで豊かに生きること，関係性の豊かさ，存在の豊かさ，といったことが社会的に追求されている。
　この時期，市民は里山を，そしてコモンズを発見する。長年にわたって人びとが生かされ，生存してきた伝統的コモンズに接近したが，それは，住み込ま

れた自然，生きられる景観への後戻りであった。また一方で市民は，「われら共通の未来」（Our Common Future）に想いを馳せる。伝統的コモンズから得た情報を編集し，新たな関係性と水準を創造しようとしている。伝統的コモンズの保全に意を注ぎ，また他方で，現代社会を未来社会的に発展させるためのツールである新たなコモンズを獲得しつつある。

ここに至って，地域社会への責任主体として身をおいてみて，リアリティをもった創造的未来をデザインしてみる行為が，市民に求められているはずだ。また，暮らし・生活・地域にかかわる日々の身体的活動が，その実現に向けて価値あるものとなっている。そして，これらのことがネットワーク状に連なっていく。これは，市民自治とその連帯・連合の世界であり，ガバナンスという政治の風景が見えてくる世界である。

このような文脈のなかで，「コモンズ」を考えてみたい。

1　市民社会形成の背景

1.1　日本における市民社会

まず，日本において市民社会が形成されてきた時代的背景をさぐっておこう。

とはいうものの，「市民」や「市民社会」（civil society）をどのように捉え，どの実態に即してその背景をさぐるかはむつかしい問題だ。そして，厳密にこれらのことを論じる能力は，わたしにはない。わたしはこれまで，「市民社会」をテーマに研究した実績はなく，環境運動やまちづくり運動に参加する「市民」の押さえを，「公共的感覚をもって行動する普通の個々人」といったぐらいですませてきた。環境保全をめぐる市民・住民運動を，もっぱら環境プラグマティズムの立場から見てきただけである。

しかし，さて，西欧では「市民革命」と称せられる革命が起こり，「市民社会」というものが生まれた。また，古代ギリシャ・ローマのポリス空間は，市民による政治が行われるところの，市民共同体の世界であった。だが，本章で対象としている「市民」は，これら市民とは異なるはずのもの。むしろ，花崎皋平が「希望（の原理）」に見出している「ピープルを主語とする共生の文明」の時代を切り開く市民，「ピープルになる」市民であるとの予感がする（花崎2001）。

ヨーロッパでも，1970年代以降の環境市民運動やそれを担うアソシエーションに，また，東欧革命をなし遂げた「連帯」などに刺激されて，市民社会論

が再燃している。そして，それらは「市民社会の再生」という脈絡で語られている。「市民」や「市民社会」の解釈の重ね書きが，ヨーロッパでは可能なのだ。

　市民革命によって生活世界に生成した市民的公共性は，やがて，その空間を次第に国家システムのなかに取り込まれ，公共性が外在化する傾向を呈してきた。このことが文化・文芸を消費する大衆にのみ込まれながら，また，生活世界の経済的植民地化といわれる現象のもとで進行した。この「公共性の構造転換」を，明確に押さえたのは1960年代のJ.ハーバーマスであった（ハーバーマス 1994）。

　しかし，彼は1970年代以降の「新しい市民運動」を評価し，Bürgerliche Gesellschaft（市民社会）にかわる Zivilgesellschaft（市民社会）という概念をもちいて，市民的公共性を再発見する[1]。このように市民的公共性は，公権力・行政の公共性とは異次元での，公衆たる市民によって対抗的に主張される公共性（公共圏）である。公共性のドイツ語である Öffentlichkeit の Öffen は「開かれている」の意味。「開く」ことには空間的要素が伴っている。

　さて，日本では1995年の阪神淡路大震災の救援・復興活動で，政府行政システムとは違った場所から大勢のボランティアが現れ，機動力や創造力を発揮して活き活きと協働した。このことが大きな契機となって，1998年に「特定非営利活動推進法」（いわゆるNPO法）が制定される。そして，日本の法律のなかに用語としてはじめて，しかも主語として，「市民」が登場する。

　このNPO法の第1条は，「……市民が行う自由な社会貢献活動としての特定非営利活動の健全な発展を促進し，もって公益の増進に寄与することを目的とする」とある。「自由な社会貢献活動」をする主体として，「市民」が位置づけられている。

　このように日本でも市民社会が形成されてくる時代的背景についてであるが，官治集権型キャッチアップ体制の終焉，「小さな政府，地方でできることは地方で」，福祉国家から福祉社会（自助・共助・公助）へ，「国土の均衡ある発展」から「個性ある地域づくり」へ，「政府の失敗」と「市場の失敗」の水掛け論からの脱出，などのテーマを列記することで，ある程度理解できる。総じていえば，「公」と「私」の2分法でもってする政治・統治構造（「公共」の国家による囲い込み・独占）の脱構築と地方・分権型政治への潮流，このことが時代的背景といえよう。

　そして，市民社会論は，国家・行政システムおよび経済市場システムとの相

12　市民社会論としてのコモンズ論へ

対的位置取りや関連のさせ方において，および，民主主義論の一環としてのガバナンス論（治め方，調整の仕方としての協治）といった分野において大いに論じられ，活性化している。

　なお，欧米発生の言葉の訳語を用いて日本の実態を分析しようとすると，用語上のやっかいな問題が，やはりついてまわる。市民的公共性とかかわるパブリックやシビル，シチズン，などはヨーロッパでは「民」の系譜のもの。しかし，日本語の「公（おおやけ）」は，大宅・朝廷・幕府との関連語であり，公家，公方（くぼう），公儀などのように使われてきたし，そのような国や官の系譜のものとしてあった。ちなみに，わたしの週末の遊び場は，天智天皇陵のある京都市山科の大宅（おおやけ）テニスコート。

1.2　森林と林業の歴史と現状

　ところで，森林・林業が立ち至っている現状を簡単に述べて，次節へのつなぎとしておこう。

　幕藩体制の江戸期は，各藩によって様相は異なってはいたが，林野はおおむね藩有林，村持入会山，個人持山林の3つの形態で治められていた。管理収益の主体が領主にあるのが藩有林（御林，御立山，御直山などと呼ばれた），個人にあるものが個人持山林（百姓山，拝領山などと呼ばれた）である。林野の過半を占めた村持入会山は，農民に慣習的利用権が認められ，管理収益の主体が村にあった林野である（半田 1990）。

　明治期に入って，政府が農地・林野に対して最初に取り組んだのは，近代的土地所有（私的所有，処分の自由）の創設であったが，農地には地券が発行された。日本の国土の7割近くを占める林野では，官有林地と民有林地に分ける作業（官民有区分事業）がまず行われ，そして林野全体の約3分の1にあたる官有林地で，ドイツ林学を導入した国有林経営（先導的な近代的林業経営）が明治32（1899）年にスタートしている。後者の民有林地では，土地利用の仕方が多様な状態でつづき，採草利用や薪炭林利用も長年にわたって盛んであった。しかし，やがて市場に刺激されて（木材不足・木材価格の高騰），人工造林が全国的に進展する。木材資源造成が市場メカニズムに沿って展開しやすいように，実態として入会林野であった土地の近代的権利関係への整序も，分割・私権化の方向で進んだ。その結果，多くの森林・自然は単純化され，単層のスギ・ヒノキ人工林にと変貌した。

　しかし，1970年代には，変容した日本経済・貿易自由化によって外材を安

価・大量に輸入することができるようになって，国産材木材価格が激しく下落する。独立採算の特別会計制を敷いていた国有林野事業はみるみる赤字経営に転じ，やがて3兆8,000億円の累積債務を抱えて破綻する。私有林も，私的所有という土地所有の枠組み（「他者」の排除，処分・扱いの自由）と，そしてこれからも保育管理に多大な経費投入を必要とする育成途上の造林地として残され，展開力をなくした放置状態にある。

　一方，世界をリードする工業生産力を誇る国になり，世界の至るところの木材を安価に購入できるようになった日本の国民は，森林に，自然環境やレクレーションの役割を求めはじめる。ドイツ林学は，しっかりとした人工林造成・林業を追求することの「間接的効用」として，公益的機能が増進すると説いていた。しかし，ここにきて国民の関心は，この「間接的」なものに直接向かうこととなった。木の時代から森の時代へ，である。

　このような状況下で，自らの省庁の分担領域を示す基本法の名前を林業基本法としていた林野庁行政が，それにもかかわらず，林業政策から森林政策へと回帰していく。そして，2001年には，林業基本法の名称も森林・林業基本法と改められた。この新基本法は，「森林の有する多面的機能の発揮」を基本理念とすると標榜している。

　しかし，新基本法の内容はほぼ空しい。また，この基本法のもとで策定された森林・林業基本計画は，全国の森林を3種類の機能に分類し，ゾーニング（地区区分）して，管理・整備していくことをうち出したが，行政を行っているふりをするための，そして予算を確保するための，得体の知れないものとなっている。

　森林は多面体的であり，確かに多面的に機能を発揮しえる存在である。しかし，どのような機能を重点的に引き出し，どのように種々の機能を重ねたり配置したりするかの意義・意味は，地域・流域それぞれで異なってくる。全国一律の計画制度（森林法に基づく全国森林計画制度）の時代は終わっているのだ。生活することの質（QOL: Quality of Life）が求められていて，どのような役割を森林に期待し，中心をもった「他者」としての「存在」である森林とどうつきあうかを，地域・流域が自治的にガバナンスする時代が到来している（機能自体に「中心」はない）。なお，森林が有する諸機能は，おおむね生活圏域において発揮される性格のものである（そうでないものは，当然，世界遺産や国立公園としての保存的自然保護の対象等としてマネジメントされる）。

2　市民の共有地コモンズへの接近

　今日，市民や市民生活という言葉は，ごく普通の日常用語としても使われている。現行法のなかにも「市民生活」という用語がでてくる（警察法22条の「生活安全局の所掌事務」規定）。
　この通常の市民（普通の人びと）の多くは都市に居住し，政治的よそよそしさと家族中心の，ないしは個人的・利己的孤立状態での生活を送っている。暮らしを支える職場は，組織的なタテ型社会で，また自然との直接的かかわりの少ない精神的労働過多のもの。勤めから解放されて，家庭ではもっぱら消費が追求される(2)。これが一般的で現代的な市民生活であろう。
　このような状況のもとで，自然の豊かな場所に出かけてリフレッシュしたり，山歩きを楽しんだりする森林レクレーションは以前からも行われていたし，それ自体自然なことであった。
　しかし，各地で盛んに展開を始めている「森林ボランティア活動」と称せられるものを，どう理解すればよいのだろうか。自発的に森林作業に参加し，心地よい汗を流す。これら参加者の受け入れに世話をやく市民的アソシエーションも（まちとむらを結ぶ運動体），スポーツ感覚でいい汗をかいてください，と参加を呼びかけている。1990年代のNGO「森林クラブ」の500人でする森林手入れの募集（「下刈り by 500」）もそうである。しかし，参加者にも，世話やき側にも，これも社会貢献の1つの仕方であるとの暗黙の了解がある。保育しなければならない育成途上の林を抱えて，林家は困り果てているからである。
　「楽しくなければ始まらない，楽しくなければ続かない，楽しいだけでは意味がない」は，言い得て妙である。「森林クラブ」の場合，作業現場へは往復4時間，実働が3時間，そして宴会5時間。大の宴会好き。この談笑的集い（conviviality）・討論によって，森林や林業をめぐる未来や公共的・公益的価値が次々と発見されていく。
　ところで，わたしは1990年代の前半に，「参加・協約にもとづく新たな森林利用」をテーマとした個人科研で，各地の現地調査をする機会を得た。その際，時代を切り開く斬新な運動として目に映ったのが，阿蘇グリーンストック運動や株式会社「たもかく」の運動であった。そして，それらが「入会」をキーワードにしていた。コモンズという言葉もこの時点で，はじめて知った。
　前者は阿蘇の緑と水の生命資産（グリーンストック）を，「コモンランド」

として捉えて守っていこうとするもの。「阿蘇の魅力は入会の魅力」として，まちの人も参加する拡大・特定入会権を構想し，入会牧野・畜産農家・阿蘇の雄大な草地景観の保全に努めていた。後者は，福島県の只見木材加工協同組合や森林組合の関連会社として取り組まれたもので，「入会権」つき別荘地や「ナチュラル・トラスト」の利用権を販売して実績を挙げていた。これら「商品」の購入者の多くは株主となり（1株20万円，株主470名），東京や現地での飲みながらの株主懇談会（通称「かぶこん」）も盛んであった（北尾2005）。

3　市民社会にとってのコモンズ

3.1　クリエイティブ・コモンズ（情報の共有）

現在社会にあって「コモンズ」は，むしろウェーブネットを利用したコンピュータ情報上のものとして認知されている。

「クリエイティブ・コモンズ」は，L. レッシグらが中心になっているプロジェクトで，情報の知的財産権によるコントロールを極力抑えて，誰もが利用できる情報ストックをコモンズと称して確保しようとしている。レッシグには，「コモンズ」と「層」（レイヤー）の概念を基本に据えた大著『コモンズ』がある（レッシグ2002）。ここでのコモンズは，市民が自由にアクセスし，相互編集し，創発しあうソースとしての共有資源である。「自由か，規制か」という2項対立ではなく，レイヤー構造（通信ネットワーク層，コード層，コンテンツ層）をもちいて，この自由なコモンズを創設しようとしている（シェアすることの領域確定）。

しかし，アクセスが自由であったとしても，コモンズという限りはどこかに「閉じる」ことを有していなければならない。「ウィキメディア・コモンズ」は，誰でもがウィキソフトウェアを用いてウィキペディア（フリー百科事典），画像，音声，動画などを自由に取り出せることをめざす，2004年から始められたプロジェクトであるが，このロゴマークがこの辺のところをうまくイラスト化している。微妙に閉じて共有空間をつくり，そして躍動的に開いている（図12-1）。

さて，この種のコモンズと，情報の相互編集による創造力・構想力・イノベーションに注目し，それらが公私二元論を越えた「コミュニティ・ソリューション」の領域で活かされることをデザインしてきたのが，金子郁容である。コミュニティ・ソリューションの基盤になっているのが「ボランタリー・コモン

ズ」(自発する公共圏) で，このコモンズはコミュニティそのものの意味で用いられたりもしている(3)。

彼や松岡正剛らは，「共有地」(共地) と「共有知」(共知) の双方の重要性を一貫して強調していて，当然にも前者には，伝統的コモンズとして保持されてきた入会林野やため池等が射程に入れられている。そして，それらに温故知新的なアプローチがなされる。自治の原型を探り，地域コミュニティを支えてきた結(ゆい)，寄合，講，座，室礼(しつらい)といったものに，自発性・相互編集性の観点を貫きながら，光を当て直している。そこには，自発性とともに，わきまえ方や信頼・互恵・助け合いの様式 (ロールとルール) が並存し，併進している。このことが，野沢温泉郷の温泉コモンズをめぐる分析等を通して明らかにされている (金子ほか1998)。

図 12-1　ウィキメディア・コモンズのロゴマーク

3.2　地域の共通財産

ところで，わたしの「共有地」への関心は，自然生命系の領域にあるはずのものをどのように市民社会に組み入れ，はたまた，どのように重ね合わせるか，の観点からのものである(4)。そして「持続可能な発展のための民主主義」といったテーマにも関心を寄せている(5)。自然も一種の「他者」として扱って，コミュニケーション領域を広げることにより，自然との共生を図る，そのような民主主義を追究したいがためである。

伝統的コモンズは，封建制下の地域共同体のもとで機能していたもの。むらは連帯責任をもって年貢を納めねばならないシステムのなかにあった。「自由」のためではなく，「生存」のために，村民みんなが協力しあう生産力維持態勢のもとでのコモンズとして。

現在，人間が創り出したり開発したりできない地球システムを，人間が危機に陥れている。人間はこのシステムを保全し，このシステムに「順応」するしかないはずで，ここに，「生存」が新たな水準での意味をもちはじめる。このことに，テイクオフ (成長のための経済，大地を離れるかたちでの文明の発展) の視点からではなく，ランディングの視点から地域ごとに取り組まねばならない。そして，それは自ずとモザイク状の取り組みとなるはずである。「持続可能な発展」という文明の型を与える文化として。

自然の循環や生物多様性・地域生態系に合流ないし順応して暮らしを成り立たせている空間を，たとえば都市部をふくむ流域社会のようなより広い地域の共通の財産（富を引き出す資源としてではなく，流域のプロパティ・たからもの）として保持するように，市民社会は政策デザインし，政策決定および行政のプロセスを押し進めなければならない。このような規範とのかかわりで，このプロパティとしてのコモンズはある。富を引き出す図を描くにしろ，地図は本来的に「地」と「図」であることを想起すれば，コモンズは富という「図」の「地」ということになる[6]。

4　コモンズとしての森林社会

4.1　森林を中心に据えた自然循環

　2000年に循環型社会形成推進基本法が成立した。これはゴミ処理を念頭においてのものであった。3Rがいわれているが，結局は消費文明の延長線上での，ペットボトル型リサイクル社会に行き着くのではないかと危惧される。ここでのリサイクルは，人工エネルギーを用いての，分子ゴミである炭酸ガスを排出しつづける循環である。ゼロ・エミッション社会をいうのであれば，森林・林業・農業を中心に据え，自然の循環に可能な限り合流していく構えが欠かせない。バイオマス利用は，燃焼させる際に炭酸ガスを発生させたとしても，森林や農産物が育つ過程でそれらは吸収される。ゆえに，カーボン・ニュートラルである。このように認識されて，炭素税を創設している先進国では，バイオマス利用に炭素税を課していない。

　バイオマスで電気をつくるにしても，熱を無駄に捨てるのではなく，熱電併給（コジェネ）できる都市計画が，いま，農山村でこそ必要となっている。熱は遠くへ運べない。ゆえに，この都市の適正規模は自ずと決まってくる。大量生産体制としてではなく，種々なものが重なり合って賦存している再生産可能な地域資源を組み合わせ，カスケード（多段階）的に利用し，市場経済を組み替える。このように地域自立の経済（および分権型社会システム）をめざす森林社会が，これからの市民社会にとってイメージしやすい1つの物理的コモンズ形態であろう[7]。

4.2　共生的循環

　共生的循環についても触れておこう。循環には，物質循環とは違ったもう1

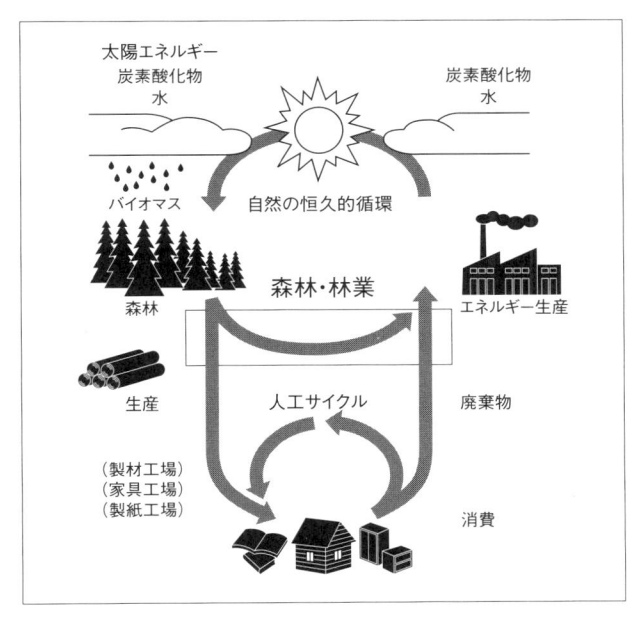

図12-2 森林・林業の基本的価値（恒久性と更新性）
（出典）北尾（2005: 277）

つの循環がある。ものごとが一巡してまたもとの状態に戻ってくる，という意味のものである。

　生業のもとにある里山は，自然の自己回復力にまかされる伐採後の薪炭林がそうであるように，「時」の「間」を待つ，という時間が流れる空間である。「待つ」ことが意味をもっている空間。そして，春になればまた同じような構成と状態で，みんな（各種生物，そして人間の気持ちや農作業）が出そろう。そういった循環とリズムを保有していた。里山の自然は，人間の干渉を受けて攪乱が繰り返されてきた半自然であるが，野生の昆虫や植物（特に草原性のもの）がその攪乱を待ち受けている。草は刈られることによって生命力を増し，傷つけられた樹木からの樹液は昆虫の個体数を確実に増やす。また，田んぼつくり（農の営み）が，赤とんぼやホタルの環境をも再生産してきたのである。天然生の力が活かされつつ，「野生と人為」が織りなされて関係し合う風土の自然，この重なりの境界領域が，里山であった。

　こう見てくると，農林業という産業は（漁業も同様），更新性（Regeneration）をもった自然の循環と人工リサイクル（人間社会の生産・消費の経済システム

内での Renewable な循環）との境界領域に位置するところの，また，双方の循環の重なりの部分として存在するところの，特別な「産業」であることに改めて気づかされる（北尾 2005）（図 12-2）。

　なお，「里の山」というよりも，「里と山」のランドスケープ（景域・景観・景相）として，里山林野，田畑，畦，ため池，水路・小川，集落を含んだワンセットの空間，と里山を捉えることもできよう。これら大地・自然の摂理に規制され，人間も入り込んで循環的に閉じている「森林社会」が，市民社会にとって意味あるコモンズなのだ。

　おわりに

　伝統的地域共同体は，絶対的な徳や善に支えられて存続してきた。一方，繰り返し述べてきたように市民社会の公共圏は，多様な価値観を有する個々人が関係し合う，「他者」が居てこその空間である。自己内部でも価値観をめぐっての「複数性」が存在している（齋藤 2000）。だが，だからこそ，単なる言説の場所に留まらず，市民的公共圏が公権力・行政的公共性の場所である政治システムにつながっていかなければ，「コモンズとしての森林社会」の実現，そして発展はありえない。

　環境行政の側からも，今日，環境コミュニケーションや市民参加・協働が叫ばれ，場合によっては「動員」がなされている。しかし，市民イニシアティブ，ローカル・イニシアティブのもとでの政治もまた，始まっている。3つの「きょうち」，すなわち共地・共知・協治がある市民的公共圏での合意形成というプロセスを経て，「コモンズとしての森林社会」が共通の善となり，コモンセンスとなっていくことに期待をよせたい。

　注
（1）1962 年に出版された『公共性の構造転換』の約 30 年後の新版（1990 年）に添えられた長文の序文に，この見解が示されている。
（2）履歴性・物語性や場所性から切り離されたモノの「消費」は，満足感に飢えた状態が際限なくつくり出されることと結びついて，狂気の拡大を続けていく（ベリー 2008）。「足（た）る」を知る文化がどのように再生してくるのか。われわれはどのように全体性（wholeness）をもった健全な（whole, heal, health）「縮小社会」をデザインしていけばよいというのか。

(3)「われわれとしては，具体的なものについてコミュニティといい，ある一定の性質をもっているいろいろな分野で存在するコミュニティをひとつにまとめてコモンズと呼ぶことが多い」と述べている（金子 2002: 36）。
(4) 生命システム科学の立場から「場の思想」を獲得した清水博は，「生命の相補的二重存在性」をモデル化している。身体を構成するさまざまな細胞がそうであるように，「局在的生命」である多様な個が，「遍在的生命」の活きをうけて，1つの場を相補的・調和的に自己組織する「コミュニティ的存在」という存在の形に，「共存在（共生存）の原理」を見出している（清水 2003）。

なお，先に引用したベリーの著作には「大地に奉仕する」という主題がひんぱんに登場する。この奉仕（service）は，人を卑しめる活動としてではなく，生命活動の本源的行為としての「共同の場所の技」（art of the commonplace）として捉えられている。「この技（art）の先行必要条件は，我々の欲望を大地の尺度に合うように飼い慣らすことである。しかしながら，我々の主要な文化的機関はこの課題に取り組む準備を施してはくれない」とも述べている（ベリー 2008: 18）。この「飼い慣らす」は，後出の「アプリヴォアゼ」の意味で用いているはずとわたしは理解している。
(5) このテーマでの科研プロジェクトのリーダーである足立幸男によると，市民自治としての現代民主主義は，高度な政策的思考を私たち市民に対して要求しているという（足立 2007）。この政策的思考には，公共空間において価値観や利害を異にする異質な他者と共存し，社会とともに運営してゆくことができるような資質・能力が要求される。
(6) このコモンズ空間内部では，再生可能な地域資源は，ウェルス（富）としてのフローを適正技術等を用いて引き出すところの資源として，維持・循環利用されるのは当然である。ここでは，「環境」と「経済」が同時，同次元で追求されることになる。
(7) これからの地域の経済的，社会的，文化的発展にとって，「社会的関係資本」なるものの重要性が注目されている（諸富 2003）。新しいコモンズの形成とかかわって，地域の森林組合等が変身し，「社会関係資本」としての様相を呈し出している事例を，「トポフィリア」（場所への愛）や「アプリヴォアゼ」（『星の王子さま』における他者・自然との関係のキーワード）の概念を援用して分析したことがある（北尾 2006; 2008）。

参考文献
足立幸男 2007『公共政策学とは何か』ミネルヴァ書房．
ベリー，W．加藤貞通訳 2008『ウェンデル・ベリーの環境思想』昭和堂．

ハーバーマス，J．細谷貞雄・山田正行訳 1994『公共性の構造転換』未来社.
花崎皋平 2001『増補　アイデンティティと共生の哲学』平凡社.
半田良一編 1990『林政学』文永堂出版.
金子郁容 2002『コミュニティ・ソリューション』岩波書店.
金子郁容・松岡正剛・下河辺淳ほか 1998『ボランタリー経済の誕生』実業之日本社.
北尾邦伸 2005『森林社会デザイン学序説』日本林業調査会（J-FIC）〔第 2 版 2007〕.
北尾邦伸 2006「場所への愛―島根県の株式会社美都森林」『森林組合』437: 20-26.（北尾 2007〔第 2 版〕に収録）.
北尾邦伸 2008「こころ通わせるアプリヴォアゼな森づくり―三重県大紀森林組合」『森林組合』451: 14-21.
レッシグ，L．山形浩生訳 2002『コモンズ』翔泳社.
諸富徹 2003『環境』岩波書店.
齋藤純一 2000『公共性』岩波書店.
清水博 2003『場の思想』東京大学出版会.

13　コモンズ論の遺産と展開

井上　真

はじめに

　室田・三俣（2004）が指摘するように，日本におけるコモンズ論隆盛のきっかけをつくったのは，多辺田政弘ほかエントロピー学会の関係者（多辺田 1990; 熊本 1995）である。その後，宇沢弘文（1994）をはじめとする経済学者が，社会的共通資本を提示するなかでコモンズについても触れている。それに続いてフィールド研究者（環境社会学者，林政学者，生態人類学者など）たちが地道な実態調査に基づいたコモンズ論を展開するようになってきた（環境社会学会編 1995; 井上 1995; 秋道 1999; 秋道編 1999; 井上・宮内編 2001; 家中 2002; 秋道 2004; 井上 2004; 菅 2006; 宮内編 2006）。

　社会的共通資本の提唱者たちは，欧米のコモンズ論と同様に制度をルールとして捉え，最適な組織やルールのあり方を考究している。それに対して，エントロピー派経済学者やフィールド研究者たちは，地域住民と自然環境との直接的なかかわり，および地域住民による自治を重視した議論を展開してきた。それを室田・三俣は次のように表現している。

> 「……多辺田や井上は，自然環境や持続的なコミュニティをどう保障するか，という問題に，1つの狭い定義の限定された世界をして思考する態度を拒んでいる（中略）。自然と人の利用・関係性とが入会って醸成される多義性や多面性を喪失されたくない，という思いが，多辺田，井上の定義にはあらわれている」（室田・三俣 2004: 146）。

　後述の米国人研究者と対照的に，日本人研究者（社会的共通資本論者を除く）は住民自治に基づく地域発展のあり方を視野に入れた「広義のコモンズ論」を各人の興味に基づいて展開してきたといえる。

1 コモンズ論の射程

1.1 定義

コモンズのさまざまな定義については,「世界のコモンズ一覧・コモンズ定義集」として室田・三俣 (2004) が整理している。私自身は,コモンズを「自然資源の共同管理制度,および共同管理の対象である資源そのもの」(井上 1997) と定義した。手前味噌であるが,この定義はさまざまな日本人研究者による定義の最大公約数的な内容だと思っている。

この定義には次のような含意がある。第一に,「自然資源」という用語の使用は,再生可能な生物資源と水 (川,湖沼,海) に議論を絞ることを意味する。天然資源という用語を使用すると鉱物資源を含むことになる。このように議論の対象を自然資源に限定したことにより,ウェブサイトや知的財産権の議論など (レッシグ 2002; クリエイティブ・コモンズ・ジャパン 2005) への展開に際しては議論の前提を再検討する必要があろう。

第二に「管理」という用語の使用は,現実に実施されている自然資源の利用や管理の実態を法的な所有形態から独立させて議論することを意味している。管理は所有のあり方と独立していると同時に,利用を包含する概念でもある。井上 (2004: 56-58) で論じたが,ごくおおざっぱにいうと「管理」は「利用 + a」である。したがって,資源のほぼ自由な「利用」($a=0$) をも含む「管理」のあり方に議論の関心を向けるのである。

このことは,これまでの社会科学で蓄積されてきた「所有論」を軽視することを意味しない。資本主義の発展や近代国民国家の成立との関連で近代的所有のあり方を論じる「所有論」は,少なくとも現在までの私にとっては手に余る学問分野である。一方で,森林消失や人びとの福祉水準の悪化は危急の課題である。そこで,私は「所有論」に踏み込んで「誤り」を犯すよりも,所有論に踏み込まないという「不足」を選ぶ戦略をとったのである[1]。

そのうえで,「所有」を法律用語として限定して使用 (井上 2004: 56) してきた。すなわち,あくまでもそれぞれの国家の法律でどのような「所有形態」(国有,県有,財産区有など) にあるのかを示す用語として,限定的に「所有」という用語を使用してきた。国有林であろうが私有林であろうが,地元の人びとが共同で資源を利用し管理している実態を理解するためには,近代国家が決めた所有形態にかかわらず,地元の人びとによる森林利用の歴史的推移と現状

をフィールドワークによって明らかにする作業がまずは重要なのである。

 第三に,「制度」とは一定程度の強制を伴って習得され慣習化した行動様式一般のことである。つまり,資源管理それ自体のルールのみならず,資源の利用・管理の主体である社会集団の性質や社会システムまで視野に入れることを意図したものである。いわば,広義の制度である。

 以上のように,これまで日本のコモンズ論では「資源」と「制度や社会システム」の両方を指す用語として「コモンズ」が使用されてきた。そして,「コモンズ論」は,共同利用の対象となる資源の共同管理制度に関する議論であることはすでに述べた通りである。となると,必ずしも「コモンズ」それ自体の定義に制度や社会システムを含める必要はないという立場も当然ありうる。しかし,さまざまな学問分野に属する研究者や実践活動にかかわっている人びとがコモンズ論に注目している日本の現状を鑑みると,むしろ制度や社会システムをコモンズの定義に含めておく方が,曖昧さを伴いつつもコモンズという用語の厚みが維持され,依然として面白い議論の展開に結びつく可能性があると思う。

 となると,やはりコモンズの定義は変えず,私がかつて示した(井上 2001a: 12-13)ように,必要に応じて資源を指すのか制度や社会システムを指すのかを明記する方法(「コモンズ(資源)」,「コモンズ(制度)」)をとるのがよいであろう。

1.2 資源の特質

 米国の研究者によるコモンズ論は common-pool resources(CPRs)を管理の対象とする共有財産制度(common-property institutions)の議論である。CPRs とは,外部者の利用を排除することが困難で(排除性 excludability が低く),しかも他人が利用すれば自分の利用できる財やサービスが減少する(控除性 subtractability が高い/競合性 rivalness が高い)という性質をもつ資源のことを指す(Ostrom 1992)。かつては common property resources(CPRs)という用語が使用されたが,その後「資源(あるいは財)」と「制度」とを峻別することを意識し,また無用な混乱を避けるためこの用語はあまり使われなくなった(Dietz et al 2002)。

 重要なのは,資源利用を規制する「ルール」として「制度」を狭義に定義したうえで,資源の持続可能な管理制度のあり方を探ってきたことである。その研究の成果として,世界中の事例を整理するなかで,長期間持続する管理制度

の要件あるいは設計原則が随時提示されてきた（Ostrom 1990; McKean 1999; Stern et al. 2002: 445-489; Ostrom 2005）。米国人研究者は，国際林業資源・制度（IFRI）研究プログラム（http://www.umich.edu/~ifri/）を通してIAD（Institutional Analysis and Development）という統一的な調査方法を習得し，「ルール」に焦点を絞った「狭義のコモンズ論」を組織的に展開してきたといえる(2)。

　さて，対象とする資源に，外部者を容易に閉め出すことができる（排除性が高い）か，多数が利用しても1人あたりの便益が変化しない（控除性が低い）かどちらかの特質があれば，その資源の持続可能な利用・管理はもっと容易であろう。CPRsは不利な条件を二重に背負った希少性のある資源なのである。CPRsを直訳すると「共同で利用するために蓄積されている資源」とでもなろうが，私はこれを簡約化して「共用資源」（井上 2004: 87）と訳した。以下ではCPRsを共用資源と表記する。

　共用資源には上記の排除性・控除性といった定義にかかわる共通の特質のほかに，それぞれ異なる性質がある。そして，それが持続可能な資源管理制度の設計に影響を与えるであろうことは容易に想像がつく。米国の研究者による研究（Dolšak & Ostrom 2003）は次の点を指摘している。(1) 資源の規模が小さい方が制度設計しやすい。(2) 移動する資源（動物）よりも，動かない資源（森林）の方が制度設計しやすい。(3) 安定した境界がある方が制度設計しやすい。(4) 負の外部性の少ない方が制度設計しやすい。(5) 複雑なシステムの一部である場合は相互を連携させるしくみが必要である。(6) インターネットのような人工的な共用資源は「即座に再生可能な資源」であり，いったん過剰利用が止まれば問題は解消するので，長期にわたる過剰利用の影響はほとんどないという特徴をもつ。

　この議論はすでに自然資源を超えてインターネットまで視野に入れたものであるが，議論の対象を自然資源を超えるほかの資源にまで拡張する場合は，その資源が共用資源としての特質を備えているかどうかを検討しなければならない。たとえば，能や歌舞伎といった日本の伝統芸能は，何人が鑑賞しても1人ひとりの効用は低下しないので，控除性の低い資源として位置づけられる。となると，伝統芸能について控除性の問題を検討する必要はなく，排除性の問題を考慮すれば伝統芸能を維持するための良いしくみを設計することが可能となる。

　ところが，排除性について検討してみると，伝統芸能を所有し継承する主体からみた排除性と，それを消費する（鑑賞し楽しむ）主体からみた排除性を分

けて考える必要性に気づく。前者は継承者の範囲をどこまでとするのか等，いわば「処分権」にかかわる排除性であり，後者は鑑賞者の範囲という「用益権」にかかわる排除性である。だから，この2種類の排除性の軸を用いて，さまざまな伝統芸能の特質を位置づけ，それぞれの制度設計を行うという道筋が見えてくる(3)。

このように考えると，共用資源の特質を有する自然資源だけではなく，ほかの資源や環境をコモンズ（資源）と見なし，共用資源の管理制度として展開してきたコモンズ論を改変しつつ援用することが可能となろう。コモンズ論の射程は広がると同時に，議論の対象となる資源の特質に応じて類型化されて精緻化されるであろう。

1.3 利用・管理の制度

日本のコモンズ論でしばしば用いられてきた「公，共，私」という類型は，不必要な誤解を与えてきた感がある。これは，「国家所有体制（state property regimes），私的所有体制（private property regimes），共的所有体制（common property regimes），非所有体制（non-property regimes, open access）」（Bromely & Cernea 1989: 11-20）という4類型の資源体制（resource regimes）に関する議論を源としている。前3者については所有の主体と利用・管理の主体を同一視し，最後の非所有体制については所有権者が未確定な資源を皆がこぞって利用するケースが想定されていた。

この前3者を日本のコモンズ論では簡素化して「公・共・私」と呼び習わしてきたのである。法的な所有形態が複雑で，しかも利用や管理の実態との乖離が激しい日本の事例を知っている日本人研究者は，「公」を国家等（＝「官」）による「私的管理」，「共」を村落共同体など比較的小さな地域社会の人びとによる「共同管理」，「私」を所有者による「個人的管理」という意味を込めて使用してきた。つまり，コモンズ論でいう「公」は「市民的公共性」などの議論で用いられる本来の「公共」とは異なる概念なのである。

とはいえ，さまざまな分野の日本人研究者が日本人によるコモンズ論の文献に出会ったとき，コモンズ論の徹底的な文献レビューを行うことはまずないであろう。したがって，そのような他分野の研究者が，コモンズ論でいう「公」の意味を誤解する可能性が大きいことは確かであろう(4)。となると，無用な批判とそれへの回答という時間の浪費を避けるためには，より明確な用語を使用することが必要であろう。

となれば,「公・共・私」に代わって「官・共・個」を使用してみるのも1つの手かもしれない。「官」は国家や地方自治体による排他的な利用・管理を,「共」は人びとによる集合的な利用・管理を,「個」は個別の利用・管理を意味する。しかも,「共」の主体である人びとの集団は, 小さな自発的なグループから, 村落共同体スケールの自治組織, そして地域や国境をも超えて自発的に形成された機能集団まで, さまざまな地理的広がりをもつ。また, もしも国家や地方自治体による管理であっても, 市民の意志が公共の場に反映されるやり方（公共信託的な管理）である場合は, スケールは大きくても「官」ではなくて「共」（これが本来の「公共」）として位置づけられる。言わずもがなであるが, このような議論は法的な所有形態とは独立に展開されうるものであり, 所有論が欠落しているからといって, 議論の「誤り」とはならない。

次に, コモンズ論においてテリトリー制がどのように位置づけられるのか示したい。池谷和信（2003）によると, テリトリーとは個体のグループが多少たりとも排他的に占有する領域のことであり, テリトリーの広がりが社会的意味をもつ場合にテリトリー制が存在するという説明が付与される。秋道智彌（1999; 2004）は, テリトリーに「なわばり」という邦訳を充てている。このようなテリトリー制の議論はコモンズ論に包含される。というのは, なわばりはコモンズ（資源）を空間的に分割したものであり, それを利用・管理するしくみをテリトリー制と再定義できるからである。

1.4 井上によるコモンズ論:ローカル／グローバル, タイト／ルース（協治）

私は「ローカル・コモンズ」を議論の中心に据え,「自然資源を利用しアクセスする権利が一定の集団・メンバーに限定される管理の制度あるいは資源」（井上 2001a）と定義してきた。現在の国民国家の枠組みを前提とすると, ローカル・コモンズ（資源）が森林のように公共性を有する場合には, ローカル・コモンズ（資源）を利用・管理する主体（限定されたメンバー）のスケールは入れ子状に存在する。つまり, A村のB集団によって利用・管理されてきた森林は, 河川流量の定常化や水源涵養といった機能をもつため, 下流に位置するC市の住民の効用水準に影響を与える。そのため, この2つの地方自治体間の調整を含めD県の行政が一定の役割を果たすのは合理的であろう。

同時に, A村にある森林の持続可能な管理は京都議定書を批准した国家として, しっかりと担保するような政策をとる必要がある。また, もしもA村の森林が世界自然遺産に登録されているならば, 外国人であっても地球市民とし

てA村の森林保全に口を出す権利をもつ。コモンズ（資源）を利用・管理する制度や社会システム（＝「コモンズ（制度）」）は「村→県→国→地球」と順次そのスケールを拡大してゆく傾向にある。

スケール拡大の終着点が「グローバル・コモンズ（資源）」，すなわち「地球上のすべての人びとが利用・管理に関与することが許される自然資源」（メンバーの限定がない）である。したがって，たとえばA村の森林に世界自然遺産のような新たな価値が付与された場合は，その森林およびその管理制度はローカル・コモンズでありかつグローバル・コモンズであるという重層性（井上 2004）を有することになり，資源管理がより複雑になる。

もう1つ重要なのが「タイト」なコモンズと「ルース」なコモンズという概念である（井上 1995）。これは，しっかりとした利用規制の存在の有無に基づく相対的な類型である。私自身はタイトとルースの区別は固定的なものではないと考えてきたが，その先は未展開のままであった。秋道（2004）が指摘してくれたように，このタイトとルースという概念を，資源へのアクセス権やかかわり自体の時間的な動態を考える際の指標として活用することによって，さらに議論を展開できるかもしれない。

その後，私は，地元住民を中心とする多様な利害関係者の連帯・協働による環境や資源の管理のしくみを意味する「協治」（collaborative governance）（井上 2004）の概念を提示した。まだ議論が半煮え状態ではあるがおおかた肯定的な評価を受けている。たとえば，「もはやコモンズ論を突き抜けて，いわゆるガバナンス論の中枢に至っているように思われる」（土屋 2004: 70），「新たな公共的管理に向けてコモンズを『開く』論理をセットしたことは，井上コモンズ論の最大の特色であり，また魅力を感じる点である」（半田 2007: 24），「コモンズ論を公共圏論にかかわらせることによって，資源管理問題とは別に，伝統的共同体の負の側面から脱皮した新たな共同体を形成してゆく視点に示唆を与えた点は，興味深いものがある」（尾関 2007: 292）などである。

2　コモンズ論への批判と回答

2.1　「排除性」の取り扱いが不十分

コモンズの有する機能として，「共同占有権」（鳥越 1997a）あるいは「共同利用権」（宮内 1998）に基づいてメンバーの平準化を図る規範のようなものであった「弱者生活権」（鳥越 1997b）の指摘はとても重要である。しかし，か

つての日本農村の構成員が本百姓（封建的自営農，独立的生産者）に限られており，非構成員（非農家，分家，入村者など）には入会権がなかった（井上 2001b: 216-217）という事例に示されるように，非メンバーに対する「排除の論理」が存在することは確かである。

この点をどのように考えるべきなのかは，論者によって見解が異なるであろう。問題は，コモンズ論が歴史の隠蔽を通じて差別の生産や再生産に荷担し，マイノリティの権利を否定する側に与してきた（三浦 2005）という強い批判があることだ。1990年代以降に誕生した日本のコモンズ論が，現実に差別の再生産に荷担してきたという批判が事実として正しいかどうかは疑わしい。しかし，将来そのような可能性をもつことは確かに否定できない。したがって，このような批判を踏まえ，歴史的事実に基づいた注意深い議論を展開する必要がある。

ただし，コモンズを開放してしまうと，過剰利用による資源の劣化や枯渇が生ずる可能性が高まる。そして，コモンズを利用・管理するメンバーそのものがより大きな社会のなかのマイノリティとなり，外部者に支配される可能性が高まってしまう。

このようなジレンマを解決するため，私は「開かれた地元主義」と「かかわり主義」を提示した（井上 2004: 137-144）。あくまでも地元住民が中心になりつつも，外部の人びとと議論して合意を得たうえで協働（collaboration）して森などの自然資源を利用し管理するという立場が「開かれた地元主義」（open-minded localism）である。これは，あくまでも「地元主義」であり，地元の人を軽視するものではない。

また，なるべく多様で多くの関係者が自然資源の利用や管理にかかわることを前提としたうえで，かかわりの深さに応じた発言権や決定権を認めようという立場が「かかわり主義」（principle of involvement/commitment）である。これにより，地元に住んでいようがいまいが，居住地には関係なく，該当する自然資源とのかかわりの深さ，あるいは資源の持続可能な利用への貢献度合いが高いかどうかが重要な基準となる。

「開かれた地元主義」と「かかわり主義」という立場を導入することによって，開くか閉じるかという二項対立的な議論は解消されるのである。

2.2　外部との関係性を軽視

コモンズ論は，比較的小規模な地域社会のメンバーによる集合行為を通した

資源管理を持続させる制度（ルール）の設計を中心的なテーマとしてきた。もちろん，外部との関係性も，「コモンズ長期存立のための8条件」（Ostrom 1990）の1つとして重層的な権限配分を許容する「入れ子状の組織」（nested enterprises）の重要性を指摘するなどにより，ある程度の示唆は行ってきた。しかし，経済のグローバリゼーションや政治体制面での民主化が進展するにつれて「スケールを超えた制度間の連関」（Berkes 2002）がより錯綜してきており，もっと意識的にダイナミズムを把握することが求められている。

そのためのツールとして，「順応的管理」や「レジリアンス」の概念が援用可能かもしれない（Berkes & Folke(eds.) 1998; Berkes 2002）。また，ローカルに存在するコモンズをグローバルな政治経済状況のなかで動態的に位置づけて把握する努力も必要である。そのためのツールとしては，ポリティカル・エコロジー論が援用可能であろう（McCay 2002）。

私自身は，このような批判に対する回答としてのみならず，コモンズ論の展開方向の1つとして，環境ガバナンス論との接合を探っている。その初歩的なアイディアが「協治」である（井上 2004: 137-153）。「協治」とは，「中央政府，地方自治体，住民，企業，NGO／NPO，地球市民などさまざまな主体（利害関係者）が協働して資源管理を行うしくみ」のことである。このしくみは，メンバーがあらかじめ固定された組織の形態をとることもあるが，もっと関係者の広がりをもつネットワークの形態をとってもよい。また，中央政府レベルでも，地方自治体レベルでも，村落レベルでも成立が可能である。

「協治」という言葉は，協調型政治の実現を期待する意味を込めて英語のガバナンス（governance）の訳語として使おうという試みがある（中邨 2001）。しかし，ガバナンスそれ自体の概念や議論のされ方はさまざまで，本来の意味である操縦（steering）の意味を込めて「統治」と訳されることもある。したがって，私はガバナンスの意味を限定して「協働型ガバナンス」（collaborative governance）の意味で「協治」という言葉を使用することにしている[5]。

2.3　コモンズ生成のための条件が未解明

よく引用される「コモンズの長期存立のための8条件」（Ostrom 1990: 130-132）は，現存する世界中のコモンズの実態から帰納的に導き出された条件である。その意味で，あくまでも構造静態的システムとしてすでに「存在する」コモンズの条件である。つまり，コモンズが世代を超えて「存在する条件」は示してきたが，コモンズが新たに「生成する条件」は示していない（関

2005）のである。

　最近になって提示された「コモンズの自己組織化条件」（Ostrom 2001）についていえば，基本的に合理的個人を前提としたうえで，一定の条件（資源に関する 4 指標，利用者に関する 6 指標を提示）において，集団的な協調行動をとることの便益がその費用を上回った際にコモンズは自己組織化すると考えている。しかし，そもそも上記の条件として提示された「共通認識」や「信頼関係」が存在しないケースを考察対象としているのだから，そのような条件を新しく発生させる条件を提示すべきである。つまり，オストロムの「合理的自己組織化モデル」も，やはりコモンズの「存在条件」ではあっても厳密な意味での「生成条件」とは呼べないのである（関 2005）。

　フロンティア社会を典型とする文化的同質性が低い社会，すなわち異質性の高い（heterogeneous な）社会において，メンバーによる集合行為（協調行動）を誘発してコモンズを「生成させる条件」と，歴史的に存続してきたコモンズを「持続させる条件」とを峻別し，これまでのコモンズ論で等閑視されてきた前者を解明することは，なるほど重要である。なぜならば，参加型森林管理プログラムの導入対象地の多くは，むしろコモンズを「生成させる条件」を探らなければならない社会であるからだ。これは，まさしく今後の大きな課題である。

　ただし，そのような場合は，必ずしも集合行為が最適だとは限らないことに注意すべきである。集合行為や協調行動を相対化し，いくつかの選択肢の 1 つとして評価する姿勢が求められる。これに関連して，私は次のように述べている。

　　「……一般的に言うならば，村人が個別に行う『私的』管理，村人がお互いの調整を図りつつ行う『私的』管理，行政が村人から資源を取り上げて行う『公的』な管理，そして村人が協働（コラボレーション）して行う『共的（コモンズ的）』な管理のどれが，どのような条件の下で，どのように望ましいのかについて検討するのがコモンズ論の中心的なテーマなのである」（井上 2005: 32）。

2.4　日本人によるコモンズ概念の曖昧さ

　磯部俊彦（2004）は，多辺田（1990）によるコモンズの定義（＝共同の力・地域共同体）を「ファジーな概念にしてしまった」とし，池田寛二（1995）に

13　コモンズ論の遺産と展開

よるグローバル・コモンズの議論を「概念の飛躍」とし，井上（1997）による定義（自然資源の共同管理制度，および共同管理の対象である資源そのもの）を「池田による所有論的議論をさらに拡張」したものである，と批判した。同時に，コモンズ論者は，共有の性質をもたない入会権である「コモンズ型入会権」（イギリスなどでの住民の階級闘争によって地主から奪取した利用権。本来のコモンズ）と，共有の性質をもつ入会権である「コミューン型入会権」との違いを峻別していないこと，そして「むら共同体」への拡張解釈によって，これまで蓄積されてきた「むら」論の諸論点はコモンズの名のもとに消されてしまうと主張している。さらに，「新奇だが，それを社会科学の発展といってよいのであろうか」と手厳しい。

　批判者の学問的熱意は評価できるが，残念ながらこの批判は正当なものとはいえない。そもそも，共有の性質をもつ入会権と，共有の性質をもたない入会権を峻別していない日本人コモンズ論者が本当にいるのであろうか。私はそう思わない。コモンズ論者がこの両者を混同しているという事実を示してから批判しない限り，それこそ社会科学の後退ではないだろうか。

　対照的に，私は学問発展の戦略としてコモンズの定義を広く設定し，次のように明記している。「……私は，さまざまな議論をコモンズ論の土俵に上げたいと思っている。コモンズの狭い定義に執着して『それはコモンズではない』と議論から排除するよりも，生産的な議論への可能性が開けると思うからである」（井上 2001a: 10）。さらに，私はコモンズ論の可能性として，「資源管理論を豊かにする」，「地域住民と都市住民とをつなぐ」，「さまざまな学問分野をつなぐ」などを挙げている（井上 2004: 87-92）。決して，これまでの研究蓄積を無視するものではなく，むしろそれらを活用し，さらには学問分野間の壁を越えた新たな展開を見据えているのである。

　コモンズ論の意義は，ショウジョウバエの研究という比喩で説明される（Dietz et al. 2002）。本書の菅論文で書かれているが，ショウジョウバエの研究は，ショウジョウバエのみを知るためではなく，もっと大きくまた抽象的な自然の理法を読み解く研究である。同様に，コモンズ論は，単に資源の共同管理制度の研究ではなく，社会科学のさまざまな鍵となる課題を解くための「試験台」（test bed）なのである。

3 コモンズ論の展開方向

3.1 所有論

　コモンズの定義の項（1.1）で説明したように，私はさしあたり「所有論」は脇におき，所有を法律用語として限定して使用し，実態的な管理や利用のあり方をめぐる制度に議論の焦点を絞ってコモンズ論を展開してきた（井上 2001a: 11; 井上 2004: 55-58; 井上 2005: 35-37）。

　所有は近代において何よりもまず所有権として理解され，しかも私的所有の法形態を意味するものとされることが多い。しかし，所有は何らかの形態で社会的関係を結んできた諸個人としての人間とともに存在してきたものであり，私的所有と共同の所有とが混在してきたのが，近代以前の歴史の常態であった。そこでは所有は法形態であるよりも現実的な社会関係であった（『社会学事典』1996: 478-479）。したがって，人間社会と自然資源との関係性を歴史的・根源的に考究しようとするならば，近代法的用語の「所有権」に限定せず，本格的な所有論を展開する必要があろう。

　これに関して，奥田晴樹（2008）による「所有アプローチ」と「用益アプローチ」の方法的省察は興味深い。奥田は，土地問題が社会的富の配分とのかかわりにとどまらず，人類の生存との関係においても考察されはじめているなかにコモンズ論を位置づけている。そして，土地問題を，「所有」一辺倒ではなく，コモンズ論が注目してきた「用益」の視点を交えて研究することの必要性を提起している[6]。

　また，菅豊（2004）による総有論は必読である。総有とは，所有物の持分権が最初から構成員に認められず，そのため処分や分割請求が認められない共同所有の一形態である。菅は，前近代から続く遺制として総有を積極的に評価しなかった法学者と，平等性を確保し人びとの生活維持に寄与したシステムとして総有を積極的に評価した非法学（農村社会学や農業経済学）者の総有論を比較検討し，新しい総有論の課題を提示している。そのなかで，法学者たちの議論の対象がもっぱら入会権と入会地に限られていたのに対して，非法学者たちはムラ全体にかかる村落規制とムラ全体の土地を議論の対象としていたことなどを指摘している。

　ショウジョウバエの研究の比喩ではないが，コモンズ論が本格的な社会科学の研究として歴史に名を残す貢献を行うためのひとつの道は，用益アプローチ

を包含する所有論への本格的な切り込みであろう。

3.2 環境ガバナンス論

コモンズ論の主たる研究の対象領域は，生態系とそれに暮らしを通じて密接にかかわる集落レベルの地域共同体ということになり，分析の中心は，そこにおける資源の持続的利用と管理に向けての「組織内調整」といえるだろう（三俣・嶋田・大野 2006: 51-53）。一方で，空間の多元性や主体の多様性を認めることを強調したのが環境ガバナンス論である。環境ガバナンス論においては，分析のレベルは，ある組織内での調整というよりは，むしろ「組織間調整」に着目する分析が多い（三俣・嶋田・大野 2006: 51-53）。三俣ほかによるこの指摘は重要である。

私のように，興味対象がコモンズ論よりも大きなスケールにおける管理主体論，合意形成論，市民参加論へと移行しつつも，あくまでもローカルにこだわり，「コモンズ論に基づく資源政策（環境政策）」を展開しようと考えている者にとって，環境ガバナンス論はきわめて重要な学問領域となる。すでに示したように，私が協働型ガバナンスの意味で「協治」という用語を使用（井上 2004）しているのは，このことを示している。

なお，スターンほか（Stern et al. 2002: 469-479）は，コモンズ論の課題の1つとして，制度の間の相互関連（水平的な連携と垂直的な連携）の役割を理解することを挙げている。このような展開方向はガバナンス論に包含される。

3.3 社会関係資本論

コモンズ論と環境ガバナンス論の双方にとって，ネットワークや規範といった社会関係資本（social capital）の有する順機能は重要な位置を占める。

まず，結束型社会関係資本（bonding social capital）は，組織や地域共同体の内部の凝集性を高めることで集合行為を促進させる。コモンズ論の中心を占めてきた「共同体論的コモンズ論（＝ローカル・コモンズ論）」のうち，規範など信頼を強める社会的要因に議論を絞った議論は，まさに社会関係資本論である。

次に，橋渡し型社会関係資本（bridging social capital）は，組織や地域共同体の間，および地域共同体と行政（地方，国家）とのネットワークを構築することで集合行為を促進させる。「市民社会論的コモンズ論（＝環境ガバナンス論）」のうち，ネットワークなど信頼を強める社会的要因に議論を絞った議論

は社会関係資本論である。

　どのような状況の下でならば増加した社会関係資本がCPRsなどコモンズの保全レベルを向上させることができるのか，利益をもたらす個人的な社会関係資本を集団のために活用するためのインセンティブは何か，などが今後の課題（Dolšak et al. 2003: 362-353）となろう。

3.4　その他

　米国人による15年間のコモンズ研究を総括したスターンほか（Stern et al. 2002: 469-479）は，コモンズ論の重要課題を挙げている。まずは，自然資源に限定せず，より広く新しい共用資源（CPRs），つまりインターネット，遺伝子プール，臓器銀行などへと考察対象を広げることである。さまざまなスケールで長期間持続する共用資源を調整する制度の研究は，これら新しい共用資源の管理に対して重要な示唆を与える（Dolšak & Ostrom 2003: 4）。伝統芸能など文化については，コモンズの定義の項（1.1）で述べた通りである。

　次に，資源管理制度の動態を理解することである。つまり，意志決定における討議過程，紛争管理，制度の生成・順応・進化の研究である。さらに，社会的・歴史的な文脈による共用資源管理制度への影響を理解することである。たとえば，グローバリゼーションの影響，民主化・民営化・地方分権化の影響，人口変化（人口増加，都市化，核家族化，女性の進出）の影響，技術変化の影響，歴史的な視点の重要性などである。

おわりに

　どの学問分野でも批判は重要であるが，コモンズ論については誤解に基づく批判が散見されることはここで述べた通りである。この原因の1つは，確かにコモンズ論研究者の側にある。「公」という用語の不用意な使用は，もう止めたほうがよいであろう。

　しかし，もう1つのきわめて重要な原因は，コモンズ論に対して感情的・心情的な違和感をもつ批判者側にある。コモンズ論には，さまざまな学問的バックグラウンドをもつ研究者，および実践家が参入している。まさに，ボクシングや柔道といった個別格闘技を超える，総合格闘技の世界である。とはいえ，総合格闘家はすべての技の使い手ではなく，やはり自分の得意とする数種類の技の組み合わせで試合をしている。

13　コモンズ論の遺産と展開

　たとえば，X氏がタックルと関節技を得意とする総合格闘家だとしよう。Xの試合を見たボクサーのY氏が，「パンチを上手に使えないXは弱い」と批判する。もちろん，批判は自由である。しかし，もしもY氏が自分の世界（ボクシングの世界）から一歩も外へ出ないで，つまり総合格闘技のリングに上がらずに，「俺と戦いたければボクシングのリングに来い」とXを挑発したらどうであろうか。何でもありの総合格闘技のリング上での戦いがもの足りないというのであれば，自分が総合格闘技のリングに上がって勝負すべきではなかろうか。もちろん，総合格闘技では個別格闘技で発達した技を必要に応じて変形させながら，複数を組み合わせて使用している。その意味で，歴史の浅い総合格闘技が，長い歴史をもつ個別格闘技から学ぶべき点は多い。

　ここで総合格闘技をコモンズ論に，個別格闘技を個別学問分野（法学，経済学など）に置き換えてみると面白い。私が望むのは，Y（ボクサー）がX（総合格闘家）に対して，「パンチを使うと，あなたはもっと素晴らしい格闘ができますよ」と示してくれることである。そして，Xもそれを積極的に受け止め，Yと切磋琢磨して技を磨くことである。

　自分の学問分野に留まりながら他分野の研究を批判するような非生産的で内向きな姿勢は，コモンズ研究者には似合わない。共通の土俵をつくってそこで異分野間の交流を図り，学問の発展に寄与するとともに，現実の問題解決に深い関心をもちつづけることがコモンズ論の魅力なのである。

　本章のタイトルにある「遺産」を，コモンズ論の終焉というネガティブな含意で理解するのは正しくない。むしろ「これまでに蓄積された，継承されるべき業績」というポジティブな意味で理解してもらいたい。論者自身がコモンズ論を意識していない場合，あるいはコモンズ論を忌避する場合の両者を含めて，さまざまな展開と深化が予感されるコモンズ論（という学問領域）から，しばらくは目を離せない。

注
（1）したがって，私は所有論を「等閑視した」（池田 2006: 18）のではなく，「避けた」のである。そもそも，社会科学が対象とするあらゆる要素をまんべんなく取り上げた研究などありえない。どんな研究にも議論の焦点があり，取り扱わない要素，つまり「不足」は必ずある。建設的な議論を展開するためには，「不足」と「誤り」を峻別して批評することが必要であろう。
（2）生方史数（2007）は，米国を中心とするコモンズ論への批判を，「コミュ

ニティー概念に対する批判」と「個人の行動様式」に対する批判に分けている。後者については，特に米国のコモンズ論が「合理的な」個人を前提として議論を展開してきたことを指す。
(3) この視点は，国際日本文化研究センターの共同研究「文化の所有と拡散」（研究代表者：山田奨治）における議論に基づいている。
(4) 池田恒男（2006）による井上批判もこれにあたる。誤解から出発した二重三重の仮定を積み上げて展開された批判が妥当であるとは思えない。
(5) 外部者との協働を前提としつつ地元住民の権利を確保するための「協治」を生成するための設計原則（＝「協治原則」）については，別稿で提示する予定である。
(6) 奥田（2008）は，用益アプローチの模索が各方面で開始されていることを指摘している。たとえば，加藤雅信（2001）は法学の立場から労働所有説の成立を用益の面から厳密に理解することを試み，杉島敬志（1999）は文化人類学の立場から労働所有説に批判的な考察を加えている（奥田 2008: 56-57）。私自身はこれらの論考を吟味したうえで，議論を展開したい。

参考文献

秋道智彌 1999『なわばりの文化史──海・山・川の資源と民俗社会』小学館ライブラリー．

秋道智彌 2004『コモンズの人類学──文化・歴史・生態』人文書院．

秋道智彌編 1999『自然はだれのものか──「コモンズの悲劇」を超えて』講座人間と環境 1, 昭和堂．

池田寛二 1995「環境社会学の所有論的パースペクティブ──グローバル・コモンズの悲劇を超えて」『環境社会学研究』1: 21-37．

池田恒男 2006「コモンズ論と所有論」鈴木龍也・富野暉一郎編著『コモンズ論再考』晃洋書房，3-57．

池谷和信 2003『山菜採りの社会誌──資源利用とテリトリー』東北大学出版会．

磯部俊彦 2004「研究ノート──コモンズという言葉で何が言いたいのか？」『農村研究』（東京農業大学）99: 185-191．

井上真 1995『焼畑と熱帯林──カリマンタンの伝統的焼畑システムの変容』弘文堂．

井上真 1997「コモンズとしての熱帯林──カリマンタンでの実証調査をもとにして」『環境社会学研究』3: 15-32．

井上真 2001a「自然資源の共同管理制度としてのコモンズ」井上・宮内編，1-28．

井上真 2001b「地域住民・市民を主体とする自然資源の管理」井上・宮内編，

213-235.
井上真 2004『コモンズの思想を求めて——カリマンタンの森で考える』岩波書店.
井上真 2005「地域と環境の再生—コモンズ論による試み」森林環境研究会編『森林環境 2005』朝日新聞社, 30-40.
井上真・宮内泰介編 2001『コモンズの社会学——森・川・海の資源共同管理を考える』新曜社.
宇沢弘文 1994「社会的共通資本の概念」宇沢弘文・茂木愛一郎編『社会的共通資本——都市とコモンズ』東京大学出版会, 15-45.
生方史数 2007「コモンズにおける集合行為の2つの解釈とその相互補完性」『国際開発研究』16(1): 55-67.
奥田晴樹 2008「土地問題研究の方法的省察:「コモンズ論」との関わりで」『金沢大学教育学部紀要(人文科学・社会科学編)』57: 45-62.
尾関周二 2007『環境思想と人間学の革新』青木書店.
加藤雅信 2001『「所有権」の誕生』三省堂.
環境社会学会編 1995『環境社会学研究 特集コモンズとしての森・川・海』3号.
熊本一規 1995『持続的開発と生命系』学陽書房.
クリエイティブ・コモンズ・ジャパン 2005『クリエイティブ・コモンズ——デジタル時代の知的財産権』NTT 出版.
菅豊 2004「平準化システムとしての新しい総有論の試み」寺嶋秀明編『平等と不平等をめぐる人類学的研究』ナカニシヤ出版, 240-273.
菅豊 2006『川は誰のものか——人と環境の民俗学』吉川弘文館.
杉島敬志 1999『土地所有の政治史——人類学的視点』風響社.
関良基 2005『複雑適応系における熱帯林の再生——違法伐採から持続可能な林業へ』御茶の水書房.
多辺田政弘 1990『コモンズの経済学』学陽書房.
土屋俊幸 2004「書評:井上真著 コモンズの思想を求めて——カリマンタンの森で考える」『環境と公害』34(1): 70.
鳥越皓之 1997a『環境社会学の理論と実践——生活環境主義の立場から』有斐閣.
鳥越皓之 1997b「コモンズの利用権を享受する者」『環境社会学研究』3: 5-14.
中邨章 2001「ガバナンスの概念と市民社会」『自治研』43(502): 14-23.
半田良一 2007「書評:鈴木龍也・富野暉一郎編 コモンズ論再考」『林業経済』60(2): 19-27.
三浦耕吉郎 2005「環境のヘゲモニーと構造的差別—大阪空港「不法占拠」問題の歴史にふれて」『環境社会学研究』11: 39-51.

見田宗介・栗原彬・田中義久編 1996『社会学事典』弘文堂.
三俣学・嶋田大作・大野智彦 2006「資源管理問題へのコモンズ論・ガバナンス論・社会関係資本論からの接近」『商大論集』57(3):19-62.
宮内泰介 1998「重層的な環境利用と共同利用権——ソロモン諸島マライタ島の事例から」『環境社会学研究』4: 125-141.
宮内泰介編 2006『コモンズをささえるしくみ——レジティマシーの環境社会学』新曜社.
室田武・三俣学 2004『入会林野とコモンズ——持続可能な共有の森』日本評論社.
家中茂 2002「生成するコモンズ—環境社会学会におけるコモンズ論の展開」松井健編『開発と環境の文化学——沖縄地域社会変動の諸契機』榕樹書林, 81-112.
レッシグ, ローレンス 山形浩生訳 2002『コモンズ——ネット上の所有権強化は技術革新を殺す』翔泳社.

Berkes, F., 2002, "Cross-scale Institutional Linkages: Perspective from the Bottom up", in: E. Ostrom et al. (eds.), *The Drama of the Commons: Committee of the Human Dimensions of Global Change*, Washington, D.C.: National Academy Press, 293-321.

Berkes, F. & Folke, C. (eds.), 1998, *Linking Social and Ecological Systems: Management Practices and Social Mechanisms for Building Resilience*, Cambridge, UK; New York; Melbourne: Cambridge University Press.

Bromely, D. W. & Cernea, M., 1989, *The Management of Common Property Natural Resources* (World Bank Discussion Papers No.57), Washington, D.C.: The World Bank.

Dietz, T., Dolšak, N., Ostrom, E. & Stern, P. C., 2002, "The Drama of the Commons", in: E. Ostrom et al. (eds.), *The Drama of the Commons: Committee of the Human Dimensions of Global Change*, Washington, D.C.: National Academy Press, 3-35.

Dolšak, N. & Ostrom, E., 2003, "The Challenges of the Commons", in: N. Dolšak & E. Ostrom (eds.), *The Commons in the New Millennium: Challenges and Adaptations*, Cambridge, Massachusetts; London : The MIT Press, 3-34.

Dolšak, N., Brondizio, E. S., Carlsson, L., Cash, D. W., Gibson, C. C., Hoffmann, M. J., Knox, A., Meinzen-Dick, R. S. & Ostrom, E., 2003, "Adaptation to Challenges", in: N. Dolšak & E. Ostrom (eds.), *The Commons in the New Millennium: Challenges and Adaptations*, Cambridge, Massachusetts; London : The MIT Press, 337-359.

McCay, B. J., 2002, "Emergence of Institutions for the Commons: Contexts, Situations, and Events", in: E. Ostrom et al. (eds.), *The Drama of the Commons: Committee of *the Human Dimensions of Global Change*, Washington, D.C.: National Academy Press, 361-402.

McKean, M. A., 2000, "Common Property: What is it, What is it Good for, and What makes it work?" in: C. Gibson, M. A. McKean & E. Ostrom (eds.), *People and Forest*, Cambridge, Massachusetts; London : The MIT Press.

Ostrom, E., 1990, *Governing the Commons: The Evolution of Institutions for Collective Action*, Cambridge, UK: Cambridge University Press.

Ostrom, E., 1992, "The Rudiments of a Theory of the Origins, Survival, and Performance of Common-Property Institutions", in: D. W. Bromley (ed.), *Making the Commons Work: Theory, Practice, and Policy*, San Francisco: ICS Press: 293-318.

Ostrom, E., 2001, "Reformulating the Commons", in: B. Joanna, E. Ostrom, R. B. Norgaard, D. Policansky, B. D. Goldstein (eds.), *Protecting the Commons: A Framework for Resource Management in the Americas*, Washington, D.C. : Island Press, 17-41.

Ostrom, E., 2005, *Understanding Institutional Diversity*, Princeton and Oxford: Princeton University Press.

Ostrom, E., Dietz, Thomas, Dolšak, Nives, Stern, Paul C., Stonich, Susan & Weber, Elke U. (eds.), 2002, *The Drama of the Commons: Committee of the Human Dimensions of Global Change*, Washington, D.C.: National Academy Press.

Stern, P.C., Dietz, T., Dolšak, N., Ostrom, E. & Stonich, S., 2002, "Knowledge and Questions after 15 Years of Research", in: E. Ostrom, T. Dietz, N. Dolšak, P. C. Stern, S. Stonich & E. U. Weber (eds.), *The Drama of the Commons: Committee of the Human Dimensions of Global Change*, Washington, D.C.: National Academy Press, 445-489.

人名索引

あ行
秋道智彌　9, 54, 130, 202-203
足立幸男　195
アチェソン，J.　5-7, 46
アリストテレス　46, 55
安藤耕己　77
池田寛二　206-207
池田恒男　212
池谷和信　202
井上 真　30, 40-41, 92, 154, 168, 180, 198-199, 202-209
イリイチ，I.　176-177
岩本純一　77
植田和弘　55
宇沢弘文　37-38, 49, 179, 197
内山節　88
生方史数　211
エキンズ，P.　34, 49
エドワーズ，V.　12-13, 16
大崎正治　34
大塚柳太郎　133
奥田晴樹　208, 212
オストロム，E.　3, 15, 46, 51-58, 199-200, 205-206

か行
笠原六郎　29-30, 178
加藤雅信　212
金子郁容　190-191, 195
川瀬善太郎　21-23
岸上伸啓　9
北尾邦伸　182
倉澤博　27
ゴードン，H.　46

さ行
サミュエルソン，P.　37
篠原徹　134
島田錦蔵　26
清水博　195
シュミット，K.　42
ジョージェスク=レーゲン，N.　33
シリアシー=ワントルップ，S.　46
末弘厳太郎　25
菅豊　30, 208

杉島敬志　8, 212
杉田敦　41-42
スコット，A.　46
鈴木栄太郎　62
鈴木龍也　56
スターン，P.　209-210
ステインズ，N.　12-13, 16
スミス，E.　15
セン，A.　172
薗部一郎　23-24

た行
竹本太郎　77
ダスグプタ，P.　46, 52
立岩真也　42
多辺田政弘　34-41, 48-49, 54, 92, 177-179, 197
玉野井芳郎　33-35, 48, 54, 56, 176
槌田敦　33, 47
土屋俊幸　20, 30
筒井迪夫　28-29
ディーツ，T.　14, 199, 207
デムセッツ，H.　46, 58
鳥越皓之　8, 203

な行
中村尚司　34, 39-41, 48
ネッティング，R.　4-5, 15

は行
パーク，T.　10
ハケット，S.　56
パットナム，R.　52-53, 57-58
ハーディン，G.　2-8, 45-47, 55, 176
ハーバーマス，J.　186
原嘉道　105
半田良一　180-182
ビショップ，R.　46, 58
フィーニー，D.　7-8
藤田佳久　77
ブロムリー，D.　46, 201
ベリー，W.　194-195
ベルケス，F.　5-8, 11-12, 15, 46, 205
ヘンダーソン，H.　35-39
ホッブズ，T.　46
ポランニー，K.　54
ホリング，C.　15

人名索引／事項索引

ま行
前田俊彦　39-41
槙田森太郎　75
マクロスキー，D.　5
松岡正剛　191
マッキーン，M.　51, 57
マッケイ，B.　5-7, 12, 46, 205
間宮陽介　37-38, 54
マリノフスキー，B.　15
三浦耕吉郎　15, 204
三井昭二　30, 92
三俣学　35, 56-57, 77, 197-198, 209
宮内泰介　157
室田武　33-35, 48, 56, 77, 197-198
モルガン，L.　15
諸富徹　53, 57, 154

ら行
ラドル，K.　9
レッシグ，L.　190
ロイド，W.　2, 45
ローズ，C.　3

事項索引

あ行
阿蘇グリーンストック　189

入会（制度）　10, 30, 51, 189-190
入会権　21-25, 97-99, 11-114, 207
　　――公権論　21-22
　　――私権論　23-25
入会林野　20-30, 55, 62-66, 76, 96-115, 177-178, 184, 187-188
　　――等近代化法　27, 99, 104
　　――の近代化整備事業　99, 104-105, 109-112
　　――の近代化論　27
　　――の所有形態　100-114
　　――の登記　97-98, 112
　　株式会社有――　106-107
　　記名共有――　101, 103
　　個人有――　101, 103
　　社寺有――　101, 103
　　財団法人有――　105-106
　　市町村有――　107-108
　　生産森林組合有――　103-105
　　認可地縁団体有――　109-112
入会林野論　20-30
入れ子状態／システム／構造　7, 15, 40, 205

ウィキメディア・コモンズ　190-191

エントロピー学派　32-36, 47-49, 197

沖縄　35, 48, 54-55, 176

か行
カイタフ（森）　132-145
　　他者の――　142-143
開発　117, 125, 127, 154
開発規制　127
外部との関係性　205
カカオ栽培　161-162
かかわり主義　180, 204
学校林　71-72
活動助成　127
ガトカエ島（ソロモン諸島）　153-166
　　――の4分化境界　155, 159
ガバナンス　180, 182, 187, 205
環境ガバナンス論　205, 209
環境社会学　8
慣習　153-154

規範性の問題　13
境界　41-42, 134, 149
共生的循環　192-194
協治　41, 168, 180, 203, 205
協働　40, 180, 205
共同管理　7-8, 12, 51, 131, 154, 198
共同管理法　6
共同造林　69-76
共有林　142-143, 149-150
共用資源（CPRs）　200-201
漁場管理　5-6

クスクス　131-135
クリエイティブ・コモンズ　190-191
クロス・スケール・リンケージ　11-12
グローバル・コモンズ　180-181, 203

公・共・私から官・共・個へ　201-202
公共投資　82, 92

217

控除性　　7, 199-200
公正性　　10-11
甲南智徳会　　67-75
国有林野下げ戻し運動　　98
コモンズ／「共」／共的領域　　36-42, 48, 51, 80-83, 92, 177, 181
　　――の喜劇　　6
　　――の生成条件　　205-206
　　――の定義　　4, 50, 154, 180, 198-199
　　――の8原則（オストロム）　　15, 52-53, 205
　　――の悲劇　　2-5, 45-46, 176
　　広域――　　181-182
　　タイトな――　　203
　　ルースな――　　203
コモンズ論　　2-58, 176-212
　　――への批判　　207, 210-211
　　狭義の――　　200
　　広義の――　　197, 207
　　人類学的――　　3-16
　　日本の――　　47-49, 176-177
　　日本の人類学的――　　8-9
　　北米の――　　45-47
　　林政学的――　　30, 180

さ行

在地知識　　7
在地（土着）論理　　3, 9
サゴでんぷん（サゴ）　　131-134
里山　　117-118, 182, 193
　　――の荒廃　　117, 127
里山保全　　119-128
　　――条例　　119-128
　　――モデル　　126-127
　　熊本県七城町の――　　119-120
　　高知県高知市の――　　120-121
　　千葉県の――　　121-122
　　東京都の――　　122-123
　　兵庫県篠山市の――　　123-124
資源管理　　4-15, 45-47, 50-55, 130-131, 147-148, 168-170, 198-210
　　外部者の――　　168-171
資源利用　　130-131, 147-148, 154-170, 198-210
市場　　53-54
自然資源　　153-170, 198-203
自然知　　134

自然と人間の相互作用環　　50-51
市民　　91, 185-187
市民社会　　179-181, 185-187
市民的公共圏（性）　　184-187, 194
社会関係資本　　52-53, 57-58, 156, 209
社会構築主義　　12-13
社会的共通資本　　37-38, 49, 179, 197
住民　　83-84
住民意識醸成　　127
循環型社会形成推進基本法　　192
順応的管理　　12, 15, 205
商業伐採　　164
所有権　　25, 97, 114, 149
所有論　　198, 208, 211
人口動態　　161
親族集団　　154, 159
森林環境税　　83-86, 93
森林組合　　25
森林組合論　　27
森林社会　　192-194
森林整備施策／事業　　82-85
森林文化論　　29
森林法改正　　25
森林ボランティア　　81, 87-91, 189
森林・林業基本法（新基本法）　　188

水車むら会議　　32

成員利用権　　157-167
生活することの質（QOL）　　188
製材販売　　165-165
生産森林組合　　99, 103-105
制度　　50-53, 197-199
精霊　　137, 144-147
セラム島（インドネシア東部マルク諸島）　　131-132
セリ・カイタフ（セリ）　　144-146

相互扶助　　154, 165-166, 172
相互利用ネットワーク　　156, 159-160, 165-166
総有論　　30, 208
造林組合　　71
ソヘ（輪罠）　　133, 135
ソロモン諸島　　153-157, 170

た行

たもかく（福島県只見町）　　189-190

多様な資源の利用価値　　13

地域資源管理　　64, 76-77
地域主義　　33-34, 48
地域の範囲　　39-40
地域発展　　168-170, 172
近くの木で家をつくる運動　　89-91, 93
超自然的存在　　130-151

な行
長野県北信地域（飯山市／栄村／山ノ内町）
　　101-112
名栗村（埼玉県秩父郡）　　64-78
なわばり　　9, 202

西川林業地帯　　64-65
担い手（青年育成）　　63-77
認可地縁団体　　99, 114

ネットワーク　　52-53, 57, 155, 209

農村恐慌　　24
農林業改革　　68-69, 74-75

は行
排除性　　7, 10-11, 199-200, 204

ビチェ村　　153-172
平等性　　10-11
開かれた地元主義　　180, 204

風土　　177-180
フス・パナ（檜罠）　　133, 135
部落有林野　　21-25, 98-99
　——整理統一事業／政策　　21-25, 63, 98, 105, 108-111

ペトゥアナン（領地）　　138, 149

保有権　　139-142, 149

ま行
マヌセラ村　　131-151

緑の雇用事業　　82, 92-93
民俗的管理　　130, 147-148
「みんなのもの」　　81, 92
「みんな」の領域　　80, 87-92

ムトゥアイラ（祖霊）　　137, 144-147

物語　　146, 150

や行
優先利用権　　158-167, 171
豊かさ　　168-169

ら行
リージョナル・コモンズ　　180-181
利用権　　157-167
林業　　27, 184, 187-188
林業経営　　85-86, 104
林業経済学　　27
林野共同体論　　28-29

ルール　　57, 197-200

歴史的脈略　　13
レジリアンス　　12, 15, 205

ローカル・コモンズ　　118, 154-157, 180-181, 202-203
　——の動態　　157-169
　——の変容　　166-167

わ行
割当　　5
割山　　27, 106, 115
ワルサ漁　　162-163

著者紹介（執筆順）

菅　豊（すが・ゆたか）　**1章**
　東京大学東洋文化研究所教授　博士（文学）　民俗学専攻
　著書・論文
　　2006『川は誰のものか――人と環境の民俗学』吉川弘文館
　　2006「「歴史」をつくる人びと――異質性社会における正当性の構築」宮内泰介編『コモンズをささえるしくみ――レジティマシーの環境社会学』新曜社
　　2005「コモンズと正当性―「公益」の発見」『環境社会学研究』11号

三井　昭二（みつい・しょうじ）　**2章, 11章**
　三重大学大学院生物資源学研究科教授　博士（農学）　林政学専攻
　論文
　　2005「近代のなかの森と国家と民衆」淡路剛久ほか編『リーディングス環境　第1巻』有斐閣
　　1998「森林管理主体における伝統と近代の地平」『林業経済研究』44巻1号
　　1997「森林からみるコモンズと流域」『環境社会学研究』3号

山本　伸幸（やまもと・のぶゆき）　**3章**
　森林総合研究所林業経営・政策研究領域主任研究員　博士（農学）　林政学専攻
　論文
　　2007「林業・林産業の国民経済への貢献」森林総合研究所編『森林・林業・木材産業の将来予測』日本林業調査会
　　1997「自然資源勘定における林地の扱い」小池浩一郎・藤崎成昭編『森林資源勘定――北欧の経験・アジアの試み』アジア経済研究所
　　1996「農山村の経済循環構造―SAM（社会会計行列）による接近」（小倉波子と共著）『産業連関』7巻1号

三俣　学（みつまた・がく）　**4章**
　兵庫県立大学経済学部准教授　エコロジー経済学専攻
　著書・論文
　　2008『コモンズ研究のフロンティア――山野海川の共的世界』（森元早苗・室田武と共編）東京大学出版会
　　2004『入会林野とコモンズ――持続可能な共有の森』（室田武と共著）日本評論社
　　2006「市町村合併と旧村財産に関する一考察―地域環境・コミュニティ再考の時代の市町村合併の議論にむけて」『民俗学研究』245号

著者紹介

加藤　衛拡（かとう・もりひろ）　5章
　筑波大学大学院生命環境科学研究科教授　博士（農学）　農村社会・農史学専攻
　著書・論文
　　2007『近世山村史の研究――江戸地廻り山村の成立と展開』吉川弘文館
　　2006「国有林史料の調査と近世・近代史研究への展望」（太田尚宏と共著）『徳川林政史研究所研究紀要』第40号
　　1999「共生時代の山利用と山づくり――近世山林書の林業技術」山田勇編著『講座人間と環境第2巻　森と人のアジア――伝統と開発のはざまに生きる』昭和堂

石崎　涼子（いしざき・りょうこ）　6章
　森林総合研究所林業経営・政策研究領域主任研究員　博士（学術）　林政学専攻
　論文
　　2008「森林政策の財政支出」遠藤日雄編『現代森林政策学』日本林業調査会
　　2008「都道府県の森林環境政策にみる公私分担」金澤史男編『公私分担と公共政策』日本経済評論社
　　2006「都道府県による森林整備施策と公共投資」日本地方財政学会編『持続可能な社会と地方財政』勁草書房

山下　詠子（やました・うたこ）　7章
　東京大学大学院農学生命科学研究科農学特定研究員　都留文科大学・桜美林大学非常勤講師　博士（農学）　林政学専攻
　論文
　　2006「入会林野における認可地縁団体制度の意義――長野県飯山市と栄村の事例より」『林業経済』59巻8号
　　2006「地域づくりの現場でキーパーソンとつながる」井上真編『躍動するフィールドワーク――研究と実践をつなぐ』世界思想社
　　in printing, Utako YAMASHITA, Kulbhushan BALOONI, Makoto INOUE "Effect of Instituting 'Authorized Neighborhood Associations' on Communal (Iriai) Forest Ownership in Japan", *Society and Natural Resources*.

浦久保　雄平（うらくぼ・ゆうへい）　8章
　大阪府環境農林水産部　林政学専攻
　論文
　　2005「東京都における谷戸の利用と管理に関する課題――あきる野市横沢入を事例に」『都市公園』170号

笹岡　正俊（ささおか・まさとし）　9章
　　財団法人自然環境研究センター研究員　東京大学大学院農学生命科学研究科特任研究員　博士（農学）　インドネシア地域研究・環境人類学専攻
　　論文
　　　2008「熱帯僻地山村における「救荒収入源」としての野生動物の役割―インドネシア東部セラム島の商業的オウム猟の事例」『アジア・アフリカ地域研究』7巻2号
　　　2007「「サゴ基盤型根栽農耕」と森林景観のかかわり―インドネシア東部セラム島Manusela村の事例」『Sago Palm』15
　　　2007「インドネシア東部沿岸住民による海産資源管理慣行の実態と今後の課題」『海洋水産エンジニアリング』68号
　　　2006「サゴヤシを保有することの意味―セラム島高地のサゴ食民のモノグラフ」『東南アジア研究』44巻2号

田中　求（たなか・もとむ）　10章
　　東京大学大学院農学生命科学研究科特任助教　博士（農学）　林政学・環境社会学専攻
　　論文
　　　2007「資源の共同利用に関する正当性概念がもたらす「豊かさ」の検討―ソロモン諸島ビチェ村における資源利用の動態から」『環境社会学研究』13号
　　　2006「日本・ビルマ・ソロモン諸島で「豊かさ」を探る」井上真編『躍動するフィールドワーク――研究と実践をつなぐ』世界思想社
　　　2001「ラカイン山脈におけるサラインチン人集落の再建と焼畑によるコメ自給システム」『東南アジア研究』39巻2号

北尾　邦伸（きたお・くにのぶ）　12章
　　京都学園大学バイオ環境学部教授　京都大学農学博士　バイオ環境デザイン学専攻
　　著書
　　　2005『森林社会デザイン学序説』日本林業調査会（J-FIC）
　　　1999『森と人のアジア』（共著）昭和堂
　　　1992『森林環境と流域社会』雄山閣出版

編者紹介

井上　真（いのうえ・まこと）　13章
　東京大学農学部林学科卒業
　東京大学大学院農学生命科学研究科教授　農学博士
　森林社会学・カリマンタン地域研究専攻
　著　書
　　2006　『アジア環境白書 2006 / 07』（責任編集）東洋経済新報社
　　2006　『躍動するフィールドワーク——研究と実践をつなぐ』（編著）
　　　　　世界思想社
　　2006　『地球環境保全への途——アジアからのメッセージ』（共編）有
　　　　　斐閣選書
　　2004　『人と森の環境学』（共著）東京大学出版会
　　2004　『コモンズの思想を求めて——カリマンタンの森で考える』（単
　　　　　著）岩波書店　ほか

コモンズ論の挑戦
新たな資源管理を求めて

初版第 1 刷発行　2008 年 11 月 15 日 ©

編　者　井上　真
発行者　塩浦　暲
発行所　株式会社　新曜社
　　　　101-0051　東京都千代田区神田神保町 2-10
　　　　電話（03）3264-4973（代）・FAX（03）3239-2958
　　　　E-mail：info@shin-yo-sha.co.jp
　　　　URL：http://www.shin-yo-sha.co.jp/

印　刷　長野印刷商工（株）　　Printed in Japan
製　本　イマヰ製本

ISBN978-4-7885-1125-5　C3036

―――― 関 連 書 ――――

井上真・宮内泰介 編
コモンズの社会学　森・川・海の資源共同管理を考える
シリーズ環境社会学 2　　　　　　四六判 264 頁　本体 2400 円

古川彰・松田素二 編
観光と環境の社会学
シリーズ環境社会学 4　　　　　　四六判 312 頁　本体 2500 円

宮内泰介 編
コモンズをささえるしくみ
レジティマシーの環境社会学　　　四六判 272 頁　本体 2600 円

鳥越皓之・嘉田由紀子・陣内秀信・沖大幹 編
里川の可能性
利水・治水・守水を共有する　　　四六判 280 頁　本体 2200 円

金菱 清
生きられた法の社会学
伊丹空港「不法占拠」はなぜ補償されたのか　四六判 248 頁　本体 2500 円

桝潟俊子
有機農業運動と〈提携〉のネットワーク
　　　　　　　　　　　　　　　　A5 判 328 頁　本体 4800 円

新曜社